QUAND LE LOUP HABITERA AVEC L'AGNEAU

DU MÊME AUTEUR

aux Empêcheurs de penser en rond

Ces émotions qui nous fabriquent, 2001

Vinciane Despret

QUAND LE LOUP HABITERA AVEC L'AGNEAU

Les Empêcheurs de penser en rond

Si vous souhaitez être informé de nos publications,
contactez-nous à cette adresse e-mail :
empecheurs@seuil.com

ISBN 2-84671-040-6

5, rue d'Enghien – Paris X^e^

www.empecheurs.com

Merci à Didier Demorcy, Gilles Le Pape,
Dominique Lestel, Philippe Pignarre,
Isabelle Stengers et Lucienne Strivay.

« Le loup habitera avec l'agneau,
Et la panthère se couchera près du chevreau,
Le veau et le lionceau seront ensemble
Et un petit enfant les conduira,
La vache et l'ourse auront un même pâturage,
Leurs petits un même gîte,
Et le lion, comme le bœuf, mangera de la paille
Le nourrisson s'ébattra sur le trou du cobra,
Sur le repaire de la vipère,
l'enfant mettra la main… »

Isaïe, XI : 6.

1
Transformations

À Jules-Vincent Lemaire

Dans les faubourgs de Brasov, en Roumanie, à la lisière de la forêt, les ours ont pris l'habitude, lors de leurs expéditions de chapardage autour des poubelles, de se mêler à la population locale. Peu à peu, ce spectacle est devenu une véritable attraction pour les habitants et les touristes. Une enquête de voisinage a été organisée par les chercheurs du Carpathian Large Carnivore Project pour demander aux riverains s'ils souhaitaient qu'on les débarrasse de ces relativement imprévisibles visiteurs. Les réponses furent majoritairement négatives. Au cours de ces trois ou quatre dernières années, des scientifiques de cette même organisation se sont attelés à l'observation de ce nouveau type de cohabitation. Ils ont remarqué que le nombre d'ours et de personnes présentes allait croissant ; les distances à l'inverse vont en diminuant – oscillant maintenant en moyenne entre dix et deux mètres : les ours fuient de moins en moins devant les hommes ; ceux-ci s'approchent de plus en plus pour les nourrir, les caresser ou, quand ils deviennent trop encombrants, les chasser[1].

Selon l'éthologiste Gilles Le Pape, les loups récemment arrivés dans les Alpes françaises n'ont pas tardé à modifier leurs habitudes : ils ont parfaitement intégré leur statut d'espèce protégée et manifestent une audace qu'on ne leur connaissait pas. Dans

1. J. Degrée (2001), *La Transylvanie, entre hommes et loups.* Mémoire de fin d'étude pour le grade de licenciée en information et communication, Université de Liège.

les troupeaux qui ne sont pas protégés par les chiens, ils viennent, en plein jour, attaquer les moutons à la barbe des bergers, tout aussi étonnés qu'impuissants.

En Arabie Saoudite, les babouins sont devenus les nouveaux héros d'une version remaniée du conte *Boucle d'or et les trois ours*, à ceci près que le principal protagoniste de l'histoire est cette fois un primate non humain – et que ce sont les humains qui font les frais de l'hôte clandestin. Devenus de véritables experts en effraction de domicile, les babouins entrent dans les appartements, repèrent le frigo et s'adonnent aux joies de la grivèlerie.

Comment les perroquets kéas de Nouvelle-Zélande, localement célèbres pour leur intelligence, leur curiosité, leur sens de l'exhibition et leur goût pour les plaisanteries et les situations cocasses, ont-ils pu devenir, en quelques décennies, d'une part d'encombrants terroristes urbains et de l'autre de vicieux meurtriers dont la tête devait d'ailleurs être rapidement mise à prix ? Les kéas étaient, avant que les choses ne se dégradent, des oiseaux appréciés pour leurs innombrables espiègleries – ils ont été décrits comme jouant sans cesse, simulant des batailles, parfois même avec des objets comme s'il s'agissait d'un compagnon ; ils font rouler des pierres, cabriolent, et dansent ensemble en exécutant de petits sauts en face à face. À partir d'un certain moment, les descriptions ont changé : les kéas étaient devenus de véritables fléaux. Serait-ce nos représentations – ou plutôt celles des Néo-Zélandais – qui se seraient transformées de manière analogue mais inverse à la façon dont les singes ont pu apparaître laids et dégoûtants au siècle dernier et acquérir, au cours de ces dernières décennies, une telle capacité à nous émouvoir ? Envisager cette possibilité n'a évidemment rien d'absurde. Mais n'envisager que celle-ci témoignerait plutôt d'un de nos réflexes à propos des animaux : nous changeons, eux ne changent qu'au travers de nos représentations. À nous l'histoire mouvementée, à eux l'histoire longue et froide de l'évolution ; à nous la culture et ses multiples transformations, à eux les invariants et la stabilité de l'instinct – s'ils changent, ce serait plutôt sur le mode de la transition d'une espèce à l'autre, la première disparaissant au profit de l'espèce descendante. L'histoire de l'animal est toujours une histoire passée.

Or, ce que le kéa nous apprend raconte une tout autre histoire, qui n'est ni tout à fait la nôtre ni totalement la leur. Ils sont *devenus* des terroristes urbains, non seulement parce que les humains leur en ont offert l'occasion, mais parce que cette occasion les a transformés. Il n'y a plus une voiture qui ne soit la victime de leur frénésie du démontage pièce par pièce ; pas une antenne de télévision qui ne constitue l'occasion d'exercer leur génie du bricolage ; pas une habitation qui ne soit menacée d'une visite en règle : vaisselle brisée, tentures détricotées, objets démontés avec la meilleure diligence. On pourrait dire d'eux ce que Bernd Heinrich affirmait de ses corbeaux en captivité : ils agissent comme le proverbial éléphant dans un magasin de porcelaine, sauf qu'ils le font avec beaucoup plus de patience et en prêtant une attention plus soutenue aux détails[1]. Certes, les kéas, comme beaucoup d'animaux de nature curieuse, ont sans doute toujours mis leur ingéniosité et la force de leur bec et de leurs pattes au service d'explorations assez dévastatrices – un peu comme les jeunes enfants s'avèrent de talentueux adeptes de la découverte à grand renfort de poupées autopsiées et de petites voitures démontées. En cela rien n'a changé. Ce qui a changé, ce sont les ressources dont les perroquets se sont mis à disposer, créant de nouvelles occasions pour les turbulents volatiles ; mais ces occasions elles-mêmes ont transformé les perroquets. Car au fur et à mesure qu'apparaissaient dans leur environnement des objets de plus en plus nombreux et dignes d'exploration, au fur et à mesure qu'ils pouvaient en découdre avec du matériel de plus en plus sophistiqué, la ténacité destructrice, le goût et les talents pour le faire se sont accrus chez les kéas. Ils sont devenus de véritables experts des techniques humaines.

La modification du clown en terroriste urbain avait été précédée d'une autre, tout aussi problématique : de paisibles mangeurs

1. (2000), *Mind of the Raven*, New York, Harper Collins, p. 33.

de miel et de fruits se sont métamorphosés en barbares sanguinaires attaquant, cette fois, les moutons vivants. Ici encore, les occasions ont fabriqué le larron. Les moutons furent introduits en Nouvelle-Zélande par les Européens au milieu du XIXe siècle. Les problèmes commencèrent lorsque, aux environs de 1867, les moutons présentèrent les symptômes d'une maladie tout aussi étrange qu'inédite : des plaies de la grandeur d'une main marquaient la ceinture rénale de nombre d'entre eux. Il ne fallut pas très longtemps pour comprendre les origines de cette mystérieuse maladie : les kéas furent pris la main dans le sac, ou plutôt le bec dans la chair, en train d'essayer d'arracher à l'animal une viande de première fraîcheur. La tête des kéas fut mise à prix par les éleveurs : 3 shillings étaient offerts pour chacune d'entre elles.

Les naturalistes[1] se sont mis au travail pour essayer de comprendre comment un innocent fructivore avait pu devenir ce carnivore sans scrupule. Les hypothèses abondent : les kéas explorent tous les objets nouveaux, ils ont fait de même avec les moutons et se seraient découvert un goût pour la viande, et plus particulièrement pour les reins. D'autres envisagent qu'il s'agirait au départ d'un tragique malentendu : la laine des moutons ressemblerait à s'y méprendre (pour un perroquet) à l'aspect laineux d'une plante particulière – d'ailleurs nommée mouton végétal – dont ils ont l'habitude d'ouvrir la cosse pour en extraire les graines. Bien sûr, les perroquets ont dû se rendre compte du malentendu ; mais loin d'être incités à corriger cette tragique erreur, ils semblèrent persévérer dans ce qui devint une fâcheuse habitude.

Si ces habitudes les mettaient en danger dans les campagnes depuis près d'un siècle, les kéas avaient pu cependant trouver un refuge commode dans les villes pleines d'agréments et de ressources alimentaires. Mais leurs récentes frasques en faisaient, là aussi, des ennemis. Leur survie devenait donc de plus en plus problématique. On se mit à craindre – ou espérer, selon les

1. J. Diamond et A. Bond (1999), *Kea. Bird of Paradox*, Berkeley et Los Angeles, University of California Press.

protagonistes – qu'ils disparaissent complètement des paysages de Nouvelle-Zélande. Des voix s'élevèrent en leur faveur : les kéas devaient rester la fierté des Néo-Zélandais ; leurs acrobaties publiques et leurs espiègleries devaient pouvoir compenser les désagréments des antennes de télévision emportées, des voitures démontées, des habitations mises à sac ou des moutons amputés d'un rein, à condition de trouver des solutions qui rendent la cohabitation moins problématique. Des campagnes furent lancées pour modifier le comportement des humains en espérant modifier celui des perroquets : les décharges publiques qui les attirent dans les centres urbains ont été fermées, les moutons rasés, ce qui limite la possibilité pour les kéas d'avoir une prise sur leur victime (ou, selon les versions, ce qui permettait d'éviter les « malentendus »), des dédommagements furent offerts aux éleveurs. Si les habitants voulaient bien faire l'effort de ne plus les nourrir, et si les décharges étaient fermées, la ville ne représenterait plus un tel attrait pour des colonies entières. Quelques kéas pourraient être acceptés comme citoyens urbains ; les autres n'avaient qu'à retourner dans leurs montagnes. Les désagréments pourraient alors redevenir supportables : les humains ont appris l'art du compromis. L'avenir nous dira dans quelle mesure les kéas en seront capables.

D'autres animaux ont connu une transformation spectaculaire. On pensera par exemple au dauphin, animal autrefois déclassé, qui devient à la fin du XXe siècle ce que Dominique Lestel[1] appelle un « animal de compagnie collectif », c'est-à-dire un animal qui développe avec l'humain une multiplicité de liens très étroits, mais qui n'appartient à aucun homme en propre. Certains lieux de rencontre, comme la plage de Monkeymia en Australie, drainent des milliers de visiteurs venus voir et toucher les dauphins. Par ailleurs, des dispositifs se sont créés, au cours de

1. (1998), « Des animaux-machines aux machines animales », *in* Cyrulnick B., *Si les lions pouvaient parler*, Paris, Gallimard (Quarto), p. 681-699 et p. 694.

ces dernières années, dans lesquels des dauphins thérapeutes sont recrutés pour soigner de jeunes enfants autistes[1]. Les dauphins y acquièrent de nouvelles propriétés ou de nouvelles compétences, et notamment celle de rendre les humains encore plus perplexes au sujet des définitions de ce qu'on appelle l'art de guérir.

Sous l'impulsion de psychologues et de primatologues, les singes se sont mis à parler en utilisant tantôt des claviers de symboles ou des ordinateurs, tantôt un langage des signes. En entrant dans l'espace du langage, ils ont sans doute rompu un double pacte : celui que nous avions convenu (entre nous) et qui stipulait que nous étions les seuls êtres de langage ; et peut-être aussi, quoique cela soit moins probable, celui qu'ils auraient, selon une vieille légende africaine, conclu entre eux : ne montrons jamais aux hommes que nous savons parler, ils nous mettraient au travail. On peut penser que l'avenir a donné raison à leurs craintes.

Par ailleurs, des cochons ont tout récemment quitté leurs porcheries pour rejoindre les laboratoires des psychologues cognitivistes et ont commencé à répondre à des questions concernant leur intelligence et leur capacité de collaborer – ou d'exploiter les connaissances de l'autre – dans des tâches de recherche de nourriture[2]. Des moutons ont convaincu une primatologue, Thelma Rowell[3], que les questions qu'on leur posait généralement ne leur donnaient, selon les mots de Bruno Latour[4], « aucune chance ». On leur demande généralement la vitesse de croissance de leurs gigots, on les questionne sur leur résistance

---

1. Véronique Servais (1999), « Enquête sur le "pouvoir thérapeutique" des dauphins. Ethnographie d'une recherche », *Gradhiva*, n° 25 (« Observer l'animal », dossier établi par F. Joulian), p. 93-105.

2. S. Held, M. Mendi, C. Devereux et R. Byrne (2000), « Social Tactics of Pigs in a Competitive Foraging Task : the "Informed Forager" Paradigm », *Animal Behaviour*, n° 59 (3), p. 569-576.

3. (2001), « A Few Peculiar Primates », *in* Strum S. et Fedigan L., *Primate Encounters : Models of Science, Gender and Society*, Chicago, University of Chicago Press, p. 57-71.

4. B. Latour (2001), « A Well Articulated Primatology : Reflections of a Fellow Traveler », *in* Strum S. et Fedigan L., *op. cit.*, p. 358-382.

au stress ou sur les compétences maternelles des brebis, mais aucun chercheur ne s'est intéressé à la manière dont les moutons s'organisent socialement. Ils ont pu, en répondant à de nouvelles façons de les interroger, être enfin autorisés à témoigner de leurs compétences sociales, à manifester d'autres habitudes, d'autres talents d'organisation et de relations que ceux qui leur étaient, jusque-là, très ascétiquement octroyés.

Des oiseaux, notamment les perroquets gris d'Afrique, les grands corbeaux et les cratéropes écaillés d'Israël, ont commencé à enrôler des chercheurs dans le relevé de compétences de plus en plus remarquables. Les perroquets parlent, ce que l'on savait déjà ; mais depuis que certains d'entre eux sont étudiés par l'équipe de la psychologue Irène Pepperberg[1], ils comprennent ce qu'ils disent, ce dont justement on doutait, ils sont capables d'exprimer leurs désirs, et même de manipuler des catégories abstraites. On découvre aussi que les corbeaux ont créé des dialectes variables selon les régions, coopèrent avec les humains dans certaines cultures, sont capables de compter jusqu'à sept et présentent, pour l'ornithologue Bernd Heinrich, une véritable énigme lorsqu'il s'agit de comprendre comment et pourquoi ils partagent la nourriture. Les oiseaux baptisés cratéropes écaillés nous ont appris, depuis que le zoologue israélien Amotz Zahavi les observe, qu'ils vivent selon un système de règles sociales inventives et sophistiquées qui les font organiser des baignades collectives, jouer, donner des cadeaux, se disputer les manifestations de bravoure dans une âpre conquête du prestige, et danser ensemble au lever et au coucher du soleil. Il semblerait même, selon un des assistants qui les observent et filment leurs exhibitions, que le fait de les observer le matin les encourage à danser. Les visites du soir, en revanche, auraient l'effet inverse[2].

1. I. Pepperberg (1995), « Grey Parrots Intelligence », *Proceedings of the International Aviculturists Society*, janvier, p. 11-15.

2. V. Despret (1996), *Naissance d'une théorie éthologique. La danse du cratérope écaillé*, Paris, les Empêcheurs de penser en rond, p. 167 pour cet exemple.

Un couple de chercheurs américains, les Fagen, a récemment consacré trois ans de travail intense à suivre et à observer sept ours bruns. Au fur et à mesure de cette recherche, les auteurs en sont venus à penser que les ours présentent de véritables personnalités, stables et bien différenciées. Certains ours sont vivants, animés et joueurs dans des situations sociales comme au cours d'activités solitaires, la pêche par exemple ; d'autres seraient « dépourvus d'humour et lourds[1] ». Quelques-uns sont irascibles, d'autres peuvent être décrits comme s'impliquant peu dans la vie du groupe ; certains encore ont confiance dans les autres ours, là où d'autres, au contraire, semblent mal à l'aise dans les situations sociales. Les différences observées sont à ce point contrastées que les auteurs ont qualifié les comportements de certains de ces ours d'*uniques.*

Les animaux ont, au cours de ces dernières années, décidément bien changé. Les éthologues, les primatologues et les psychologues cognitivistes ont, à cet égard, joué un rôle d'une importance considérable.

Certes, ces transformations sont médiatisées par de nombreux êtres, par des choses, des événements, des propositions différentes et par d'autres dispositifs que ceux de l'éthologie, de la psychologie animale ou de la primatologie. Ces animaux ont été, comme en témoigne la diversité de mes exemples, agencés par des histoires selon des modes à chaque fois différents. Les ours peuvent acquérir des habitudes plus policées en s'urbanisant ou peuvent devenir des « personnes » en enrôlant leurs chercheurs dans de nouvelles pratiques. Les kéas au contraire se transforment en terroristes urbains sous l'effet des techniques, mais pourraient redevenir civilisés si leurs chercheurs réussissent la négociation des compromis. Les dauphins ont été, dans leur devenir « autre », mobilisés dans de multiples alliances – allant de celle proposée par le commandant Cousteau à celles qu'offrent des thérapeutes et des

1. D. Lestel (2001), *Les Origines animales de la culture,* Paris, Flammarion, p. 307.

enfants autistes. En somme, chaque entrée fait l'objet d'une histoire singulière : les changements sont eux-mêmes changeants. Mais un fil commun traverse néanmoins chacune de ces histoires : ces animaux sont entrés dans nos histoires, à chaque fois accompagnés d'au moins un humain qui a proposé, imposé ou témoigné de la transformation.

Si les pratiques scientifiques ne sont donc pas seules en cause dans tous ces processus, c'est néanmoins à elles que je proposerai de nous intéresser. D'abord, comme je viens brièvement de l'évoquer, ces pratiques ont été des vecteurs privilégiés, selon des modalités diverses, de transformations concrètes ; et elles ont rendu ces transformations lisibles. Les cochons ne se sont pas déclarés des êtres de cognition, c'est-à-dire capables de mémoire et de raisonnements relativement compliqués, sans passer par les ingénieux dispositifs des cognitivistes, les moutons ne sont pas devenus des adeptes de la complexité sociale, les cratéropes des inventeurs de rituels sophistiqués ou les singes des êtres de langage sans la médiation et le travail des scientifiques. De ce fait, l'exploration de ces pratiques nous donne un accès privilégié à cette question passionnante : comment les sciences créent-elles des occasions d'êtres nouveaux et de relations inédites ? Comment agissent-elles sur des habitudes, celles des animaux et celles des humains, pour les transformer ?

Ensuite, nombre des scientifiques de ces pratiques, relayés parfois par quelques philosophes ou anthropologues des sciences, ont accompagné leur travail de recherche d'un effort particulier pour rendre plus lisibles les conditions par lesquelles certaines transformations ont pu s'opérer. Nos animaux ont changé, disent-ils ; nous devons essayer de comprendre comment et pourquoi nous avons rendu cela possible. Nos questions ne sont plus les mêmes, constatent-ils ; nos méthodologies sont différentes, ce que nous appelons « fait pertinent » varie d'une époque à l'autre, d'un domaine à un autre, voire entre deux chercheurs. Ce qui nous intéresse, et qui change, transforme ce à quoi nous nous intéressons.

En somme, concluent ces chercheurs, les animaux ont changé, mais on ne peut manquer de remarquer que *nous* avons changé aussi.

Les choses sont particulièrement claires du côté de la primatologie. On remarquera, par exemple, que depuis les années 30 jusqu'à la fin des années 70, les babouins mâles ont assez fidèlement illustré une société rigidement hiérarchisée autour d'un mâle autoritaire et jaloux, dont les conduites assez peu diversifiées semblaient en apparence déterminées par des règles aussi simples qu'inflexibles. Ils sont devenus aujourd'hui de véritables sociologues à fourrure[1], aux comportements inventifs et flexibles, soucieux de leurs liens d'amitié avec les femelles. Les chimpanzés, qui, en revanche, avaient reçu tant d'éloges pour avoir réussi à préserver un état d'innocence qui laisse rêveur, se sont métamorphosés au cours de ces dernières années en politiciens machiavéliques, voire en habiles calculateurs de conflits d'intérêts les plus complexes dans un monde tentant de concilier les intérêts personnels et la paix des relations sociales[2]. Quant aux femelles de nombreuses espèces, que ce soit chez les babouins, les chimpanzés ou les macaques, on peut penser que, saisissant les opportunités offertes par l'essor des théories féministes, elles ont délaissé les rôles de compagne docile ou de mère courage pour prendre une place de plus en plus importante dans la construction de leur société et dans la gestion des relations. Parallèlement, la révolution *queer* des homosexuels américains a fait des ravages dans le monde animal : les espèces présentant des comportements homosexuels sont devenues innombrables[3].

On peut retrouver une version assez similaire de cette histoire si on observe ce qui s'est passé dans d'autres pratiques, comme

1. Voir à ce sujet le passionnant livre de S. Strum et L. Fedigan, *op. cit.*
2. Frans De Waal (1995), *La Politique du chimpanzé*, trad. d'U. Ammicht, Paris, Odile Jacob.
3. B. Bagemihl (1999), *Biological Exuberance. Animal Homosexuality and Natural Diversity*, Londres, Profile Books.

celles de la psychologie expérimentale. On pourrait par exemple demander à ces véritables héros du laboratoire que furent les rats albinos ce qui leur est arrivé lorsque les questions qui leur étaient adressées ont subi l'influence de la prise de conscience féministe. On remarquera d'abord que pendant longtemps les scientifiques ont demandé aux rats de témoigner de la différence « naturelle » entre les mâles et les femelles. Une première différence concernait la sexualité des femelles : elles sont beaucoup plus passives. Cette passivité pouvait aisément s'observer dans les expériences au cours desquelles on faisait se rencontrer un mâle et une femelle. Lorsque l'expérimentateur lâchait la femellc dans la cage où l'attendait le mâle, celle-ci généralement se terrait dans un coin. Le mâle s'approchait, stimulait la femelle, et déployait bon nombre d'activités auxquelles la femelle ne faisait généralement que « réagir ». Cette réaction passive face aux stimulations proposées par le mâle se résumait à un simple réflexe, celui qu'on appelle le réflexe de « lordose » par lequel le dos de la femelle prend une position cambrée, la queue soulevée. La différence était à ce point évidente pour les chercheurs qu'elle était confirmée par la physiologie : si on pratique des lésions néocorticales chez l'un et l'autre, ces lésions n'ont pas du tout le même impact sur le mâle et sur la femelle ; celle-ci garde ses réflexes, le mâle voit s'inhiber tous les comportements, qui, selon les chercheurs, caractérisent le comportement sexuel mâle. À la fin des années 80, Martha McClintock, une éthologiste, féministe de surcroît, a l'idée de modifier le dispositif. En installant la femelle dans une cage beaucoup plus grande, la chercheuse découvre alors une tout autre manière de se comporter de son sujet femelle : celle-ci devient, lors de la rencontre avec le mâle, active et même *très* active. En fait, à ce moment c'est *elle* qui semble contrôler l'accouplement, par des comportements sophistiqués d'approche, d'évitement et même de sollicitation si le mâle semble peu coopérant.

Dans ce dispositif, le comportement sexuel reçoit une tout autre traduction : il devient une activité dyadique et négociée. On se rend compte alors que les lésions néocorticales n'avaient pas « révélé » la différence, mais qu'elles l'avaient tout simplement « fabriquée », en choisissant de mettre en équivalence certains comportements. Ces comportements eux-mêmes avaient été sélectionnés sur la base d'une version très codée de la différence des rôles entre les mâles et les femelles : les premiers sont actifs, les secondes passives. Le comportement du mâle comme de la femelle, avec le nouveau dispositif, subit un changement : le mâle, soumis à de nouvelles contraintes, peut tout à coup s'autoriser à hésiter quant à l'intensité de sa motivation. La femelle, quant à elle, fait raconter son histoire avec une tout autre syntaxe : de sexuellement passive, elle est devenue « sexuellement intéressée ». Des femelles de nombreuses espèces suivront le mouvement. Les dispositifs eux-mêmes devront être modifiés : étudier le comportement de sollicitation de la femelle dans une petite cage, conclut McClintock, c'est comme vouloir étudier le comportement de natation dans une baignoire – cela tient de la gageure[1].

Si cette manière un peu lapidaire de résumer une toute petite partie de l'histoire est assez fidèle, elle n'en pose pas moins un problème. Elle ne donne qu'une version des événements : celle-ci traduit un peu trop simplement la proposition des chercheurs « les animaux ont changé, *mais* nous avons changé aussi » en une proposition causaliste : « Ils ont changé *parce que* nous avons changé. » Si on s'en tient à cette version, cela signifierait alors que toutes ces transformations ne seraient en définitive que les transformations de *notre* histoire, ou plus précisément de nos histoires. De là à affirmer que toutes ces histoires ne seraient finalement « rien que des histoires », relatives à nos intérêts, à nos passions, à la façon dont nous envisageons ce que doit être la société, les relations, les rôles ou la politique, il n'y a qu'un pas, qu'une longue habitude de critique réflexive nous fait aisément franchir. On se souviendra à ce sujet de la déclaration désopilante

---

1. S. E. Glickman (2000), « Culture, Disciplinary Tradition, and the Study of Behavior, Sex, Rats, and Spotted Hyenas », *in* Strum S. et Fedigan L., *op. cit.*, p. 275-295.

du philosophe Bertrand Russell, qui, dans les années 30, s'étonnait de ce que les animaux, « apparemment, se conduisent toujours de manière à prouver la justesse de la philosophie de l'homme qui les observe ». En témoigne, dit-il, le fait qu'au XVIIIe siècle « les animaux étaient féroces, mais sous l'influence de Rousseau, ils commencèrent à illustrer le culte du noble sauvage dont Peacock se moque dans *Sir Oran Haut-Ton.* Pendant tout le règne de la reine Victoria, les singes furent de vertueux monogames, mais, durant les années 20, leurs mœurs se détériorèrent d'une manière désastreuse [...]. Quant aux théories de l'apprentissage qui se fondent sur l'observation des animaux, continue Russell, on ne peut manquer de s'étonner que les animaux observés par les Américains foncent avec frénésie jusqu'à ce qu'ils tombent par hasard sur la solution. Les animaux observés par les Allemands restent tranquillement assis à se gratter la tête jusqu'à ce qu'ils aient élaboré une solution dans leur for intérieur[1] ».

C'est là où il nous faut ralentir, car c'est justement là que se situe la pente facile de l'analyse de Russell : tout ceci ne serait que des histoires, relatives à nos intérêts, à nos contextes et à nos idées. Ce qui voudrait d'abord dire que lorsque je parle de transformations en mêlant, d'une part, des kéas devenant insupportables sous l'effet de l'urbanisation ou des ours qui se socialisent et, d'autre part, des rats qui s'américanisent dans des dispositifs de conditionnement ou des primates qui s'émancipent sous l'influence des théories féministes, je commets le péché par excellence : celui de confondre transformations « réelles » et transformations de nos « représentations », changements « pour eux » et changements « pour nous ». Ce contraste ne me semble cependant ni pertinent ni intéressant : nous le verrons, loin de clarifier les choses, il ne pourra que nous les rendre incompréhensibles. Si nous nous attachons à suivre les histoires de transformations de chacun de ces animaux, très rapidement, ce contraste entre « pour eux » et

1. B. Russell (1961), *Histoire de mes idées philosophiques,* trad. d'Auclair, Paris, Gallimard, p. 160 et 161.

« pour nous » nous semblera difficile ; il devrait, au fur et à mesure de notre cheminement, s'avérer impraticable.

Ensuite, pour en revenir à l'analyse de Russell, si en effet ce sont bien des histoires qui découvrent et produisent le monde de nos savoirs, ce ne sont pas « que des histoires ». Évidemment, ces histoires sont *aussi* les nôtres ; jusqu'à présent, il n'est pas un animal qui n'ait acquis une biographie sans que ce soit par l'intermédiaire d'un humain[1]. Certes encore, ces histoires multiples sont le résultat de nos questions et de la manière dont nous traduisons leurs réponses ; elles sont notamment aussi ce qui donne leur pertinence à ces questions et à nos possibilités de donner une signification aux réponses. Elles sont ce par quoi les pratiques qui les interrogent font exister chacun de ces animaux, babouin sociologue, babouine émancipée ou rate sexuellement libérée ; elles sont ce qui témoigne de la possibilité d'être ou de devenir, pour chacun des animaux enrôlés, chimpanzé vertueux ou dépravé, rat pragmatique ou primate introspectif.

Est-ce à dire que nous « inventons » ces animaux ? Oui, d'une certaine manière, non d'une autre. Tout dépend de ce que nous comprenons sous le terme d'invention, quand il s'agit des pratiques des sciences. Oui, nous les inventons, si nous suivons Isabelle Stengers, puisque « tous les êtres que les sciences font exister sont "inventés" au sens où tous leurs attributs sont relatifs à nos histoires ». C'est à nos questions qu'ils répondent, ce sont nos interprétations qui donnent sens à leurs réponses et c'est notre curiosité qui les mobilise. Est-ce à dire qu'ils sont moins réels une fois qu'ils existent dans nos histoires ? Non, affirme la philosophe, car nous devons aussi comprendre que, si leur existence dépend de nos histoires et de la multiplicité de celles-ci, ces histoires ont toutes « pour trait commun de renvoyer à eux » ; elles désignent ceux qu'elles font exister « comme condition sinon suffisante, du moins nécessaire à leur possibilité[2] ». C'est là

1. D. Lestel (2000), « Faire la paix avec l'animal », *Études*, n° 1/2.
2. (1993), *L'Invention des sciences modernes*, Paris, La Découverte, p. 113.

la singularité de nos pratiques scientifiques : les animaux qu'elles « inventent » existent dans et par ces histoires avec une densité, une réalité singulière, car les scientifiques ont cherché passionnément comment faire histoire *avec* eux. La question de savoir s'ils existent « pour eux » ou « pour nous » dans les pratiques qui les interrogent et qui les font exister n'a alors pas beaucoup de sens : il s'agit à chaque fois, pour chaque scientifique et pour chacun des animaux, d'inventer des propositions d'existence « avec eux ».

Dès lors, si nous voulons bien comprendre les changements qui adviennent à ces animaux interrogés par nos pratiques, il nous faut alors suivre la manière dont les scientifiques s'adressent à eux, comment ils les rendent actifs et comment ils leur proposent de prendre position par rapport à ce qui leur est demandé. Il faut en somme nous soumettre à la contrainte de chercher comment ces animaux changeants sont devenus bien réels dans l'épreuve même du changement qui leur était proposé. Faute de quoi, nous en serons réduits à mettre en scène une énième analyse critique de nos « représentations ».

Nous soumettre à cette contrainte, c'est alors adopter celle à laquelle certains éthologistes ou primatologues ont choisi d'obéir. Quand on lui demande d'expliquer le fait que son travail avec les babouins ait produit des résultats aussi intéressants, Shirley Strum répond qu'elle s'est d'abord efforcée de ne pas leur construire un savoir « dans le dos » : dans sa pratique, les questions adressées aux babouins se subordonnent à l'exigence de savoir « ce qui compte pour eux ». Cette politesse du « faire connaissance » a suffisamment témoigné de ses capacités de réussite pour que je propose de m'y astreindre à mon tour : si les babouins deviennent si intéressants lorsque leur scientifique se soumet à cette contrainte, je peux à mon tour espérer, dans mon analyse, rendre le chercheur intéressant en adoptant la même exigence, et en explorant comment « ce qui compte pour eux » a permis les transformations. Et parmi toutes les choses qui « comptent » pour ces scientifiques, il y en a une que je ne pourrai manquer : la manière dont leurs animaux prennent une part active au savoir qui est produit à leur sujet. En m'intéressant à l'activité des chercheurs, je vais donc m'intéresser à l'activité de leurs animaux. Bien sûr, c'est aux humains que j'adresserai mes questions, mais en essayant de tirer les enseignements de leur politesse : comment, par quel travail, par quels dispositifs ingénieux, par quelles questions pertinentes, par quels types de précautions l'animal devient-il la garantie, le témoin fiable des propositions que nos scientifiques soumettent à son propos ? Cette politesse à laquelle je vais essayer de me tenir trouvera elle-même ses propres limites, elle ne pourra pas toujours être respectée : ce seront les cas où, justement, elle aura manqué dans la recherche.

La question de savoir comment ces narrations multiples renvoient aux animaux peut d'abord prendre la forme d'une question très simple : celle qui demanderait comment « nos » histoires activent de manière concrète et parfois repérable des processus de transformation. Le terme « invention » déploierait alors ici pleinement son sens de création active de « proposition d'existence ». Car les propositions d'existence dont nos « histoires » sont les vecteurs, les manières d'enrôler les animaux dans ces histoires et les pratiques qui les agencent ne s'adressent pas à un monde docile et muet, simple support de nos représentations. Nos histoires qui les concernent ne les laissent pas indifférents. Certains animaux peuvent même participer activement à actualiser les conséquences que nos idées, nos histoires peuvent prendre pour eux : ils peuvent être partie prenante de ce que le philosophe américain du début du XXe siècle, William James, appelle le « processus créatif de leur vérification ».

On en trouve déjà un beau témoignage dans la façon dont ces histoires particulières que sont les mythes peuvent s'agencer à la vie concrète de ceux dont ils définissent l'identité. Les corbeaux auraient beaucoup de choses à nous raconter à ce sujet. Selon leur spécialiste, l'ornithologue Bernd Heinrich, « les mythes et anciennes légendes sur les corbeaux ne sont pas juste que des histoires ésotériques intéressantes. Ils déterminent des attitudes qui affectent la distribution des oiseaux et je pense même, continue-t-il, qu'ils peuvent influencer les comportements de partage de nourriture. Quand le corbeau est un dieu, il jouira d'une vie agréable autour des humains. On ne peut le tuer, et s'il est pris par accident dans un piège, le trappeur doit le relâcher en lui expliquant que ce n'était pas dans ses intentions de l'attraper[1] ».

Dans nos cultures, explique l'auteur, les histoires concernant les corbeaux les ont souvent associés à la mort – ce qui n'a rien de fortuit, la présence de corbeaux est souvent le signe de celle d'un cadavre –, au malheur, voire à la délation – qui ne connaît les fameux « corbeaux » de village, terreur de ceux qui avaient quelque chose à cacher ? « Les corbeaux, continue Heinrich, ont été persécutés dans nos contrées, ce qui les a rendus timides et sauvages. » En effet, ceux qu'il étudie dans le Maine et le Vermont sont très craintifs ; ils s'envolent dès qu'ils voient quelqu'un s'arrêter, même pour les regarder à distance. Leur observation s'avère de ce fait très problématique ; c'est ce qui explique aussi probablement pourquoi ils ont fait l'objet de si peu d'intérêt de la part des ornithologues – ils sont, dit l'auteur, pratiquement tout en dessous de la liste des choix quelque peu sensés des projets de recherche. Mais qu'est ce que cela fait d'être un corbeau dans une culture qui ne les persécute pas ? « Je ne peux, dit l'auteur, retourner voir comment ils se comportaient du temps où ils étaient honorés par les Vikings – au point que leur présence sur un champ de bataille était le témoignage de la réussite de celle-ci. » Si les corbeaux que connaissaient les Vikings nous sont à jamais inaccessibles, il reste néanmoins à Heinrich un accès possible : aller les voir chez les Esquimaux, qui, à ce qu'en dit la rumeur, « parlent aux corbeaux et vivent en paix avec eux[2] ».

Une première surprise l'attendra lors de son voyage. Alors qu'il s'étonnait de la pluie incessante qui tombait depuis une semaine, un Esquimau lui répondit que c'était ainsi chaque fois que l'on tue un corbeau – l'auteur fut d'ailleurs abasourdi de découvrir, le

1. (1991), *Ravens in Winter*, New York, Vintage Books, p. 26.
2. *Mind of the Raven, op. cit.*, p. 244.

lendemain, le cadavre d'un corbeau mort depuis à peu près une semaine. Au fur et à mesure de son séjour, la mise à l'épreuve de son intuition se confirme : au nord de la baie d'Hudson, les corbeaux ne sont pas les mêmes que ceux qu'il connaît. Ils ne parlent d'ailleurs pas le même « corbésien ». Dans les villes d'Iqualit, d'Inuvik ou de Yellowknife, les corbeaux sont partout dans les rues, avec les humains. Ils sont sans cesse en quête de jeux et d'inventions, font des glissades sur le toit des maisons, faisant la file au-dessus du faîte et descendant à tour de rôle ; ils se pendent par le bec aux lignes à haute tension, taquinent chiens et loups, et coopèrent avec les chasseurs en les avertissant de la présence d'une proie, dont ils reçoivent, en récompense, les meilleurs morceaux. Plus étrange encore, d'une ville à l'autre leurs comportements diffèrent sensiblement : les corbeaux des villes de l'Ouest comme Inuvik et Yellowknife ne se comportent pas tout à fait de la même manière que ceux de la ville d'Iqualit. Dans les deux premières, ils sont tellement effrontés qu'ils vous crient dessus si vous interférez entre une poubelle et eux ; dans la troisième, dit l'auteur, « ils ont encore assez le sens des convenances pour garder leurs distances[1] ».

De la même manière que, dans les histoires des hommes, il n'est pas très prudent de dire « les humains » sans risquer d'exclure quelqu'un ou d'enrôler tout le monde dans la définition de quelques-uns, il deviendra peut-être un jour un peu plus difficile, dans les histoires qui mêlent les hommes et les corbeaux, d'encore parler « des corbeaux » sans que quelqu'un vienne vous demander : « Mais de quels corbeaux parlez-vous ? Dans quelles histoires ont-ils été enrôlés ? » ; voire, si on prend en compte la flexibilité de leur sens des convenances : « Quelle est la bonne manière de s'adresser à ceux dont vous nous parlez ? »

Les exemples de ce type de transformation de l'animal en fonction des habitudes, des histoires et des manières de s'adresser à lui sont légion. À la fin du siècle dernier, Romanes, le père de la

1. *Ibid.*, p. 248.

psychologie comparative interspécifique, ne pouvait manquer de s'y intéresser. « D'après M. J. Shaw, écrit-il[1], là où le chien n'est apprécié que comme aliment, comme dans la Polynésie et la Chine, on le décrit comme un animal très stupide. » Cette description, explique Romanes, est tout à fait réaliste. En effet, en Chine et en Polynésie, le chien *est* stupide. Il l'est parce qu'on le mange et on peut le manger parce qu'il est stupide. Ces chiens sont devenus stupides, explique Romanes, parce qu'ils sont éduqués de telle sorte qu'ils ont perdu les instincts les plus puissants, parce qu'ils sont sous « l'influence négative de la domestication[2] ».

Une forme de ce que Romanes nomme « influence négative de la domestication » est encore aujourd'hui clairement repérable dans certains dispositifs béhavioristes. Dans ces dispositifs de conditionnement, le chien est généralement soumis à un apprentissage au cours duquel il doit apprendre à réagir à certains stimuli : une lumière qui s'allume, un son de cloche, un dessin. Lorsqu'il perçoit le stimulus qu'on lui demande de reconnaître ou de discriminer, il doit présenter la réaction que lui a enseignée son expérimentateur. Il sera, dans les meilleurs cas, récompensé par un peu de nourriture, dans les moins bons, puni par un choc électrique ou tout autre expérience désagréable. À force de répéter le stimulus, l'expérimentateur obtient ce qu'il cherchait : le chien est conditionné, il se comporte à présent comme un jouet mécanique à ressorts. Ici encore, le terme « invention » au sens d'une production d'existence permet de décrire ce qui a pu arriver au chien dans ce type de dispositif. En observant la façon dont le chien est soumis à des contraintes qui ne lui laissent aucune chance, les sociologues Arnold Arluke et Clinton Sanders ont repris à leur compte cette conclusion sans appel de Vicki Hearne : « Dans la mesure où les béhavioristes font tout pour dénier toute possibilité de croire à la capacité du chien de croire,

1. (1884), *L'Évolution mentale chez les animaux*, trad. de H. de Varigny, Paris, Reinwald, p. 233.

2. *Ibid.*, p. 233.

d'avoir des intentions, de signifier, etc., il n'y aura aucun courant d'intentions, de significations ou de croyances qui aura une chance d'advenir. Le chien peut essayer de répondre au béhavioriste ; mais le béhavioriste ne répondra pas à la réponse du chien… le chien du béhavioriste ne fera pas que sembler stupide ; il sera stupide[1]. »

De ce dispositif très appauvrissant, et remarquable par le manque de politesse de ses chercheurs, on pourrait pourtant, mais par contraste, trouver des indices nous permettant de proposer une autre version, complémentaire, des changements qui sont partout repérables. Que se passe-t-il dans ce dispositif ? Bien sûr, il a mutilé le chien, il n'a rien fait d'autre que de produire une existence sans intelligence. Mais soyons attentifs : cette lobotomie à distance n'est possible que parce que les chercheurs se sont eux-mêmes mutilés. Il n'y a pas que le chien qui soit stupide, dans cette histoire. Les chercheurs le sont tout autant que lui, non pas parce qu'ils l'étaient avant – ce dont on ne peut évidemment être sûr – mais parce qu'ils se sont soumis à un dispositif qui ne leur donnait aucune chance d'être ni intéressés ni intéressants. En écoutant les conclusions de Hearne – « le béhavioriste ne répondra pas à la réponse du chien » –, on pourrait même formuler autrement notre affirmation : les béhavioristes n'ont laissé aucune chance au chien de leur donner une chance. Ils n'ont, à aucun moment, autorisé le chien à les modifier, à les surprendre, à leur apprendre quelque chose, et à changer leur manière de s'adresser à lui. N'était-ce pas là la réussite de McClintock avec ses rates, quand elle évoque l'improbable chance d'observer le comportement de natation dans une baignoire ? Et d'apprendre que si vous voulez laisser une chance au rat de raconter unc autre histoire, vous devez lui laisser une chance de vous apprendre à modifier vos questions.

Dès lors, l'affirmation des primatologues et des éthologistes – « Ils ont changé, *mais* nous avons changé aussi » – peut recevoir, si nous voulons être fidèles à la manière dont eux-mêmes peuvent

1. (1996), *Regarding Animals*, Philadelphie, Temple University Press, p. 81.

parfois décrire leur travail, une autre traduction : « Les animaux ont changé aussi parce qu'ils *nous* ont changés. »

Bien sûr, les manières dont les changements s'agencent, s'articulent, se compliquent engagent souvent à une grande perplexité. Mon fils ne cesse de me le rappeler puisque, depuis l'âge de 12 ans, il a pris l'habitude, avec un remarquable sens de la stratégie, de conclure nos conflits avec un lapidaire : « Maman ! Tu me reproches de me conduire comme un adolescent. Mais écoute-toi parler ! Tu t'adresses à moi comme à un adolescent. Comment veux-tu que je me comporte autrement ? »

Cette perplexité, dans les habitudes qui nous lient, mon fils et moi, peut traduire les effets actifs de ce qu'on pourrait appeler, mais dans un sens particulier, un « malentendu[1] ». Certes, du point de vue de mon fils, tout ceci n'est qu'un malentendu au sens classique – « tu ne comprends décidément rien », ce qui d'ailleurs, de mon point de vue cette fois, me semble confirmer que j'ai bien affaire à un adolescent. Mais ce malentendu peut aussi se traduire comme une proposition qui transforme : en m'adressant à mon fils comme à l'adolescent qu'il est en train de devenir, j'actualise ce devenir.

Ce phénomène du malentendu, au sens particulier de proposition d'actualisation, prend, dans les pratiques des éthologistes, des naturalistes ou des primatologues des formes inventives, surprenantes, passionnantes surtout. Si vous posez à votre animal une question intéressante, vous aurez une chance qu'il devienne intéressant. Reste à savoir ce qu'est une question intéressante. On en arrive de ce fait à l'autre raison qui me fait préférer, parmi toutes nos pratiques, celles qui s'adressent à l'animal. Ce sont des pratiques dont les réussites, lisibles dans les transformations qui traduisent de nouvelles manières d'être plus intéressantes, montrent qu'elles ont progressivement appris quelque chose de très important : nous ne savons pas quelles sont les bonnes questions à

1. C'est le sens que lui donne le pédo-psychiatre Daniel Stern (1989), *Le Monde interpersonnel du nourrisson,* trad. d'A. Lazartigues et D. Pérard, Paris, PUF (Le Fil rouge).

adresser aux animaux. Et nous ne pouvons espérer qu'ils répondent à ces questions de manière intéressante si nous-mêmes ne pouvons apprendre quelles sont, de leur point de vue, les questions pertinentes. La psychologie humaine ne s'est pas souvent donné cette peine avec ceux qu'elle interrogeait.

Ces réussites ne se sont pas produites d'emblée. Il a fallu du temps, beaucoup de travail, des événements, des histoires, des moyens techniques, des dispositifs, des réseaux de collègues, des articles, des chercheurs sensibles, des femmes et des féministes, des techniciens, des contextes politiques particuliers et, surtout, des animaux qui les enrôlaient dans des histoires et des habitudes nouvelles. Certains de ces éléments pèsent plus que d'autres. Mon analyse elle-même me convie souvent à en privilégier certains, parce qu'ils sont plus lisibles, moins implicites ; parce qu'ils m'ont surprise ou m'ont mise au travail ; ou simplement parce qu'ils ont plus intéressé les chercheurs. Le rôle de l'animal lui-même dépendra des contraintes qui lui sont imposées : là où lui est offerte la capacité d'être actif, de résister, de prendre position, de surprendre, je pourrai moi-même lui donner un rôle important dans l'explication des transformations. Mon analyse, comme le dit Gilles Le Pape pour définir la singularité des pratiques éthologiques, sera celle « des liens qui associent la plasticité des éthologistes à celle du comportement animal[1] ». Là où les contraintes sont trop lourdes, là où il n'a pas grand-chose à dire – ou lorsqu'il n'y a personne pour l'écouter, comme le chien du dispositif –, son rôle sera plus limité. La question de savoir comment *les animaux nous ont transformés afin que nous les transformions* sera alors soit impossible, soit, dans une version plus optimiste, prématurée. Mon analyse s'adressera alors aux acteurs et aux contraintes les plus visibles, pour essayer de comprendre aussi comment l'animal a pu rester aussi silencieux dans ces morceaux d'histoire.

1. (1993), « L'ontogenèse des comportements d'un pays à l'autre », *in* Bodson L. (éd.), *L'Histoire de la connaissance du comportement animal*, Liège, Presses universitaires de Liège, p. 431-444.

2
LE PRIMATE À L'ORIGINE DE NOTRE HISTOIRE

À Jean-Marc Gay

« Le "primitif" est un être inventé par le Blanc pour répondre aux questions qu'il se pose sur sa propre origine[1]. »

En 1925, une colonie de babouins hamadryas a été créée au zoo de Londres, avec une centaine de mâles. Ce fut, dès le départ, un bain de sang autour des quelques femelles qui composaient la troupe. En 1927, les conflits intenses qui les avaient opposés les uns aux autres en avaient décimé près de la moitié ; trente femelles furent alors ajoutées aux cinquante-six survivants. Tragique erreur : ce qui devait en principe ajuster l'équilibre du groupe et le pacifier, loin d'arranger les choses, intensifia les conflits. Les femelles et les enfants furent massacrés. Les deux tiers de la population disparurent, victimes de blessures et du stress intense.

Le pathologiste du zoo Solly Zuckerman conduisit son étude dans ces conditions – croyant avoir affaire aux conditions naturelles – et établit une théorie qui marqua longtemps l'image du babouin : les femelles étaient, selon lui, continuellement réceptives, et les mâles ne cessaient de se battre pour elles. Le modèle de société qui émergea de ses descriptions fut celui d'un groupe organisé par une hiérarchie extrêmement rigide, par des

1. T. Nathan, I. Stengers et L. Hounkpatin (1997), *La Damnation de Freud*, Paris, Les Empêcheurs de penser en rond, p. 24.

agressions constantes, et par une compétition sans pitié. La seule cohésion possible semblait constituée par le sexe ; les mâles combattaient sans cesse pour la possession des femelles et s'organisaient, en fonction des combats, selon une hiérarchie rigide qui assurait la dominance de tous les mâles sur les femelles et de quelques mâles sur tous les autres.

Le modèle de ce que devait être une société de primates venait de recevoir toutes les confirmations empiriques souhaitées. Il restera longtemps la bonne manière de décrire les singes ; le babouin, quant à lui, en sera pendant presque trente ans le porte-parole principal. Et pendant les trente ans de son succès, il racontera à peu près la même histoire.

Ainsi, lorsque le primatologue Iren De Vore, dans la fin des années 50, reprend l'observation des babouins de savane, il insiste à son tour sur le rôle central du mâle. La société des babouins, explique-t-il, semble présenter partout la même configuration. Les mâles sont spécialisés dans la compétition et l'agression, cette agressivité est à la fois le produit et la cause de la hiérarchie qui s'avère le principe organisateur et stabilisateur des groupes sociaux. Les mâles dominants défendent la troupe, la guident, et en assurent le bon ordre. La similitude de toutes les troupes de babouins, qu'elles se situent au Kenya, en Afrique du Sud ou en Rhodésie, peut, selon De Vore, aisément se comprendre. Elles doivent toutes résoudre le même problème : la survie dans la savane, avec son manque de ressources, ses prédateurs et la rareté des arbres et de sites protégés leur permettant d'échapper à ces derniers.

Je l'avais brièvement annoncé en parlant de leurs transformations, nous savons aujourd'hui que les babouins ne racontent plus du tout la même histoire. La hiérarchie des mâles sur les femelles n'est plus une bonne manière de décrire tous les babouins, même si certains, comme les hamadryas du primatologue Hans Kummer, prolongent, mais de manière beaucoup plus sophistiquée, ce premier témoignage. Leurs comportements ne peuvent plus être définis comme obéissant à des règles rigides, ou comme déterminés par une âpre compétition : les babouins mâles de Thelma Rowell, de Shirley Strum ou de Barbara Smuts établissent des relations subtiles d'alliance, notamment avec les femelles ; celles-ci ont pris un rôle actif dans la construction de leur société. Le sexe n'est plus le garant de la cohésion du social ; bien au contraire, les babouins s'adonnent à un travail constant de négociations et d'échanges pour maintenir les relations sociales. Par ailleurs, nous ne pensons plus que le babouin doive, à lui seul, assumer de représenter ce que c'est qu'être un primate non humain. Quantité d'espèces, allant du chimpanzé au gorille, en passant par le bonobo, l'orang-outan ou le macaque japonais, sont venues compliquer les définitions, ajouter des versions, revendiquer d'autres identités. Les babouins eux-mêmes se sont révélés comme ne pouvant plus porter une définition générale de ce qu'est être un babouin. Qu'il soit hamadryas, cynocéphale ou papio Anubis ; qu'il soit de telle ou telle région, et qu'il réponde à tel ou tel observateur va sérieusement compliquer un paysage autrefois remarquable par son uniformité.

Si ces histoires ont tant changé, et si les babouins qui ont fait raconter ces histoires ont eux-mêmes été transformés, il nous faut alors comprendre, d'une part, comment ce qui a été vu à cette époque a pu être vu ; de l'autre, comment ce qui se verra quelques décennies plus tard a reçu une chance d'être observé et raconté. Nous laisserons cette seconde question pour le sixième chapitre, en nous limitant d'abord à l'origine de ce babouin fondateur. Cependant, avant d'analyser comment, et à partir de quoi ce babouin a pu recevoir cette identité, il me faut d'abord préciser que lui-même a participé, d'une certaine manière, à la construction d'une image aussi désastreuse.

Car ce que Solly Zuckerman a observé n'avait rien d'une hallucination : les acteurs de cette pièce tragique se sont vraiment comportés de manière extrêmement agressive. Il faut souligner, à leur décharge, que ces babouins ont été confrontés à un système qui les a très gravement perturbés. La promiscuité incessante et le manque de place, un équilibre des sexes tout à fait anormal – en liberté un mâle hamadryas vit avec plusieurs femelles – s'alliaient à l'impossibilité de construire des relations sociales entre mâles, relations qui, dans la nature, permettent de réguler, voire d'inhiber l'agressivité et la compétition. Si des chimpanzés avaient été mis dans cette situation, ils s'en seraient sans doute nettement mieux sortis : ils ont d'ailleurs pu le montrer lorsqu'un hiver particulièrement rigoureux au zoo d'Arnhem les a contraints à rester confinés quelque temps dans une salle chauffée aux dimensions très réduites[1].

Par ailleurs, l'idée de la réceptivité constante des femelles était certes nécessaire à l'hypothèse de la sexualité comme force cohésive – sinon comment expliquer le fait que la société « tienne » en dehors des périodes où les femelles intéressent les mâles ? –, mais cette idée était sinon pertinente, du moins fondée sur les observations. Sous l'effet d'un transfert brutal de l'hémisphère Sud à l'hémisphère Nord, déréglant complètement leur cycle hormonal, les femelles étaient, de fait, continuellement réceptives. Il faut préciser qu'on ne connaissait, à l'époque, pas grand-chose des babouins vivant dans la nature – Zuckerman n'avait effectué qu'un séjour d'une dizaine de jours pour aller les observer et en avait ramené quelques idées bien arrêtées, et deux ou trois cadavres de femelles pour autopsie.

Bien sûr alors, comment expliquer que De Vore, bien des années plus tard, et sur le terrain cette fois, ait pu lui aussi trouver des faits qui, sans les confirmer tout à fait, présentaient néanmoins des caractéristiques assez analogues à la manière dont Zuckerman envisageait la hiérarchie des mâles, leur rôle central, et l'évidente subordination des femelles ? D'abord, on pourrait envisager que De Vore cherchait ce qu'on lui avait appris à chercher : une hiérarchie d'autant plus repérable qu'elle était simple, des mâles pas très attentionnés et des femelles soumises. Ces relations vont être étudiées par les chercheurs en observant la

---

1. Voir à ce sujet Frans De Waal (1992), *De la réconciliation chez les primates*, trad. de M. Robert, Paris, Flammarion.

façon dont les babouins organisent l'accès aux ressources de nourriture : qui peut se servir en premier, qui doit attendre, qui menace ou bouscule et qui est victime de ces menaces et ne semble pas pouvoir se défendre. Les positions de chacun des babouins dans la hiérarchie peuvent être alors établies sur la base de cette organisation. Ce que De Vore observe confirme l'hypothèse de la dominance : en effet, les mâles dominants bousculent les femelles et les dominés pour se servir les premiers lorsqu'ils sont mis en présence de nourriture. Ce choix de comportement pour établir un schème clair de la hiérarchie était logique pour un primatologue, puisque la dominance s'exprime, selon cette conception, dans les priorités d'accès aux ressources : la nourriture et les femelles. Mais, dans la recherche de De Vore, ce choix traduit aussi et surtout des problèmes pratiques. De Vore était confronté aux difficultés qu'ont rencontrées pratiquement tous les primatologues travaillant dans le milieu naturel des animaux qu'ils observent : la curiosité des humains pour les babouins ne trouve pas son équivalent chez ces derniers ; et la bonne volonté enthousiaste que nous mettons à les approcher ne semble pas les convaincre, en tout cas pas pendant les premiers temps. Les babouins maintiennent, avec un soin minutieux, une distance précise entre leurs observateurs et eux-mêmes, en fait la distance qui rend leurs comportements inobservables. Pour les convaincre de se rapprocher, De Vore se mit en devoir de leur lancer des cacahuètes. Avec beaucoup de bonne volonté, les babouins vinrent donc, sollicités par leur observateur, montrer comment ils s'organisaient autour d'une ressource convoitée. Ils manifestèrent d'ailleurs la même bonne volonté en se comportant selon le modèle de la dominance. Si vous regardez le documentaire réalisé par De Vore pour rendre compte de ses travaux, vous pourrez voir qu'en effet le mâle dominant bouscule les autres mâles ainsi que les femelles, ce que confirmera le commentaire insistant sur la place centrale de celui-ci. Mais si, comme le suggère espièglement la primatologue Thelma Rowell, vous coupez la bande son de ce film et que vous focalisez votre attention sur les images, vous pouvez alors clairement distinguer les cacahuètes voler en direction des babouins : ce qui vous apparaît à ce moment, c'est que « le centre dans ce cas est défini par la trajectoire des cacahuètes, qui sont majoritairement interceptées par des adultes mâles [1] ». Car, en les nourrissant de cette manière, De Vore a concrètement augmenté, voire suscité la compétition. Et parce qu'il voyait ce qu'on lui avait appris à voir, il n'a pu imaginer que c'est la distribution elle-même qui poussait les mâles à bousculer les femelles. Or, les recherches ultérieures utilisant d'autres stratégies d'approche ont pu le montrer : si vous les suivez dans leurs pérégrinations, vous verrez que, dans de nombreuses espèces de babouins, ce sont souvent les femelles plus âgées qui connaissent les ressources de l'environnement et qui conduisent les groupes à ces dernières. La plupart du temps, les mâles les suivent calmement.

Cette manière particulière de rendre compte de ce que peut être un primate aura des conséquences multiples. « La dominance, comme le commente Donna Haraway, allait être aux primatologues ce que les liens de parenté sont aux anthropologues : le soubassement le plus mythique, le plus technique et le fondement disciplinaire des outils conceptuels du terrain [2]. » Le privilège accordé au babouin peut se comprendre dans cette perspective : de tous les singes disponibles, il était celui, qui, de toute évidence, était le mieux à même de témoigner à propos des questions de dominance. Les hamadryas constituent en effet la seule espèce de primates non humains, hormis les gorilles, qui présentent des harems centrés autour du mâle. Le hasard a donc voulu que, de tous les babouins possibles, ce soit justement des hamadryas qui se retrouvent au zoo de Londres. On doit alors se demander comment ce problème de la dominance a réussi à mobiliser autant d'intérêts, autour de, finalement, si peu de témoins. On

1. (2000), « A Few Peculiar Primates », *in* Strum S. et Fedigan L., *op. cit.*, p. 57-70 et p. 61.

2. (1992), *Primate Visions*, Londres, Verso, p. 164.

peut d'autant mieux se le demander qu'à l'époque où Zuckerman observait ses babouins à Londres d'autres candidats primates apparaissaient sur la scène de la primatologie, avec d'autres problèmes et la promesse d'autres questions.

Ainsi, sur une île du Panama, des singes hurleurs apprenaient au primatologue qui les observait, Clarence Ray Carpenter, qu'il existe d'autres manières de définir ce que veut dire vivre en société. Les questions de Carpenter sont au départ assez similaires à celles de Zuckerman : il s'agit de comprendre comment fonctionne la société. Mais ses méthodes d'observation diffèrent sensiblement. En effet, Carpenter est d'abord formé aux méthodes et aux questions de l'ornithologie, le domaine de l'éthologie qui étudie les oiseaux. Les manières d'observer et les théories qui guident les recherches s'avèrent assez différentes de celles de la primatologie. Ensuite, Carpenter conduisait ses recherches dans des conditions diamétralement opposées, puisqu'il effectuait une étude naturaliste sur le terrain, en l'occurrence une île. S'il essaye, comme Zuckerman, de comprendre ce qui organise la société, il s'intéresse en revanche à la façon dont l'environnement influence les possibilités, pour les singes hurleurs, de s'organiser. Les questions théoriques et les méthodologies ne sont pas seules responsables de la différence : les singes hurleurs ont adopté une tout autre forme d'organisation sociale, aux antipodes de celle des hamadryas observés par Zuckerman. Leur société se présente comme une société fondée sur un véritable réseau de relations sociales d'affiliation, de coopération et d'intégration. Si la sexualité joue ici aussi un rôle, celui-ci se définit de manière toute différente. Pas de mâle jaloux ou sanguinaire ; pas de passions agressives ou propriétaires ; pas de femelles soumises en attente de la loi du mâle, mais un réseau d'affiliation émotionnel et égalitaire. Selon Carpenter, la sexualité communautaire avec ses échanges multiples et flexibles favorise l'établissement de relations durables entre mâles et femelles, et construit un réseau de liens sociaux et émotionnels fondamentaux. Les mâles coopèrent dans la défense des jeunes et forment un système de défense mutuelle contre la prédation. Si un jeune hurleur est attaqué, il lance un cri, et aussitôt les mâles du groupe arrivent à sa rescousse. L'agression y est hautement ritualisée et lorsqu'elle advient de manière plus ouverte et moins inhibée, elle semble se cantonner dans les relations intergroupes. Dans les relations au sein du groupe même, les singes préfèrent éviter d'y recourir.

Cependant, malgré l'intérêt des recherches qu'ils avaient réussi à susciter, les hurleurs de Carpenter ne purent constituer un rival sérieux pour le babouin : ce dernier continua pendant longtemps à occuper le devant de la scène. Son succès tient à de multiples raisons, dont certaines appartiennent au babouin lui-même. Mais son succès tint aussi, et sans doute surtout, au fait que le babouin allait prendre en charge, et tenter de répondre à celle qui, de toutes *nos* questions, s'avère la plus importante : la question de l'origine de notre organisation sociale. Bien sûr, les questions auxquelles ont répondu les hurleurs de Carpenter étaient aussi, quoique différemment, *nos* questions, notamment celles de la construction et du maintien des sociétés ; mais de toute évidence, la façon dont les hurleurs pouvaient y répondre ou les questions qu'ils permettaient de poser ne pouvaient réunir autant d'intérêts.

On peut résumer la situation en affirmant que Carpenter comme Zuckerman sont revenus de leurs terrains respectifs avec un ensemble de propositions : voilà ce que peut vouloir dire être un primate en société – et donc, voilà ce que peut vouloir dire être un primate, et voilà ce que peut vouloir dire une société. Reste maintenant à comprendre quel type de proposition si intéressante le babouin pouvait, dans la recherche de Zuckerman, faire aux humains, et pourquoi cette proposition semblait plus attractive que celle que pouvaient faire les hurleurs de Carpenter. Nous l'avons vu, les conditions de ce succès tiennent d'abord à un agencement d'événements singuliers, qui rendent compte des conditions de l'« acte de candidature » du babouin dans l'élucidation de ce qui organise une société. L'environnement du zoo construit la possibilité de certaines observations ; ces observations peuvent être traduites en termes relativement simples et repérables, comme ceux de la dominance, de la compétition, ou de l'agressivité ; ils semblent en outre obéir à des règles confortablement invariantes. Le fait que ce sont justement des hamadryas qui sont interrogés n'est pas non plus sans importance.

Mais cet « acte de candidature » qui fait du babouin un témoin privilégié pour comprendre comment s'organise une société s'inscrit aussi dans un contexte singulier, un contexte historique et social qui exerce certaines contraintes à la fois sur les bonnes questions à poser et sur les significations des réponses à ces questions. On peut exprimer ceci autrement : j'ai brièvement évoqué le fait que les observations d'Iren De Vore semblaient étonnamment similaires à celles de Zuckerman, alors que ni l'environnement ni l'espèce étudiée n'étaient les mêmes. J'ai émis l'hypothèse que De Vore avait pu voir ce qu'il avait vu notamment parce que c'est ce qu'il avait appris à voir, c'est-à-dire en somme à *reconnaître* : à la fois au sens d'une reconnaissance, comme je reconnais cette personne que j'ai déjà vue en photo, et au sens d'accorder de la pertinence et de la signification à ce que le chercheur voit. La question de cette reconnaissance peut être renvoyée à Zuckerman : comment celui-ci a-t-il pu *reconnaître*, chez les babouins qu'il observait, d'une part, des choses ou des événements qui lui semblaient « familiers » ou qu'il pouvait s'attendre à voir et, d'autre part, des comportements, des habitudes, des manières d'être qui lui semblaient pertinents pour répondre aux questions que lui-même et ceux qu'il pouvait intéresser se posaient et posaient aux primates ?

Zuckerman a commencé sa recherche avec un livre en poche, ou à tout le moins en mémoire : le *Totem et Tabou* de Freud[1]. Et ce livre comme d'ailleurs ceux dont celui-ci s'inspire traduisent le grand projet à l'origine de la primatologie : les Occidentaux vont

1. Selon Alison Jolly (2000), « The Bad Old Days of Primatology ? », *in* Strum S. et Fedigan L., *op. cit.*, p. 71-84 et p. 73.

chercher dans la nature celui qui sera leur ancêtre. Le primate non humain en sera l'élu.

Tout ce que les babouins raconteront à Zuckerman pourra alors prendre place, pourra être *reconnu* et s'articuler autour de *la* question centrale de *Totem et Tabou :* quelles sont les origines de l'homme ? Comment sommes-nous devenus ce que nous sommes ? Comment à partir d'une « horde primitive » ont pu naître la famille, la cohésion du social, la répartition des rôles entre mâles et femelles, voire, chez Freud, le tabou du meurtre et de l'inceste ?

Freud le dit clairement dès l'introduction de son livre, il s'agit pour lui de retrouver une histoire de l'origine. À qui va-t-il en appeler pour fabriquer cette histoire ? Tout naturellement aux deux candidats privilégiés pour ce type d'opération. Le primitif, d'une part, parce qu'il est en quelque sorte, et « jusqu'à un certain point », dit Freud prudent, le témoignage contemporain de la préhistoire[1]. Dans le souci de trouver les primitifs les plus authentiques possible, Freud choisira, parmi ces derniers, ceux que les ethnologues ont décrits comme étant « les plus sauvages, les plus arriérés et les plus misérables[2] ». L'opération est doublement rentable : non seulement, ces primitifs vraiment primitifs nous font remonter très loin vers l'origine, mais ils nous font remonter d'autant plus loin que leurs rites gardent la mémoire des traces d'un passé plus lointain encore. Or, un de ces rites fait justement entrer en scène notre second candidat : l'animal, cette fois, par le biais du totem. En effet, explique Freud, qu'est ce qu'un totem sinon d'abord et « de façon générale, un animal, comestible, inoffensif ou dangereux et redouté [...]. Le totem est en premier lieu l'ancêtre du groupe ». Voilà donc notre primitif lui-même doté de son ancêtre. Mais cet ancêtre, qu'on ne s'y méprenne pas, n'est évidemment pas *vraiment* l'animal : le

1. (1912), *Totem et Tabou,* trad. de S. Jankélévitch, Paris, Payot (Petite Bibliothèque Payot), p. 9.

2. *Ibid.*, p. 10.

totem ne sera jamais, pour nous qui sommes débarrassés de toutes ces croyances, qu'un objet matériel, donc fabriqué, « auquel le primitif témoigne un respect superstitieux, parce qu'il croit qu'entre sa propre personne et chacun des objets de cette espèce, il existe une relation tout à fait particulière ». En effet, « les membres d'une tribu totémiste croient souvent qu'ils sont rattachés à l'animal totem par les liens d'une origine commune [...]. L'animal totem est considéré comme l'animal ancêtre du groupe correspondant[1] ».

C'est là que l'histoire prend un tour espiègle : c'est exactement ce qui va nous arriver ! En effet, si nous suivons attentivement le cours de l'histoire que Freud se propose de nous reconstruire, on ne peut manquer l'étrange similitude qui se dessine entre les croyances superstitieuses de ces primitifs et la proposition que Freud va nous faire. Reprenons cette histoire : Freud va d'abord montrer que ces croyances au totem ou à l'animal ancêtre sont en fait la commémoration d'un drame : celui par lequel nous sommes passés de l'animalité à l'humanité. Le drame originel de l'humanité, toujours selon Freud, consista pour ceux qui allaient devenir les hommes à commettre un meurtre qu'ils regretteront par la suite – et dont le rite totémique rappelle le remords : ils assassineront le père propriétaire des femelles, le mâle jaloux gardien du harem, pour s'emparer de ses femmes. Et ce drame lui-même n'a rien (malgré les apparentes hésitations de Freud) d'une fiction : nos ancêtres, si nous prenons son histoire avec un peu plus de sérieux que celui qu'il accorde aux primitifs, étaient vraiment des animaux. En élucidant les origines de l'humanité à l'aide de ce qu'il dénonce comme les croyances superstitieuses des primitifs en leur origine animale, Freud va donc, paradoxalement, aboutir à situer l'homme comme descendant lui-même d'un animal particulier, d'abord primate jaloux de ses privilèges, ensuite préhumain parricide, enfin homme sujet de mémoire et

1. Freud, *ibid.*, p. 119, 120 et 124.

de remords. En agençant, dans une fiction de l'origine, les primitifs et l'animal, Freud va nous « totémiser » !

Mais cet animal qui précéda notre humanité, cet ancêtre violent et jaloux, ce totem moderne n'est plus, on le voit, n'importe quel animal « comestible, inoffensif ou dangereux » ; ce totem n'a plus rien d'un symbole ou d'une croyance : celui auquel Freud va nous attacher appartiendra dorénavant au domaine des sciences, plus précisément des sciences de la nature. Ce totem s'était déjà en fait annoncé sur la scène des origines comme le plus prometteur des ancêtres, depuis la révolution darwinienne. C'est d'ailleurs autour d'un extrait de Darwin que la proposition freudienne de l'origine de toute l'histoire s'articule. « Des habitudes de vie des singes supérieurs, écrit Freud, Darwin a conclu que l'homme a, lui aussi, vécu primitivement en petites hordes, à l'intérieur desquelles la jalousie du mâle le plus âgé et le plus fort empêchait la promiscuité sexuelle. » Freud cite ici un long passage de *La Descendance de l'homme* : « D'après ce que nous savons de la jalousie de tous les mammifères, dont beaucoup sont même armés d'organes spéciaux destinés à faciliter la lutte contre les rivaux, nous pouvons conclure en effet qu'une promiscuité générale des sexes à l'état de nature est un fait extrêmement peu probable. Mais si, remontant le cours du temps assez loin en arrière, nous jugeons les habitudes humaines d'après ce qui existe actuellement, la conclusion la plus vraisemblable est que les hommes ont vécu primitivement en petites sociétés, chaque homme ayant généralement une femme, parfois, s'il était puissant, en possédant plusieurs qu'il défendait jalousement contre tous les hommes. Ou bien, sans être un animal social, il n'en a pas moins pu vivre, comme le gorille, avec plusieurs femmes qui n'appartenaient qu'à lui : c'est qu'en effet tous les naturels se ressemblent en ce qu'un seul mâle est visible dans un groupe. Lorsque le jeune mâle a grandi, il entre en lutte avec les autres pour la domination, et c'est le plus fort qui, après avoir tué ou chassé tous ses concurrents, devient le chef de la société. Les jeunes mâles, ainsi éliminés et errant d'endroit en endroit, se feront à leur tour un devoir, lorsqu'ils auront enfin réussi à trouver une femme, d'empêcher les unions consanguines trop étroites entre membres d'une seule et même famille[1]. »

Voilà notre totem constitué : ce sera lui, ce mâle jaloux et belliqueux, notre ancêtre. Mais il nous faut cependant nous étonner. Certes, pour un drame d'une telle ampleur, on peut comprendre que Freud ait choisi ce singe de Darwin, visiblement doté de toutes les qualités requises pour ce genre d'histoire. La question de savoir pourquoi Darwin choisit de nous donner comme ancêtre un primate ne pose pas, elle non plus, trop de problème : les ressemblances et la proximité étaient suffisamment évidentes, et ce même avant la théorie de la sélection. Darwin affirme d'ailleurs que Platon n'a pas tout à fait tort quand il écrit « dans le *Phédon*[2], que nos idées imaginaires nous viennent de la préexistence de l'âme et non de l'expérience. Remplacez "âme" par "singe", et vous aurez tout compris ». Il confirmera cette idée du primate de l'origine, et l'intérêt de nous adresser à lui pour nous comprendre en écrivant que « celui qui comprendra les babouins fera plus pour la métaphysique (nom donné à la psychologie avant qu'elle ne revendique son champ propre de savoir) que ce que n'a fait Locke[3] ». Si le fait de demander au primate non humain de répondre à la question de l'origine peut donc apparaître, dans ce contexte, comme allant de soi, la question du choix de ce singe singulier, propriétaire de harems, belliqueux, agressif et jaloux, véritable exception dans le monde des primates non humains, n'a en revanche rien d'une évidence. On pourrait tout de suite envisager que ce singe soit, dans l'état des connaissances à l'époque de Darwin, non pas une exception, mais le seul modèle disponible. Nous le verrons, ce n'est pas le cas ; Darwin

---

1. Freud, *ibid.*, p. 145, cite Darwin, *La Descendance de l'homme,* II, chap. 20.

2. Carnet 8, p. 128, cité par M. Ghiselin (1973), « Darwin and Evolutionnary Psychology », *Science's,* n° 179, p. 964-968.

3. Carnet 8, p. 84, cité par Ghiselin, *art. cit.*

par ailleurs connaît l'existence de singes monogames en Inde et sur le nouveau continent. Alors, pourquoi Darwin privilégie-t-il justement celui-ci ? Doit-il, à l'instar de Freud, trouver le bon figurant pour un scénario dramatique ?

Le problème pour Darwin ne se situe cependant pas à ce niveau : ce n'est pas ce genre d'origine qui l'intéresse principalement. Darwin ne cherche pas un moment dramatique de rupture mais tente d'inscrire l'homme dans l'histoire de l'évolution, en repérant par les similitudes et les différences les preuves de cette évolution. Cela ne résout pas la question du choix d'un mâle en rivalité constante, mais permet d'avancer une première hypothèse. On pourrait dire que ce mâle belliqueux mobilisé par une compétition sans fin autour des femelles est sans doute tout à fait dans la logique de la théorie darwinienne, puisque la sélection est fondée sur la compétition entre les individus. On pourrait alors, dans une perspective critique, réitérer la question des enjeux : ce privilège de la compétition n'est-il justement pas le témoignage d'autre chose ? Si nous reprenons la critique de Russell, lorsque ce dernier traduisait le passage du vertueux monogame au parangon de la dégradation des mœurs comme un effet du contexte historique ou idéologique de cette époque, ne pourrait-on pas affirmer que Darwin a privilégié ce à quoi sa culture le rendait sensible ? Ce fut d'ailleurs un des reproches que lui adressa Marx quand il écrit, en 1862, qu'il est remarquable « de voir comment Darwin reconnaît chez les animaux et les plantes sa propre société anglaise, avec sa division du travail, sa concurrence, ses ouvertures et ses nouveaux marchés, ses "inventions" et sa malthusienne "lutte pour la vie"[1] ». Le choix de Darwin serait alors surdéterminé par une attention maniaque à la compétition, dans un monde en pleine révolution capitaliste industrielle.

Les féministes pourraient compléter la critique en remarquant que Darwin attribue à la nature les rapports de pouvoir entre les

1. Lettre de juin 1862 (1973), *Lettres sur les sciences de la nature*, Paris, Éditions sociales.

sexes : les mâles dominent « naturellement » les femelles ; alors que ces rapports caractérisent en fait l'organisation de la société victorienne dans laquelle il vit. En d'autres termes, diraient Marx et la critique féministe, Darwin reconnaît dans la nature ce que l'organisation de sa société lui a appris à voir : la compétition, la concurrence, la hiérarchie et les rapports de dominance entre les sexes.

Cette hypothèse pourrait être pertinente, mais, nous allons le voir, elle est trop simple. Certes, la culture impose des contraintes sur les significations, donne des accès à ce qu'il faut interroger et nous amène à poser certaines questions. Mais si on veut s'y référer à titre d'explication, on s'aperçoit qu'elle ne traduit pas de simples rapports en miroir. Les choses sont en fait beaucoup plus compliquées et plus intéressantes. Les contraintes qui vont peser sur le choix de Darwin sont multiples, hétérogènes. Il faut, pour les comprendre, prendre en compte, et simultanément, des animaux victoriens, une théorie de l'évolution, des sauvages très indécents et tout aussi victoriens, des anthropologues et des missionnaires, des voyages en bateau, des zoos, une théorie de la sélection sexuelle, des oiseaux aux couleurs brillantes et des primates ternes, des créationnistes encombrants, et tous les singes disponibles à cette époque, témoignant des choses les plus diverses.

Si le modèle de la compétition avait seul été en jeu, Darwin n'aurait pas hésité. Or, il ne cesse de le faire, tout au long du livre *La Descendance*[1]. Ce primate belliqueux et jaloux ne sera élu qu'après de longues tergiversations. Quantité d'autres candidats vont être proposés pour témoigner de notre origine : ils ont tous une bonne raison d'intéresser le père de la théorie de l'évolution.

Rappelons-le, le projet général de *La Descendance* est de repérer tous les éléments qui plaident en faveur de la continuité des

1. (1981), *La Descendance de l'homme et la Sélection sexuelle,* trad. d'E. Barbier (d'après la seconde édition revue et augmentée par l'auteur [1874]), Bruxelles, Complexe (2 vol.).

formes du vivant, pour en retracer l'histoire. Il faut trouver des similitudes et des différences qui permettent de retracer cette histoire selon un ordre cohérent avec l'idée du progrès. Il faut donc montrer que le singe qui deviendra le singe de l'origine nous ressemble suffisamment, sous certains aspects, pour témoigner de la filiation. Or le singe n'est pas seul en cause dans cette histoire de l'origine. Le sauvage est lui aussi convoqué à témoigner. Le rôle qui est attendu de lui n'est pas compliqué : il doit se situer entre le primate et l'homme civilisé. Le primitif doit témoigner de son progrès par rapport au premier (le singe), et du progrès du second (l'humain) par rapport à lui-même. C'est ici que les choses vont sérieusement se compliquer. Ces complications sont on ne peut plus lisibles dans le texte qui clôture le livre *La Descendance de l'homme.*

« J'aimerais autant pour ma part, y écrit Darwin, descendre du petit singe héroïque qui brava un terrible ennemi pour sauver son gardien, ou de ce vieux babouin qui emporta triomphalement son jeune camarade après l'avoir arraché à une meute de chiens étonnés – que d'un sauvage qui se plaît à torturer ses ennemis, offre des sacrifices sanglants, pratique l'infanticide sans remords, traite ses femmes comme des esclaves, ignore toute décence, et reste le jouet des superstitions les plus grossières[1]. »

On le voit dans cet extrait, à la place du mâle belliqueux dont Freud se fait l'héritier, nous aurions pu avoir un tout autre primate non humain ; le sauvage restant quant à lui relativement fidèle à lui-même, du moins pour les superstitions. Nous aurions pu avoir pour ancêtre un singe moral, héroïque et généreux. Ce singe aurait d'ailleurs pu parfaitement trouver sa place dans le projet, puisque celui-ci ambitionne de montrer la continuité entre lui et nous : la moralité aurait pu constituer un lien privilégié entre les primates humains et non humains. Ce singe moral sera d'ailleurs interrogé dans cette perspective, à de multiples reprises, au cours de ce livre : non seulement il sauve son gardien

1. Darwin, *ibid.*, p. 678.

de zoo ou ses camarades en difficulté, mais il montre aussi, par exemple lorsqu'il cache un méfait – en camouflant les épluchures d'un fruit qu'on lui avait défendu –, qu'il a déjà quelque notion de honte.

En outre, cet animal vertueux est déjà, d'une certaine manière, présent sur la scène de l'histoire. Darwin hérite de ce qu'on pourrait appeler le bestiaire victorien, fait d'anecdotes, de rapports de gardiens de zoo, de naturalistes, de lettres de voyageurs ou d'explorateurs. On y trouve un éventail appréciable d'animaux modèles de moralité, qui peuvent très bien remplir le rôle que Darwin leur assigne. Un rapprochement sur fond de vertu commune aurait donc pu constituer une stratégie intéressante pour celui-ci.

Or, ce rapprochement n'est pas sans poser problème, ce qui explique les hésitations de Darwin, et même ses regrets.

Car pour démontrer la continuité, certes, une certaine vision de l'animal est nécessaire ; mais il faut encore disposer de sauvages qui puissent s'aligner parfaitement dans le fil de cette histoire. Le primitif doit lui aussi présenter des caractéristiques particulières, permettant d'affirmer et de confirmer le lien entre l'animal et l'homme civilisé : il doit être le bon intermédiaire en témoignant de son humanité d'une part ; il doit, d'autre part, se situer auprès de l'animal et lui ressembler, sous peine de rompre la continuité. C'est ici exactement, dans cette démonstration en deux étapes, et plus précisément dans la seconde, que le problème se pose : le sauvage fait tache. Le primitif victorien ne peut assumer correctement ce rôle d'intermédiaire.

En effet, le sauvage victorien disponible dans la culture à laquelle appartient Darwin est un sauvage qui, paradoxalement, contredit la belle continuité du modèle. Précisons-le, Darwin aborde le sauvage avec les questions de son époque. L'extrait de la conclusion le laissait présager : ce sauvage victorien s'avère un bien piètre modèle d'humanité. Certaines de ses mœurs ont profondément choqué Darwin : « Les Indiens d'Amérique du Nord laissent périr dans la plaine leurs camarades trop faibles pour les suivre, ou encore les Fuégiens enterrent vivants leurs parents âgés ou malades. » Dans ses récits de voyages, il raconte l'horreur éprouvée à la vue de ces hommes sales aux cheveux emmêlés et à la voix criarde, si différents de nous qu'on aurait du mal à se convaincre qu'ils sont nos semblables, habitant le même monde que nous. Les rapports des anthropologues auxquels Darwin se réfère ne font que confirmer la difficulté du rapprochement. Mais ce n'est pas vraiment un problème pour la démonstration : à la rigueur, le statut de moindre humanité du sauvage victorien peut aussi plaider en faveur de la continuité, puisque celle-ci se situe dans une histoire du progrès.

En revanche, ce qui va poser un problème beaucoup plus difficile, c'est quand se posera la question de la continuité entre le primitif et l'animal. Comment comprendre qu'à un animal victorien si vertueux, précurseur de notre moralité, succède un sauvage tout aussi victorien, mais en rupture complète avec le premier ? Comment comprendre qu'à l'animal moral ainsi mis en scène puisse succéder, comme son successeur, un sauvage qui se donne parfois comme tellement dépravé ? Comment comprendre la présence, chez le sauvage, de ces mœurs abominables, de l'infanticide, de la mise à mort des plus faibles, de l'abandon des vieillards, etc. ? Comment, en d'autres termes, peut-on descendre d'un singe vertueux qui va jusqu'à risquer sa vie pour un compagnon ou pour son gardien, en passant par un sauvage qui manque à ce point de décence ? C'est tout le dilemme que résumait la conclusion avec ce laconique : « J'aimerais autant pour ma part descendre du petit singe héroïque… »

La solution que Darwin va d'abord adopter est pour le moins étonnante : c'est à la raison qu'il va adresser ses reproches. Cette solution est tout à fait déroutante dans la mesure où elle l'oblige à reprendre, pour dépasser la difficulté, un argument souvent utilisé par les créationnistes contre lesquels il est en lutte : la fiction de la chute de l'homme. « Si nous nous reportons à une époque extrêmement reculée, l'homme, avant d'être arrivé à la dignité d'être humain, devait se laisser diriger beaucoup plus par l'instinct et moins par la raison que les sauvages actuels les plus infimes. Nos ancêtres primitifs semi-humains ne devaient pratiquer ni l'infanticide, ni la polyandrie, car les instincts des animaux inférieurs ne sont jamais assez pervers pour les pousser à détruire régulièrement leurs petits ou pour leur enlever tout sentiment de jalousie[1]. »

La jalousie réapparaît. Mais elle est définie comme une vertu ! À l'époque très primitive où l'homme a dû s'élever au rang d'humain, confirme Darwin, « il devait se laisser conduire par ses passions instinctives plutôt que par la prévoyance ou la raison. Chaque mâle devait garder avec jalousie sa femme ou ses femmes. Il ne devait ni pratiquer l'infanticide, ni considérer uniquement ses femmes comme des esclaves utiles, ni leur être fiancé pendant l'enfance[2] ». On ne peut mieux faire appel à de sages passions instinctives contre les dévoiements d'une raison qui ne se partage ici que pour le pire.

Puisqu'il y a une telle rupture dans le beau continuum de la moralité, puisque même s'il le préfère, Darwin ne peut pas descendre du petit singe héroïque qui sauva son gardien, il lui faut alors, pour témoigner du sauvage de l'origine, construire une origine au sauvage de façon à le rendre compatible avec l'animal. L'opération devient vraiment très compliquée : il a dû exister un sauvage d'avant la raison, un sauvage qui ressemble à l'animal. Celui-ci devait se laisser guider par ses instincts, ne pas pratiquer l'infanticide, et surtout garder avec jalousie sa femme ou ses femmes. La voie de la moralité ne sera donc pas celle de l'héroïsme ou de la bravoure, mais celle de la régulation de la sexualité – dont la jalousie du mâle devient la garantie. Pourquoi trouver, dans cette vertueuse jalousie d'avant la dégénérescence, le lien possible entre le sauvage et le primate de l'origine ? La raison est simple : parce qu'elle lui semble la seule solution possible pour réguler la compétition autour des femelles.

---

1. Darwin, *ibid.*, p. 46.
2. *Ibid.*, p. 662.

Il faut, pour comprendre cela, savoir que le problème de la théorie de la sélection sexuelle qui s'agence si bien avec bon nombre d'animaux présente quelques difficultés pour les singes. Selon cette théorie, une bonne part de l'évolution se ferait sous la pression de la sélection sexuelle : en choisissant des partenaires et en privilégiant certaines caractéristiques, les animaux, le plus souvent les femelles, activent la dissémination de cette caractéristique dans la population. Comment les animaux choisissent-ils leur partenaire ? Quels sont leurs critères ? Comment opèrent-ils la sélection ? Le choix, explique Darwin, est le plus souvent le fait des femelles. Ce sont elles les ressources convoitées. Dans de très nombreuses espèces, elles se fondent sur la beauté du partenaire. Témoigne de cette double caractéristique le fait que nombre de mâles, chez les oiseaux notamment, arborent des couleurs superbes, alors que les femelles, dans ces mêmes espèces, sont assez ternes : chez ces espèces, ce sont les femelles qui choisissent les mâles, alors que dans les rares espèces où les femelles sont plus brillantes, le choix est inverse. Au plumage s'ajoute le ramage, puisque les chants sont également autant de manières d'attirer les femelles. Chez les insectes, le problème se résout de manière parfois similaire, soit que le mâle appelle la femelle, soit qu'il l'attire par divers procédés, soit encore, dit Darwin, qu'il se l'attache par des sentiments. Mais pour le singe, le problème se présente tout différemment, et c'est là la difficulté : les mâles, s'étonne Darwin, n'ont pas l'air de se donner la moindre peine pour étaler leurs charmes devant les femelles[1]. De plus, écrit-il[2], les singes sont loin d'être beaux.

Comment les femelles peuvent-elles choisir ? Une seule explication semble alors possible : si la lutte plus pacifique à l'œuvre chez les oiseaux et les insectes, par laquelle les mâles cherchent à attirer et à séduire les femelles par leurs divers charmes, n'est pas possible, la loi du combat doit donc prévaloir dans toute la

1. Darwin, *ibid.*, p. 593.
2. *Ibid.*, p. 604.

grande classe des mammifères[1]. C'est en se battant pour la conquérir et en se battant pour la garder que le mâle s'assure de sa partenaire. La jalousie, dans cette perspective, peut se définir comme une vertu bien sage : elle garantit la régulation de la sexualité et celle du social, même si elle peut s'avérer, conséquence inévitable, source de pas mal de désordre. Avec cet argument, la boucle peut enfin se boucler : les sauvages peuvent être à nouveau appelés à témoigner, mais cette fois leur témoignage ne pose plus de problème. « Les ancêtres semi-humains mâles de l'homme et les sauvages ont, pendant bien des générations, lutté les uns contre les autres pour la possession des femelles[2]. » Preuve en est, nous en trouvons encore des traces « puisque chez les nations barbares, les Australiens par exemple, les femmes sont un prétexte continuel de guerre entre les individus de la même tribu et ceux de tribus différentes. Il en était sans doute ainsi dans l'Antiquité : "*Nam fuit ante Helenam mulier teterrima belli causa.*" Chez les Indiens d'Amérique du Nord, la lutte est réduite à l'état de système [...]. Nous serions presque sûrs, d'après l'analogie avec les quadrumanes supérieurs (le gorille et le singe entèle observés par le Dr Savage en 1847 et 1859) que la loi du combat a prévalu chez l'homme pendant les premières phases de son existence[3] ».

Le sauvage, qui s'alliait si mal au singe vertueux sur le mode de la bravoure et de la coopération, impose des contraintes lourdes sur le choix de l'origine. L'animal victorien et le sauvage victorien ne pouvaient pas toujours faire bon ménage tant qu'on leur demandait de répondre, tous deux, et en même temps, à la question de l'origine. Il fallait que l'animal change de registre, qu'il ne soit plus cet animal victorien, mais devienne un animal de conflit, de compétition, de guerre et de jalousie. Et là, le sauvage peut venir apporter sa contribution : le continuum est assuré.

1. Darwin, *ibid.*, p. 606.
2. *Ibid.*, p. 616.
3. *Ibid.*, p. 614.

Précisons-le, Darwin a longuement hésité parce qu'il voyait aussi, dans la nature, des exemples de moralité et de coopération, parce que la loi de tous contre tous ne lui semblait pas rendre compte de toutes ses observations. Mais ces exemples s'inscrivaient difficilement dans le schème général de son projet ; le singe héroïque devint donc ce qu'il sera pendant de nombreuses années : un singe anecdotique.

On peut encore se demander si les choses n'auraient pas été très différentes si le sauvage, par exemple, n'avait pas été le sauvage victorien, produit d'une culture impérialiste et puritaine, horrifiée de la différence, paternaliste et raciste, dans un monde qui construisait son origine et son histoire dans le registre de la compétition. On peut se demander, en somme, si les choses n'auraient pas été tout autres si Darwin n'avait été l'héritier et le vecteur de cette « singulière complicité[1] » de la politique coloniale avec l'anthropologie et l'histoire naturelle.

Nous pouvons en tenter la mise à l'épreuve : il nous faut seulement trouver quelqu'un qui puisse venir en témoigner. Ce personnage existe. En effet, une trentaine d'années après la parution des travaux de Darwin, apparut sur la scène des recherches un naturaliste étonnant, le prince russe et anarchiste Pierre Alexandre Kropotkine. Ce nouveau personnage présente toutes les qualités pour conduire le contraste dont nous avons besoin. Il est à la fois suffisamment proche pour permettre de construire des similitudes : Kropotkine est naturaliste et adhère à une bonne part des thèses darwiniennes ; il est également intéressé à la question de l'origine et appelle les singes, comme les primitifs, à témoigner. Mais il est aussi suffisamment différent pour nous permettre d'évaluer l'effet de ces différences : il se situe lui-même dans une perspective critique et engagée. Anarchiste confiant dans l'avenir d'un projet de société selon lequel de petites communautés se fixeraient, par consensus, leurs règles au bénéfice de

1. Élisabeth de Fontenay (1981), *Diderot ou le Matérialisme enchanté*, Paris, Grasset.

tous, il sera, comme nombre de ses collègues naturalistes russes, beaucoup plus attentif à trouver dans la nature des témoignages de paix et de solidarité. Intéressé tant par les travaux de l'anthropologie que par ceux des sciences naturelles, Kropotkine va poser des questions à l'histoire de l'origine, questions qui le mènent à redéfinir les rôles de chacun des candidats invoqués par cette histoire. Nous nous situons toujours en Angleterre, où Kropotkine a émigré, à la fin du XIXe siècle : la question du singe, comme celle du sauvage, va à nouveau se poser.

3

Singes et sauvages dans un monde anarchiste

À Didier Demorcy

Situons d'abord le cadre dans lequel Kropotkine interroge les théories darwiniennes. Dans son livre de 1902, *L'Entraide, un facteur de l'évolution*[1], l'auteur raconte qu'en cherchant avec enthousiasme, sur son propre terrain, les preuves de l'évolution et de la sélection, il s'est étonné de la différence entre ses observations et celles qui fondent la théorie de la sélection. « Quand j'explorais la région du Vitim, en compagnie du zoologiste accompli qu'était mon ami Poliakoff [...] nous cherchions en vain des preuves de l'âpre concurrence entre animaux de la même espèce que la lecture de l'ouvrage de Darwin nous avait préparés à trouver [...]. Mais même dans les régions de l'Amour et de l'Oussouri, où la vie animale pullule, je ne pus que très rarement, malgré l'attention que j'y prêtais, noter des faits de réelle concurrence, de véritable lutte entre animaux supérieurs de la même espèce. La même impression se dégage de la plupart des ouvrages des zoologistes russes[2]. » Au contraire, écrit-il, je n'y ai vu que preuves de soutien mutuel, d'amitié et de solidarité : nourrir l'étranger, adopter l'orphelin, aider l'autre en difficulté parfois au péril de leur vie, voilà comment se comportent les animaux. Mais nulle part je n'ai pu y voir cette lutte de tous

1. La version française remaniée date de 1906, rééditée en 1979 par les éditions de L'Entraide (Paris).
2. *L'Entraide, op. cit.*, p. 10.

contre tous, cette compétition féroce autour des ressources. Non seulement les animaux évitent la lutte, mais ils s'entraident. Le problème de la surpopulation lui-même reçoit une solution originale, qui ne lui fait perdre en rien son rôle moteur de l'évolution, puisque les animaux dans ces conditions, préfèrent, à la lutte, le changement de niches écologiques sous la forme de migration ou d'adaptations différentes. Quand les castors sont trop nombreux à un endroit de la rivière, le groupe se divise : certains remontent en amont, d'autres descendent vers l'aval.

« Si Rousseau a commis l'erreur de supprimer de sa conception la “lutte bec et ongles”, commente Kropotkine, Huxley (un disciple de Darwin) a commis l'erreur opposée ; mais ni l'optimisme de Rousseau ni le pessimisme de Huxley ne peuvent être acceptés comme une interprétation impartiale de la lutte. Lorsque nous étudions les animaux, non dans les laboratoires et les muséums seulement, mais dans la forêt et dans la prairie, dans les steppes et dans la montagne, nous nous apercevons tout de suite que, bien qu'il y ait dans la nature une somme énorme de guerre entre les différentes espèces, il y a tout autant, ou peut-être même plus, de soutien mutuel, d'aide mutuelle entre les animaux appartenant à la même espèce, ou au moins à la même société[1]. »

Les primates ne contredisent pas ce modèle. Quoique ceux-ci se caractérisent par une très grande variabilité d'espèces, on peut affirmer que la sociabilité, l'action en commun, la protection mutuelle et un grand développement des sentiments, qui sont un résultat naturel de la vie sociale, caractérisent la plupart des espèces de singe[2]. La plupart d'entre eux, explique Kropotkine, deviennent très malheureux quand ils sont solitaires, et les cris de détresse de l'un font immédiatement accourir la bande tout entière. C'est toujours par bandes qu'ils pillent nos champs, les vieux prenant soin de la sécurité de la communauté. « Les petits ti-tis dont les douces figures enfantines frappèrent tant

1. Kropotkine, *ibid.*, p. 6.
2. *Ibid.*, p. 54.

Humboldt, s'embrassent et se protègent les uns les autres quand il pleut [...]. Plusieurs espèces montrent la plus grande sollicitude pour leurs blessés, et n'abandonnent pas un camarade blessé pendant la retraite jusqu'à ce qu'ils soient assurés qu'il est mort et qu'ils sont impuissants à le ramener à la vie. James Forbes raconte dans ses mémoires d'Orient que certains singes montrèrent une telle persévérance à réclamer de ses compagnons de chasse le corps mort d'une femelle que l'on comprend bien pourquoi "les témoins de cette scène extraordinaire résolurent de ne plus jamais tirer sur aucune espèce de singe". » Les hamadryas postent des sentinelles, et leur courage est quasi légendaire, comme en témoignent les expéditions qui s'y confrontèrent. L'attachement mutuel qui règne dans les familles de chimpanzés est, dit Kropotkine, connu de tous les lecteurs[1].

N'apparaissent ici, à côté du vieux babouin héroïque déjà mis en scène par Darwin, ni le maître jaloux ni le compétiteur belliqueux qui coexistaient dans le système darwinien. Bien au contraire, Kropotkine remet explicitement leur existence en question : ces singes, dit-il, ne sont que de rares exceptions, et leur témoignage ne vaut pas, dans la mesure où « ils sont soumis à des contraintes qui signent leur dégénérescence ». L'hypothèse qui permettait à Darwin de ramener son sauvage dans le continuum vient à présent exclure son singe de l'origine. Car le sauvage, chez Kropotkine, n'a nul besoin de faire l'objet d'un bricolage si compliqué. Au contraire, c'est lui qui, en quelque sorte, favorise la disparition du maître jaloux et belliqueux de la scène – en lui retournant d'ailleurs le compliment : c'est lui le dégénéré.

Nos deux auteurs sont cependant d'accord sur un point : notre socialité et notre intelligence sont un résultat de l'évolution, et il est tout à fait légitime de convoquer le sauvage à témoigner. Là s'arrête leur accord : tous les schémas explicatifs des traces de cette évolution, remarque Kropotkine, sont entachés d'une double erreur. La première tient aux modèles animaux dont ils se

---

1. Kropotkine, *ibid.*, p. 55.

prévalent, la seconde à la mauvaise compréhension des peuples primitifs. Commençons par la seconde, elle permettra de rendre compte de la première.

Selon Kropotkine, si les observations des anthropologues peuvent nous aider à comprendre l'origine de l'homme, notamment parce que les primitifs ont gardé des traces et des vestiges des institutions les plus anciennes, les informations que la plupart de ces chercheurs nous ont ramenées sont le plus souvent bonnes à mettre au panier. Ils ont été totalement incapables de comprendre les primitifs. Ces derniers sont, en effet, dans la majorité des cas, décrits comme des sauvages sanguinaires. Toutefois, continue-t-il, certains auteurs ont jugé bon d'admettre que les primitifs devaient être des dégénérés d'une humanité qui aurait autrefois connu un plus haut degré de civilisation. Mais toutes les observations contredisent cette théorie de la dégénérescence[1]. Cette théorie, en fait, ne doit son existence qu'à une seule cause : la qualité désastreuse du travail des anthropologues qui n'ont rien compris aux primitifs, encore moins aux animaux. L'allusion est claire, la critique sans appel.

D'abord, constate Kropotkine, ces observations s'inscrivent toutes dans des schémas explicatifs qui les faussent. Il est vrai « qu'au XVIIIe siècle le sauvage et sa vie "à l'état de nature" furent idéalisés ». Mais aujourd'hui, continue-t-il, « les savants se portent à l'extrême opposé, particulièrement depuis que quelques-uns d'entre eux, désireux de prouver l'origine animale de l'homme, mais n'étant pas familiers avec les aspects sociaux de la vie animale, se sont mis à charger le sauvage de tous les traits "bestiaux" imaginables[2] ». On ne peut mieux dénoncer une double impolitesse : celle qui consiste à disqualifier l'animal pour mieux injurier les sauvages. Attribuer la bestialité aux primitifs ne témoigne de rien d'autre que de la puissance stratégique de ce que nous pourrions appeler aujourd'hui une « méconnaissance

1. Kropotkine, *ibid.*, p. 90.
2. *Ibid.*, p. 121.

intéressée[1] », autorisant la bestialisation de l'autre. Car il s'agit bien d'une double méconnaissance. Toutes les horreurs rapportées sur les primitifs ne témoignent que des préjugés des observateurs, et surtout des conditions dans lesquelles s'effectuent ces observations.

En effet, la plupart de celles qui nous furent ramenées par les missionnaires et les voyageurs sont on ne peut plus douteuses. Ainsi, les Bushmen furent-ils décrits par ceux-là mêmes qui les exterminèrent[2]. En outre, les Européens qui rencontrent une race primitive commencent généralement par faire une caricature de ses mœurs. Quantité d'observations absurdes nous sont ainsi parvenues, donnant du primitif l'image la plus superficielle et la plus abominable qui soit. Tout le problème vient de notre manque d'intérêt, et surtout de notre incapacité à les comprendre. Citant Rink, Kropotkine résume clairement les deux sources de la difficulté : les préjugés et l'ethnocentrisme qui guident les observations. « Les Européens élevés dans le respect du droit romain sont rarement capables de comprendre la force de l'autorité de la tribu [...]. En effet, ce n'est pas une exception, mais bien la règle, que les hommes blancs [...] s'en retournent (chez eux) sans avoir rien appris sur les idées traditionnelles qui forment la base de l'état social des indigènes. L'homme blanc, qu'il soit missionnaire ou commerçant, a l'opinion dogmatique bien arrêtée que le plus vulgaire Européen est supérieur à l'indigène le plus distingué[3]. »

Cependant, explique Kropotkine, pour peu que l'observateur soit intelligent, et surtout reste avec les primitifs plus longtemps, on s'aperçoit qu'il les décrit alors « comme la meilleure ou la plus douce race de la terre. Ce sont les termes mêmes qui ont été appliqués aux Ostiaks, aux Samoyèdes, aux Esquimaux, aux

1. Jacques Derrida (2001), *De quoi demain...*, Paris, Fayard.
2. *L'Entraide, op. cit.*, p. 96.
3. *Ibid.*, note 2, p. 105.

Dayaks, aux Aleoutes, aux Papous, etc.[1] ». Ainsi, les Hottentots ont été décrits par Lubbock comme les plus « sales animaux », et en effet, reconnaît Kropotkine, ils sont sales ; « cependant ceux qui les ont vus de près louent hautement leur sociabilité et leur empressement à s'aider les uns les autres. Si l'on donne quelque chose à un Hottentot, il le partage immédiatement avec tous ceux qui sont présents[2] ». Les Fuégiens, qui, si l'on s'en souvient, avaient tant choqué Darwin, et « dont la réputation était si mauvaise, apparaissent, écrit encore Kropotkine, sous un jour meilleur depuis qu'ils commencent à être mieux connus[3] ».

L'infanticide et l'abandon des blessés qui avaient heurté Darwin reçoivent ici une explication, et autorisent une critique cinglante de notre système social. D'abord, remarque Kropotkine, tous les témoignages s'accordent de manière unanime pour affirmer l'incroyable amour que les parents éprouvent pour leurs enfants. Et l'on ne doit pas penser, explique-t-il, que les sauvages se multiplient sans restriction aucune, puisque, au contraire, ils prennent toutes sortes de mesures pour diminuer les naissances. « Toute une série de restrictions, que les Européens trouveraient certainement extravagantes, sont imposées à cet effet, on y obéit strictement, et, malgré tout, les primitifs ne peuvent élever tous leurs enfants[4]. » Cependant, continue Kropotkine, preuve que les infanticides ne sont pas un simple effet de coutumes sauvages ou insensées, on a remarqué que, s'ils parviennent à augmenter leurs moyens de subsistance, l'infanticide cesse immédiatement. Les missionnaires qui les assènent de sermons pour les moraliser feraient mieux de suivre l'exemple de Veniamov : ce prêtre russe orthodoxe (que nous connaissons depuis sa canonisation sous le nom d'Innocent III), missionnaire en Alaska au début du XIXe siècle, bravait régulièrement tous les dangers de la mer pour

1. *L'Entraide, op. cit.*, p. 99.
2. *Ibid.*, p. 97.
3. *Ibid.*, p. 103.
4. *Ibid.*, p. 111.

approvisionner les indigènes de pains et d'instruments de pêche, et supprimait ainsi complètement l'infanticide[1]. On ne peut nier en outre que l'infanticide est un acte grave pour les primitifs, qu'ils l'accomplissent à contrecœur, et qu'ils tentent toujours de l'éviter. Les coutumes de l'invention des naissances les jours heureux et les jours malheureux, afin d'épargner les enfants les jours heureux, en rendent compte de manière exemplaire, comme l'a montré Élie Reclus. Dans d'autres circonstances encore, les parents essayent d'ajourner la sentence et ne la mettent finalement pas à exécution, puisque si le bébé a vécu un jour, il doit vivre toute sa vie naturelle[2].

Quant à l'abandon des blessés ou des vieillards, il faut l'interpréter non comme un abandon par la tribu, mais de la même manière que nous pouvons comprendre les pratiques en Russie, explique Kropotkine, pratiques par lesquelles les vieux paysans disent au soir de leur vie : « Je vis la vie des autres, il vaut mieux me retirer. » Le vieillard demande lui-même à mourir, et il insiste sur ce dernier devoir envers la communauté. Il demande le consentement de la tribu, puis organise lui-même son départ. Mais cela, continue l'auteur, nos savants occidentaux ne peuvent pas le comprendre, car ils ne peuvent imaginer la coexistence de la moralité avec ces pratiques qui lui semblent si étrangères. Ils ne peuvent le comprendre, exactement de la même manière que si nous disions à un sauvage « que des gens, extrêmement aimables, aimant tendrement leurs enfants, et si impressionnables qu'ils pleurent lorsqu'ils voient une infortune simulée sur scène, vivent en Europe à quelques pas de taudis où des enfants meurent littéralement de faim, le sauvage à son tour ne les comprendrait pas[3] ».

À cette critique radicale de l'ethnocentrisme et de la singulière partialité des Occidentaux lorsqu'il est question de morale, une autre critique s'ajoute : ces histoires d'origine dans lesquelles

1. *L'Entraide, op. cit.*, p. 112.
2. *Ibid.*, p. 111.
3. *Ibid.*, p. 114.

nous impliquons les animaux et les sauvages portent la marque de la façon dont nous reconstruisons l'histoire en général. Elles s'inscrivent le plus souvent dans les schèmes que nous privilégions quand nous écrivons ou pensons cette histoire : les schèmes de la guerre et des conflits. Mais cette manière de faire histoire, continue-t-il, résume généralement son intérêt aux guerres et conflits *de quelques-uns*, en effaçant complètement de la scène des milliers de gens qui vivaient des relations pacifiques et de coopération. « Il y a toujours eu des écrivains pour juger l'humanité avec pessimisme. Ils la connaissaient plus ou moins superficiellement dans les limites de leur propre expérience ; ils savaient de l'histoire ce qu'en disent les analystes, toujours attentifs aux guerres, à la cruauté, à l'oppression et guère plus : ils en concluaient – ici Kropotkine fait allusion à la théorie du philosophe anglais Hobbes – que l'humanité n'est autre chose qu'une agrégation flottante d'individus, toujours prêts à combattre l'un contre l'autre et empêchés de le faire par l'intervention de quelque autorité[1]. »

L'histoire de l'origine, dès lors, ne sera jamais qu'un mythe reconstruit au départ de quelques écrits de philosophes pessimistes, dans lequel un sauvage est enrôlé par des anthropologues incapables, et qui appelle à témoigner un animal dégénéré, soigneusement sélectionné, le plus souvent issu de travaux de musée ou de compilations choisies.

C'est ici que le singe belliqueux de Darwin, celui qui deviendra le totem de Freud et de l'Occident, reçoit de Kropotkine les attendus de sa condamnation. La première erreur de Hobbes, explique Kropotkine, fut de penser que l'humanité a commencé sous la forme de petites familles isolées, un peu dans le genre des familles limitées et temporaires des grands carnivores. Les observations de quelques espèces choisies de primates semblent confirmer cette hypothèse. Or, tout cela ne repose que sur une totale méconnaissance des primates. Car à part quelques espèces de singes, « dont le déclin ne fait pas de doute » – déclin qui

1. *L'Entraide, op. cit.*, p. 83.

explique cette organisation exceptionnelle comme on en rencontre chez l'orang-outan et le gorille –, aucun groupe de singes ne vit en petites familles isolées errant dans les bois. Au contraire, ils vivent dans des bandes très socialisées. Et la structure même de ces bandes, dit Kropotkine, rend très improbable l'existence d'un « mâle fort et jaloux[1] ». D'abord, la logique nous indique que ces bandes ne peuvent être polygames, le nombre des mâles étant trop important. Ensuite, on peut sérieusement mettre en doute la validité de l'extension à tous les singes des observations menées sur quelques-unes des espèces choisies.

Certains anthropologues qui ont tenté de nous trouver une origine chez les primates, continue Kropotkine, admettent un peu facilement que les singes vivent en familles polygames, sous la conduite d'un « mâle fort et jaloux ». Or ces observations ne sont pas concluantes : elles se fondent pour la plupart sur le même travail, celui de Brehm, *La Vie des animaux;* voire sur un seul passage de ce livre ! Or, ce passage auquel les auteurs se réfèrent concerne une description générale des singes, un modèle en quelque sorte, « mais ses descriptions plus détaillées des espèces séparées ne le confirment pas ou le contredisent[2] ». La démonstration est exemplaire : parmi tous les singes possibles, sera choisi, pour répondre aux questions de l'origine, celui qui peut rendre compte d'une histoire, présente dans les schémas disponibles pour la penser.

On pourrait envisager que c'est là que se situe, en dernier ressort, la teneur essentielle du contraste que je proposais entre Darwin et Kropotkine : ils ont, l'un comme l'autre, recruté les primates dans des projets somme toute assez différents. La rivalité qui constituait pour le premier une solution s'avère, pour le second, un simple effet de préjugés. Dans un cas comme dans l'autre, le primitif est concerné. Et cela change beaucoup de choses : les sauvages qui ont tant effrayé Darwin ont réussi à

1. *L'Entraide, op. cit.*, p. 86.
2. *Ibid.*, p. 86.

mobiliser Kropotkine dans un tout autre projet : celui d'exiger la politesse à leur égard ; de leur adresser les bonnes questions – qui ne sont pas nécessairement les nôtres.

La réussite de cet enrôlement n'est cependant pas du seul ressort de Kropotkine. Trente ans ont passé, et ces trente ans ne sont pas sans importance : les sauvages ne sont plus les mêmes. Les pratiques se sont modifiées. Kropotkine, qui accompagne toujours son analyse de la question des conditions qui permettent de connaître, dit lui-même que les recherches de ces quarante dernières années ont contribué à changer la vision que l'on se faisait du monde primitif. Ainsi, le travail de son ami géographe, Élie Reclus (*Les Primitifs*, 1885), exemplaire de ces nouvelles pratiques, était à la disposition de Kropotkine, mais ne pouvait pas être connu de Darwin. Certes, Élie Reclus est l'ami de Kropotkine, ils partagent un idéal commun, puisqu'ils sont tous deux anarchistes. Les questions de Kropotkine trouvent dans son travail une articulation privilégiée. Mais le fait que Kropotkine puisse exiger des manières différentes d'interroger les autochtones déborde largement le cadre de son réseau amical ou politique. Parallèlement, en effet, d'autres travaux ont été publiés, dans une perspective nouvelle. Il suffit de regarder les textes auxquels Kropotkine se réfère, quand il commente les observations nouvelles par un « maintenant qu'on les connaît mieux » : le travail de Rink, paru en 1887 ; de Post, en 1890 ; de Lewis Morgan, 1877 ; toutes dates postérieures à la parution des travaux de Darwin.

Il ne s'agit pas, pour Kropotkine, de simplement mobiliser les primitifs dans un témoignage d'une « bonne » fiction de l'origine, il s'agit aussi de trouver une fiction qui ne les insulte pas, qui ne les bestialise pas, et qui ne les transforme pas en otage de nos questions et de nos problèmes. Quand il analyse la façon dont les peuples non occidentaux ont changé, quand il décrit la manière dont ils ont pu enrôler leurs anthropologues dans de nouvelles questions, et la façon dont ces questions ont pu à leur tour mobiliser d'autres histoires, Kropotkine montre alors un vrai talent de scientifique : celui d'accepter ce à quoi engage le fait de « parler pour ». Celui de prendre en compte les exigences du « faire connaissance » : il ne s'agit pas seulement d'apprendre à bien « parler de », il s'agit de se soumettre aux contraintes du « bien parler pour ». Un des reproches adressés au travail des anthropologues, souvenons-nous, concernait la manière dont les pratiques étaient envisagées : pour peu que l'observateur soit intelligent, et surtout reste avec les primitifs plus longtemps, écrivait-il, on s'aperçoit qu'il les décrit alors « comme la meilleure ou la plus douce race de la terre ». La critique est à peine masquée : comment pourrait-on prétendre rendre compte de ceux qu'on ne se donne pas la peine de connaître et de comprendre ; comment peut-on prétendre s'intéresser à ceux à qui l'on ne donne aucune chance de nous mobiliser ? Comment espérer construire un savoir fiable à propos de ceux à qui n'est laissée aucune possibilité de surprendre, d'étonner, de décentrer celui qui s'adresse à eux, et de raconter une autre histoire ?

Cela voudrait-il dire alors que les singes de l'origine sont différents de ceux de Darwin parce que Kropotkine a été enrôlé d'une autre manière par les primitifs ? Je dois avouer que cette version est assez séduisante, mais je crains qu'elle ne soit trop simple. Certes, avec Kropotkine, une autre version de l'origine est rendue possible, dans laquelle les sauvages ont un tout autre rôle à jouer. Mais ces derniers ne sont pas seuls en cause. Les singes à qui Darwin demandait d'apporter les preuves de la sélection naturelle et de l'évolution viennent chez Kropotkine apporter leur concours à un autre projet : celui de témoigner de l'évolution de la nature, mais cette fois en rompant avec le régime de la compétition. De la même manière que les primitifs semblent exiger, au fur et à mesure du temps et des recherches, une autre manière de les connaître, la nature enrôle Kropotkine dans une autre histoire.

Certes, on pourrait, en relisant les reproches adressés par Kropotkine à la théorie de la sélection, et notamment sa critique de la compétition et de la lutte « bec et ongles », rattacher cette nouvelle version de la théorie de l'évolution à son projet politique : celui, on s'en souviendra, de créer de petites communautés anarchistes organisées sur les principes de la solidarité. Il ne serait donc pas étonnant, dans cette perspective, que Kropotkine cherche dans la nature les preuves de l'existence de cette solidarité et les conditions qui la rendent possible. On en reviendrait alors à soumettre Kropotkine à la critique que Marx adressait à Darwin : il ne voit dans la nature que ce que sa société (utopique en l'occurrence) le mènerait à voir. Cette critique serait à nouveau trop simple, et surtout inéquitable : de la même manière que je nous ai invités à ralentir, à compliquer les choses, à prendre en compte beaucoup plus d'événements, de questions techniques, de sauvages victoriens et de pratiques anthropologiques, d'habitudes d'animaux et de témoignages de ceux qui s'y intéressent pour comprendre les choix de Darwin, il nous faut explorer, en suivant Kropotkine, ce qui a rendu cette version d'une autre « nature » possible. Et parmi les choses qui ont rendu cette version possible, il nous faut compter la nature elle-même. Car de même que le temps des anthropologues a permis un autre témoignage pour les autochtones, les espaces de la terre de Russie ont exigé une autre histoire pour la nature. Les sauvages ne sont pas les mêmes, les animaux non plus.

Pour bien comprendre comment ces animaux ont pu mener Kropotkine à proposer une autre version, il nous faut d'abord remarquer cette coïncidence : les reproches que Kropotkine formulait à l'encontre de l'anthropologie trouvent leur parfait équivalent dans ceux qu'il adresse aux théoriciens de la nature. Souvenons-nous, lorsqu'il demande à la nature de témoigner, Kropotkine décrit des promenades. Et ce sont celles-ci qui fondent sa critique contre les naturalistes en chambre : ce n'est que « lorsque nous étudions les animaux, non dans les laboratoires et les muséums seulement, mais dans la forêt et dans la prairie, dans les steppes et dans la montagne », que nous pouvons avoir la chance de voir, dans la nature, autre chose que ce que la théorie, l'histoire ou les philosophes nous ont appris à voir. Ce n'est que dans cette situation que nous pourrons voir autre chose que les combats, la rivalité et la compétition. Kropotkine raconte l'histoire singulière de la rencontre du terrain, l'impression que lui laisse le monde animal de la région du Vitim en Sibérie, la singularité des vallées de l'Amour et de l'Oussouri où la vie animale pullule… Il précise en outre, en conclusion des observations qui le déroutent, puisqu'il ne trouve pas l'âpre compétition à laquelle la lecture de Darwin l'avait préparé, que la même impression se dégage de la plupart des ouvrages des zoologistes russes.

Faut-il être russe pour voir, dans la nature, d'autres modes de sélection ? Avant de répondre, il faut ici s'arrêter sur un détail, suffisamment important pour que Kropotkine le mentionne ; non seulement il se promène, mais il indique le lieu de ses promenades : certes, ce ne sont ni des musées ni des zoos, comme l'annonçait sa critique, mais ce ne sont pas non plus des îles, véritables laboratoires de confinement, ni les Tropiques surpeuplés, ni même les forêts de l'Angleterre ; ce sont les immenses plaines de Russie.

Kropotkine sait que son terrain n'est pas le même que celui de Darwin, puisque la rareté de la vie, la dépopulation et non la surpopulation, est, à cette époque, le trait distinctif de cette immense partie du globe que nous appelons Asie septentrionale[1]. Il le sait d'autant mieux que son exil lui offre tous les points de comparaison : il a passé une bonne partie de sa vie en Russie avant que ses idées politiques ne le mènent à demander asile à l'Angleterre. La terre de Russie n'est pas du tout semblable à celle à laquelle se confronte Darwin, et ceux qui l'habitent ne peuvent, dès lors, se comporter de la même manière que ceux dont parle ce dernier. L'*ethos* des organismes vivant dans des plaines immenses et riches, leurs manières d'être et de vivre avec les autres doivent en être profondément différents. Ces observations mènent alors Kropotkine à douter non de la compétition, mais

1. Voir à ce sujet l'article de Daniel P. Todes (1988), « Darwin's Malthusian Metaphor and Russian Evolutionnary Thought, 1859-1917 », *Isis*, n° 78, p. 537-551.

de l'importance qu'on lui avait attribuée. Et s'il a posé une question particulière à son terrain et à ses animaux, c'est d'abord parce que c'était la singularité même de ce terrain et de ses animaux que d'exiger ce genre de questions.

Certes, il fallait être russe pour être mobilisé par ces suspicions. À condition de bien comprendre que peut signifier le fait d'être russe. D'une part, Kropotkine peut être désigné comme un naturaliste russe dans le sens où il a été sensibilisé, par une tradition politique et comme l'ont été une bonne part de ses collègues russes, à la pertinence de certaines questions ou à la remise en cause de certains modèles fondés sur la concurrence. Mais, d'autre part, Kropotkine est également un naturaliste russe au sens où il a appris à devenir naturaliste dans une nature particulière, une nature dont la réussite singulière impose certaines questions ; une nature dans laquelle les chemins pris par l'évolution, dans les plaines de Sibérie et les vallées de l'Amour, ne sont pas les mêmes.

Le fait d'appartenir à cette tradition politique, d'être rendu sensible, par son exil, à la diversité des natures, ou encore le fait d'être devenu critique par les récents travaux de l'anthropologie, constituent autant de motifs d'encourager Kropotkine à la suspicion, et plus particulièrement à la suspicion par rapport aux généralisations : celles-ci sont souvent mal ou peu fondées. La nature des musées, des philosophes ou des théories, la vision du sauvage issue de pratiques ethnocentriques, tout comme la version des primates dont héritent les anthropologues qui ne les connaissent que par livres et modèles, ne témoignent-elles pas toutes de ce que nous n'avons pas appris à penser les questions que ces êtres et ces natures exigent ? Car ces « natures » témoignent de la pluralité des modes de réussite : la coopération en est un, les transformations par les effets de la compétition en sont un autre. Les conditions de réussite du chercheur se subordonnent alors à la manière de trouver les bonnes questions, les accès pertinents pour comprendre et célébrer la réussite de ce qu'il interroge.

Que ce terrain singulier ait réussi à enrôler Kropotkine et à exiger de nouvelles questions qui témoignent de sa réussite ne constitue cependant pas une garantie de la stabilité de celles-ci et des réponses qui y sont apportées. En témoigne le fait qu'il fut pendant longtemps relégué aux oubliettes de l'histoire naturelle. Certes, de manière étonnante, *toutes* les suspicions de Kropotkine et les conditions qui suscitent ces suspicions se retrouveront présentes et articulées de manière très similaire quand sera, quelque soixante-dix ans plus tard, contesté le rôle que l'on faisait jouer à ce babouin belliqueux et jaloux dans l'histoire de notre origine : la critique de l'idéologie qui marque les mythes de l'origine ; le rôle décisif d'une nouvelle anthropologie dans la manière d'en interroger les acteurs ; la généralisation au départ de quelques espèces de primates choisies ; l'exigence d'une autre manière de poser les questions dans une perspective marquée par une conscience politique. Il pourrait en être considéré comme le précurseur. Il ne l'est cependant pas. Kropotkine fut oublié. Il est généralement mentionné comme le contre-exemple du scientifique, « un de ces penseurs sots et nébuleux, qui laissent les espérances personnelles et la sentimentalité s'introduire dans la rigueur de l'analyse », comme l'explique Stephen Jay Gould dans la belle apologie qu'il lui a consacrée[1]. Certes, Kropotkine était un anarchiste confiant dans l'avenir d'un projet de société selon lequel de petites communautés se fixeraient, par consensus, leurs règles au bénéfice de tous, éliminant le besoin de recourir à un gouvernement central. Pour ses contemporains anglais qui l'avaient accueilli dans son exil, il prônait d'étranges idées politiques, tirées du contexte de sa jeunesse. Mais sa biologie ressemblait décidément trop à son projet social, elle semblait visiblement trop demander à la nature de donner les conditions de cette existence pacifique fondée sur la solidarité. Elle fut donc reléguée au rang des fictions idéologiques fantaisistes. Sa biologie ressemblait d'autant plus à ses idées politiques que l'une et l'autre faisaient, aux yeux de ses contemporains anglais, figure d'exotisme.

1. (1993), « Kropotkine n'était pas un cinoque », in *La Foire aux dinosaures*, trad. de M. Blanc, Paris, éd. du Seuil, p. 304.

Mais ce qui devait surtout faire figure d'exotisme, dans une tradition mononaturaliste comme la nôtre, était cette étrange idée selon laquelle il pourrait y avoir une multiplicité de natures, sans qu'on ne renvoie, pour en expliquer la diversité, à l'évidente multiplicité des cultures. C'était oublier que si nous pouvons en effet mobiliser la nature dans nos histoires, nos projets et nos questions, les natures et ceux qui les habitent, pour peu qu'on leur en donne une chance, peuvent aussi nous enrôler dans leurs histoires, leurs questions, leurs habitudes et leurs problèmes.

La force de ces enrôlements, visiblement, ne dépend ni des seules natures ni des humains qui les interrogent. En témoigne l'oubli relatif dans lequel furent longtemps laissées les questions, les suspicions et les observations de Kropotkine. En témoigne aussi l'oubli de tous ces singes candidats au rôle du primate de l'origine, qui nous proposaient une autre manière de faire histoire. Nombreux furent ceux qui durent attendre, dans les coulisses, que quelqu'un les rappelle à nouveau, souvent d'ailleurs pour d'autres motifs que ceux de cette candidature un peu encombrante.

Pourtant, quelqu'un s'était déjà mis en devoir, juste un peu avant que ne paraisse le premier travail de Darwin, et pour de tout autres raisons, de les faire exister. Le naturaliste créationniste anglais Edward Pett Thompson, en effet, s'attela au superbe travail de mieux faire connaître les animaux à ses contemporains.

Dans son troisième et dernier ouvrage, *The Passions of Animals*[1], publié en 1851, les singes seront des acteurs privilégiés. Leur présence témoigne bien de ce qu'ils étaient disponibles à l'époque où Darwin décida du choix de notre ancêtre. Mais ils sont impliqués dans un tout autre projet.

Le nom d'Edward Pett Thompson est aujourd'hui complètement oublié, quoiqu'on puisse rencontrer quelques-unes de ses observations dans les livres de Romanes, l'élève de Darwin, et que j'aie pu retrouver une de ses références chez Darwin lui-

1. Londres, Chapman et Hall.

même[1]. Il faut dire qu'il manqua de chance : être créationniste et publier juste huit ans avant *L'Origine des espèces* de Darwin ne constituait sans doute pas la meilleure opportunité pour un naturaliste. Il ne s'agit cependant pas ici de corriger un oubli de l'histoire, mais d'apprendre à penser avec lui des possibilités de changements inédites, par et dans la pratique. Car Thompson fera de ce qui deviendra un peu plus tard l'éthologie une pratique de transformations.

À certains égards, et malgré la désuétude des théories qui guident ses interprétations, Thompson me paraît finalement très proche de nos éthologues les plus contemporains, et plus spécialement de ceux qui, au cours de ces dernières années, ont activement intégré à leur travail la question de la responsabilité par rapport aux transformations que nous proposons aux animaux, ou par rapport à celles que nous leur refusons. Le projet de Thompson tient en ces quelques mots : il voulait transformer les animaux. Et pour ce faire, il a pensé qu'il valait mieux commencer par transformer les humains !

1. Texte posthume sur l'instinct, écrit entre 1856 et 1859, publié une première fois en appendice de l'édition restreinte du livre de Romanes *L'Évolution mentale chez les animaux*. Republié par Rémy Chauvin (1990), *L'Instinct animal*, Bordeaux, L'Air du Temps (p. 18 pour l'évocation de E. P. Thompson).

4
COMMENT FAIRE CONFIANCE AUX PROPHÉTIES ?

À Thelma Rowell

> « Les rapports entre les hommes et les animaux devront changer. Ils le devront au double sens du terme, au sens de la nécessité “ontologique” et du devoir “éthique”. Je tiens ces mots entre guillemets car ce changement devra affecter le sens et la valeur mêmes de ces concepts (l’ontologique et l’éthique)[1]. »

Un singe, attaché en plein air à un mât, avait pris l’habitude de se tenir à son sommet. Or, chaque fois qu’on lui amenait son assiette de nourriture, les corbeaux qui volaient aux alentours s’empressaient de venir la lui voler. La scène se répétait chaque jour ; et chaque jour le pauvre singe n’avait d’autre choix que de s’adonner à d’incessants allers et retours du sommet au sol chaque fois qu’un corbeau sans vergogne s’approchait de sa pitance. Dès que le singe s’approchait, les impudents volatiles s’envolaient et se posaient à quelques mètres. Le singe remontait, les corbeaux revenaient. Un jour, ce singe montra les signes d’une accablante maladie. Il arrivait à peine à se tenir accroché au mât, dans un état d’abattement des plus misérables. Les corbeaux, à leur habitude, vinrent en toute impunité prendre leur part du repas. Le singe, mal en point, se laissa descendre du mât avec beaucoup de peine. Il se laissa finalement tomber au sol, et y resta étendu, sans bouger, visiblement en agonie. Rassurés, les

1. J. Derrida, *De quoi demain…*, *op. cit.*, p. 108.

corbeaux s'enhardirent et revinrent tranquillement accomplir leur forfait quotidien. Soudain, le singe sembla recouvrer miraculeusement toutes ses forces ; en un instant, il bondit, fut sur l'un des corbeaux, l'attrapa, le coinça entre ses pattes, le pluma vigoureusement et lança en l'air sa victime aussi médusée que déplumée. Le résultat fut à la mesure de son geste ; aucun corbeau ne s'aventura plus autour de son assiette[1].

Alors qu'il était enfermé dans sa cage, l'orang-outan du zoo de Paris profita de l'absence de son gardien pour amener à la porte un premier tabouret qui devait lui permettre d'atteindre le verrou de la porte. Constatant qu'il n'y pourrait suffire, il amena un second tabouret et s'échappa[2].

J'ai entendu raconter, continue Thompson, qu'un singe qui se trouvait devant une table sur laquelle trônait un plat de noix eut l'idée de tirer sur la nappe pour les faire venir à lui. Il les prit, partit dans un coin du jardin où il les cassa à l'aide de pierres.

Un orang-outan qui avait volé une orange, pendant que son gardien feignait de dormir pour l'épier, en cacha l'épluchure pour effacer les traces de son méfait. Par ailleurs, continue Thompson, Cuvier a raconté qu'un singe attaché avait observé attentivement comment son gardien l'attachait, suivant les moindres opérations afin de pouvoir se détacher en l'absence de celui-ci – ce qu'il fit dès que l'occasion lui en fut donnée[3].

Si leur capacité de s'organiser socialement est rendue difficile par leur absence de langage, explique Thompson, les singes n'en montrent pas moins des compétences étonnantes. Le lieutenant Shipp[4], à qui une troupe de babouins avait volé des vêtements laissés dans une baraque du camp, décida de monter une expédition pour les récupérer. Il alla à l'entrée de la caverne où les babouins avaient aménagé leurs abris, accompagné de vingt de

1. *The Passions of Animals, op. cit.*, p. 355.
2. *Ibid.*, p. 15.
3. *Ibid.*, p. 72.
4. *Ibid.*, p. 310.

ses hommes. On peut retrouver la mésaventure consignée dans les mémoires du lieutenant. « Ils observaient mes mouvements, et, détachant un groupe d'une quinzaine pour garder l'entrée, les autres gardaient leurs postes. Nous pouvions les voir récolter de grosses pierres et autres missiles. Le vieux à dos argenté, qui nous avait souvent rendu visite au camp, était en train de distribuer ses ordres, comme s'il était un général. Nous nous ruâmes à l'attaque, quand, sur son cri, ils roulèrent d'énormes pierres sur nous, et nous forcèrent à abandonner. » Cette aventure, selon Thompson, n'a rien de surprenant : nous savons que lorsqu'ils pillent nos jardins, les babouins le font sous la garde de certains membres du groupe qui veillent à éviter à leurs congénères toute mauvaise surprise. Le moins que l'on puisse dire, c'est qu'ils ont un sens aigu de la coopération.

Avez-vous remarqué combien ces singes mis en scène par Thompson – et dont nous avons déjà rencontré certains chez Darwin ou chez Kropotkine – ces singes justiciers espiègles, manipulateurs d'outils, guerriers stratèges, menteurs impénitents ou rois de l'évasion, nous ressemblent ? Le choix des histoires que Thompson nous raconte n'a ici rien de fortuit : d'abord ces singes présentent des compétences que nous avons longtemps pensé être exclusivement les nôtres. Non seulement leur intelligence est stupéfiante, leur sens de la coopération édifiant, mais ils semblent aussi partager les mêmes émotions que les nôtres. Les exemples abondent : les singes peuvent ainsi connaître la joie, et, quand on les chatouille, il n'est pas rare de les voir rire. Certes, il est plus difficile de percevoir cette émotion, car leur face exprime moins que la nôtre. L'orang-outan, généralement, « exécute ses cabrioles avec la gravité d'un philosophe[1] ». Comme nous, ils connaissent l'étonnement : devant son reflet dans un miroir, un singe s'étonne et cherche la figure qui y est représentée[2].

1. *The Passions of Animals, op. cit.*, p. 101.
2. *Ibid.*, p. 124.

Non seulement voilà ces quelques singes dotés de qualités similaires aux nôtres, mais Thompson va en outre aller chercher les moments où cette ressemblance s'amplifie. Il raconte que lorsque les astronomes Condamine et Bouger furent envoyés dans les montagnes du Pérou pour y établir certaines mesures, quelques grands singes furent admis par eux, dans leur salle de travail, pendant qu'ils faisaient leurs observations. Ce fut une surprise, racontent-ils, de voir comment les singes imitaient les astronomes, plantant des signaux, courant du pendule à la table comme s'ils allaient y consigner des notes. On les voyait parfois pointer le télescope vers le ciel, comme s'ils observaient eux aussi les étoiles et les planètes[1]. Cela n'a rien de surprenant, commente Thompson, les singes sont particulièrement doués pour l'imitation. Les chimpanzés font des efforts pour parler en grimaçant et en ouvrant les lèvres pour prononcer une sorte de « hu-hu ». Ils imitent les expressions humaines du visage. Mais ce talent particulier d'imitation fut souvent la cause de leur perte : un singe s'est tranché la gorge en essayant de se raser comme son maître, un autre voulut infuser une feuille de tabac pour se faire du thé et en mourut. Les Indiens profitent d'ailleurs de ces facultés pour les attraper : ils placent des bassines d'eau et se lavent le visage, sous l'œil attentif des primates. Puis, ils remplacent l'eau par de la glu et se retirent. Les singes, en les imitant, se collent les yeux, et, ainsi aveuglés, deviennent des proies faciles[2].

Bien sûr, ces derniers exemples pourraient être considérés comme assez malheureux dans ce qui avait pris l'allure d'une célébration de leur intelligence. Thompson n'y prend garde : ces stupides accidents sont nécessaires à la stratégie qu'il est en train de mettre en place. Ce n'est pas une simple démonstration de compétences qu'il s'agit d'élaborer. Il demande plus au singe : il lui demande certes de l'aider à construire la proximité – « comme il nous ressemble ! » – mais en y prenant la part la plus active

1. *The Passions of Animals, op. cit.*, p. 318.
2. *Ibid.*, p. 316 et 318.

possible, en témoignant de sa propre volonté à se conduire en humain. Thompson ne fait rien d'autre que de fonder sa stratégie sur cette compétence toute simiesque : celle justement de pouvoir « singer » avec une telle aisance. Que fait un singe qui imite si ce n'est créer un effet de miroir, dans lequel l'observateur peut se reconnaître ? Tout se passe, dans cette histoire qui réunit l'auteur et ses témoins, comme si chacun, de part et d'autre, s'efforçait de maximaliser les ressemblances.

Si construction de ressemblance il y a de la part de chacun des acteurs impliqués, et si ces histoires ne sont pas sans nous rappeler celles d'un petit singe héroïque qui sauva son gardien ou d'un vieux babouin qui arracha son compagnon à une meute de chiens, les personnages invoqués ne sont cependant pas appelés ici à témoigner de notre origine. Ces singes ne sont pas réquisitionnés pour un rôle de totem, d'ancêtre, ou pour démontrer une quelconque théorie de l'évolution. Nous sommes encore dans la première moitié du XIXe siècle ; cette histoire ne nous est pas encore arrivée, pas plus qu'elle ne leur est encore soumise ou imposée. Pourtant la question de la ressemblance appartient déjà, d'une certaine manière, à la culture dans laquelle évolue Thompson. Le singe n'a pas attendu Darwin pour être rapproché de l'homme.

En effet, depuis le XVIIe siècle, une certaine conception de la nature avait inscrit cette ressemblance dans une théorie : la théorie de la chaîne du vivant. Celle-ci n'est pas une théorie évolutionniste, loin de là, puisque la chaîne formée par tous les êtres de la nature, la chaîne continue des « existants », est une chaîne statique, agencée telle quelle dès les premiers jours du travail divin. Les caractéristiques de cette chaîne peuvent être renvoyées à une des vertus divines : Dieu a toujours été très soucieux d'ordre. Cependant cette chaîne, créée par un Dieu dont la rigueur, quoique parfois impénétrable, ne devait pas être mise en question, présentait quelques difficultés : pour être complète, il ne devait lui manquer aucun maillon. Or, les interruptions substantielles entre le minéral et le végétal, entre les plantes et les animaux, et surtout entre les singes et les hommes ne cessaient d'étonner. Nombre de penseurs s'attelèrent à la tâche de remplir les intervalles et se mirent à traquer, avec un zèle soutenu par la foi, les ressemblances. Parmi ces intervalles problématiques, celui qui séparait les singes des hommes semblait le plus important. Il ne faut pas cependant penser que ce type de recherche allait brouiller les frontières entre les différentes espèces, et donc amener à repenser la commode hiérarchie que l'homme avait eu la bonne idée de construire de telle sorte qu'il en occupe le sommet. Car si elle permet de penser une sorte de continuité bien ordonnée et fondée sur les ressemblances, cette chaîne du vivant s'accompagne aussi, comme agencement statique et immuable représentant l'ordre éternel des choses, d'un enjeu politique : chaque création doit être satisfaite de la place qui lui est assignée, le serf dans sa masure, le seigneur dans son château.

Toujours est-il que la supposition métaphysique de la grande chaîne du vivant et la nécessité de l'intervalle à combler donnèrent un réel essor à l'étude et à l'intérêt pour les singes, dont il fallait chercher les ressemblances avec les hommes. En 1699 un chimpanzé, recueilli par Tyson, viendra apporter les éléments les plus importants. À sa mort, Tyson le disséquera. L'anatomie comparée montrera clairement les similitudes avec l'homme. Le chimpanzé avait d'ailleurs déjà, avant sa mort prématurée, montré l'évidente proximité. Il aimait porter des vêtements, il se couchait dans un lit et remontait ses draps – mais on ne réussit jamais à le rendre continent –, il pleurait comme un enfant et pouvait même piquer des colères. Un jour, Tyson le saoula, mais après il refusa de boire plus qu'il ne pouvait supporter, manifestant par là une vertueuse tempérance que bien des humains pourraient lui envier.

Si la ressemblance est donc déjà disponible à l'époque où écrit Thompson, et si elle s'est déjà maintes fois posée comme question, ce n'est cependant pas dans cette perspective que notre auteur s'efforce de la maximaliser. Ces singes ne sont mobilisés ni dans un problème de continuité d'une chaîne statique, comme ils l'étaient jusqu'alors, ni dans un projet d'évolution, comme ils le seront quelques années plus tard. Ils ne sont ni invités à combler les intervalles pour retrouver l'ordre qu'un dieu espiègle ou distrait aurait dissimulé, ni conviés à nous donner une histoire dont nous serions les héritiers. L'histoire qu'ils ont à nous raconter, en fait, ne concerne ni notre passé ni le leur : ces singes sont en train de nous parler d'avenir.

Pour comprendre ce rôle qui leur est assigné, il nous faut alors reprendre, dès le départ, le projet que Thompson s'est efforcé de réaliser. Dès les premières lignes du livre qu'il a consacré à leurs passions, l'auteur dessine son premier motif : « L'objectif de ce livre sera de collaborer à la promotion d'une meilleure estimation de la valeur et de l'utilité de la vie animale, en éveillant une attention adéquate et des sentiments de bonté pour les créatures animales, afin d'obtenir pour elles l'admiration et la protection qu'elles méritent. Mais avant d'en arriver à cette admiration et à ces sentiments de bonté, une première étape est nécessaire. Comment pourrions-nous estimer leur valeur alors que leur manque de mots et notre ignorance nous empêchent de les connaître[1] ? » Ce que nous croyons connaître s'avère en fait ne reposer que sur une série de préjugés des plus contestables, dus pour la plupart à notre manque d'attention. On pourrait en citer des centaines, comme celui qui nous fait penser que les chiens voient la même chose que nous, que les carnivores sont cruels, ou que les abeilles sont uniquement déterminées par un instinct aveugle et inflexible.

On pense d'ailleurs aussi, continue Thompson, et c'est là un autre préjugé caractéristique de notre ignorance, que ces mêmes abeilles peuvent être guidées par l'ouïe dans leurs déplacements. Ce préjugé est intéressant puisqu'on peut en retrouver l'origine. Il se fonde en fait sur cette vieille coutume anglaise qui veut que, lorsqu'un propriétaire d'essaim constate que celui-ci s'est échappé de la ruche, il sonne la cloche ou frotte deux pièces de

1. *The Passions of Animals, op. cit.*, p. 413.

métal l'une contre l'autre. Or, cette coutume, dont on a perdu la signification – et dont on a oublié qu'elle émanait d'une recommandation de Virgile[1] –, avait à l'origine une tout autre fonction : le charivari n'est en rien destiné à faire revenir les abeilles fugueuses, mais simplement à avertir les propriétaires voisins, soit que l'on s'apprête à traverser leur propriété, en évitant ainsi les risques d'un malencontreux coup de fusil, soit que l'essaim qui se poserait chez l'un d'entre eux ne doit pas être considéré comme un cadeau du ciel.

Croire que les abeilles sont guidées par l'ouïe n'est bien sûr pas très grave et ne témoigne finalement que d'un malentendu inoffensif. Mais croire, en revanche, que les abeilles, comme bon nombre d'animaux, ne sont guidées que par l'instinct cautionne des préjugés beaucoup plus problématiques : renvoyer à l'instinct n'est qu'une des multiples manières de leur refuser toute forme d'intelligence. C'est ici que le problème va devenir compliqué pour Thompson. Car ce préjugé qui dénie toute forme d'intelligence aux animaux se fonde en fait sur un décret divin : les animaux n'ont pas d'âme. Il est difficile de contredire ce genre de décrets, à moins d'affirmer que Dieu aurait eu un moment d'égarement, ce qui n'est pas évident pour un créationniste. Thompson va utiliser une stratégie digne de la meilleure casuistique : il va retrouver, dans les écrits, ce qu'il appellera un « décret de second ordre ». En se focalisant sur le décret central, affirme Thompson, on a fini par oublier cet autre décret de second ordre : le décret qui octroie, à l'animal, sensibilité et intelligence.

Bien sûr, convient l'auteur, on pourrait alors me rétorquer, avec Aristote et nombre de naturalistes, que l'argument n'était pas vraiment nécessaire, l'instinct dont sont dotées les créatures ne constitue-t-il pas une forme particulière d'intelligence ? Mais le problème, avec l'instinct, c'est que dès qu'il est évoqué, tout peut lui être rapporté. Certes, les abeilles n'ont guère changé

1. Selon Robert Delors (2000), « Les Abeilles », *in* Cyrulnick, B., *Si les lions pouvaient parler, op. cit.*, p. 436-471, p. 451.

depuis Virgile. Mais leur avons-nous offert l'occasion de changer et de montrer ce dont elles sont capables quand l'instinct ne peut suffire ? Thompson va rappeler de nombreuses expériences avec les abeilles, les oiseaux ou les araignées, afin de démontrer que ce que nous tenons pour de l'instinct se transforme bien vite en création, écart aux normes, inventivité dès que le contexte est modifié. Là où les auteurs ne voient qu'instinct, conclut-il, nous devons y voir de la raison, de l'intelligence, de la sensibilité. Car si l'instinct guide la migration, rien ne nous permet de penser que c'est lui qui permet de retrouver le lieu du retour. De même, le seul instinct ne rend pas compte que les chiens retrouvent leurs maîtres, que les oiseaux utilisent les matériaux humains pour nidifier, que les abeilles cessent de fabriquer du miel là où les richesses naturelles leur offrent des substituts. On a supposé, explique-t-il, que les araignées tissent leur toile pour se débarrasser d'un excédent de matière, que les oiseaux déposent leurs œufs pour se soulager d'un fardeau encombrant, et qu'ils les couvent pour éliminer l'excès de leur température corporelle.

Mais les expériences le montrent : on peut abîmer la toile, l'araignée la tissera encore et encore, jusqu'à épuisement. Si vous retirez un œuf du nid, l'oiseau en pondra un nouveau. Et lorsque l'oiseau pond dans une maison chauffée, il ne couve pas pendant la journée. L'instinct ne dépend donc pas du corps, mais de l'intelligence. De plus, lorsque les conditions changent, les instincts sont modifiés. Les expériences montrent également que lorsque les abeilles sont contraintes de fabriquer leurs cellules sur une plaque de verre, elles en changent la structure afin de pallier les nouvelles conditions. Quantité d'expériences sont convoquées par Thompson, toutes démontrant qu'il s'agit d'habitudes, en apparence difficilement négociables, mais qui peuvent être négociées lorsque les circonstances l'exigent ou le permettent.

Il ne s'agit pas pour lui de nier le rôle de l'instinct, mais de laisser, parallèlement à l'existence d'invariants, les possibilités pour la variabilité, et surtout, nous en verrons l'importance ultérieurement, pour le changement, mieux encore, pour l'amélioration. Il ne s'agit donc pas de dénier qu'un comportement a des composantes instinctives, mais d'insister sur la partialité de ces explications et surtout d'en critiquer le caractère statique, dans une conception qui, ne l'oublions pas, est non évolutionniste. « L'instinct ne change jamais ni son mode ni son caractère : les abeilles travaillent toujours de la même manière que quand Aristote les observait et quand Virgile les décrivait[1]. » Sauf, bien sûr, si on leur propose d'autres contraintes.

Reste le problème de la sensibilité, compétence proche des nôtres, essentielle dans un projet de construction de la proximité. Nous pensons généralement, explique Thompson, que nous avons le privilège de la sensibilité à la musique : les observations de Bingley sur les éléphants montrent que leurs réactions sont très différentes en fonction du rythme de la musique, et que celui-ci semble affecter leurs émotions. Certes, les animaux ne parlent pas, ce qui, pour nous, rend difficile l'idée qu'ils puissent avoir des émotions, et pour eux, le fait d'organiser leur vie sociale. Mais pour atteindre un objectif commun et pouvoir se demander de l'aide, ils utilisent des moyens de communication sophistiqués, même s'ils sont différents des nôtres. Si nous nous fions, continue Thompson, aux recherches de Wenzel, qui, en analysant la modulation des sons en fonction de leur contexte d'émissions, a pu constater la spécificité de leur fréquence et de leur rythme, nous comprendrons que ces sons expriment quantité d'émotions, et qu'ils sont très différenciés selon qu'ils expriment la perte des jeunes, l'alarme, la tristesse, l'amour, la joie[2].

Cette sensibilité que manifestent les animaux accentue d'autant mieux la ressemblance qu'elle peut s'articuler à la préoccupation pour les autres, c'est-à-dire en somme à ce que nous appelons la morale. Le sentiment de compassion pour la souffrance d'autrui, que nous pensons – parfois à tort – « comme caractéristique de la bienveillance et de la bonté du cœur humain, est le plus

1. *The Passions of Animals, op. cit.*, p. 149.
2. *Ibid.*, p. 330.

puissamment ressenti dans le monde animal ». Bien sûr, continue Thompson, « cela est moins surprenant quand c'est ressenti pour des individus conspécifiques, mais cela le devient beaucoup plus quand ce sentiment se manifeste entre individus d'habitudes et d'ordres différents ». Le soin des singes pour leurs jeunes, à l'état sauvage, est tout à fait remarquable. Les mères les font obéir, les toilettent et peuvent même leur infliger des corrections. D'autres attachements méritent encore d'être pris en considération. Les singes peuvent éprouver de l'amitié les uns pour les autres et manifester un sens aigu du tort qui peut être fait à l'un d'entre eux. L'attachement au maître peut s'étendre à ses biens, et l'on a pu voir de nombreux primates apprivoisés défendre ceux-ci avec la dernière énergie. On peut voir dans la nature des cas d'adoption, soit au sein de la même espèce, soit encore, de manière étonnante, entre des espèces différentes. Il y a à ce sujet, écrit Thompson, une anecdote qui se raconte à l'auberge du Red Lion, à Huger Ford, à propos de ce qui s'est passé il y a des années. Un chien avait eu accidentellement la patte brisée. Tout le temps qu'il fut immobilisé au jardin, un corbeau qui avait été élevé avec lui vint le visiter, lui apporter des os et lui manifester toutes sortes de gentillesse[1].

La forme particulière de sensibilité qu'est la douleur reçoit, dans cette perspective, une attention toute spéciale : l'on attribue souvent les mouvements du papillon que l'on perce d'une épingle à la volonté de s'enfuir, sans se référer à la douleur. Mais une expérience simple montre qu'il souffre et que la volonté de fuir ne peut être seule mise en cause ; si vous chauffez l'aiguille quelque temps après, le papillon qui ne bougeait plus manifeste à nouveau des mouvements convulsifs[2]. Lorsqu'un singe hurleur est attrapé à maturité, explique Thompson, il devient mélancolique, refuse la nourriture et meurt en quelques semaines[3]. Un

1. *The Passions of Animals, op. cit.*, p. 126.
2. *Ibid.*, p. 105.
3. *Ibid.*, p. 64.

chimpanzé qui avait été tourmenté par son bourreau et qui était incapable de prendre sa revanche cessa lui aussi de se nourrir et mourut au cinquième jour. L'argument de la sensibilité de l'animal ne se résume cependant pas à la stratégie des ressemblances ; il vient jouer le même rôle que lorsque les utilitaristes soucieux d'accorder aux animaux le droit à la protection revendiquaient, dès la fin du XVIIIe, le changement de question. Qu'on se souvienne de l'argument de Jeremy Bentham : « La question n'est pas : peuvent-ils parler, mais peuvent-ils souffrir[1] ? »

Car si les émotions de perte, de nostalgie, si la sensibilité et la souffrance nous montrent à quel point les animaux nous sont proches, la reconnaissance de ces dernières, littéralement, nous engage. Comment pouvons-nous nous rendre aussi insensibles à l'amour que les animaux éprouvent pour leurs enfants ? Les scènes de chasse à la baleine, séparant les mères de leurs petits, sont déchirantes, écrit Thompson : « Il y a quelque chose d'extrêmement douloureux dans la destruction d'une baleine, quand, alors qu'elle montre un degré d'affection pour son petit qui ferait honneur à l'intelligence supérieure des êtres humains, le sentiment de compassion – que celui-ci pourrait éprouver – laisse la place à l'objectif de l'aventure, à la valeur du prix et à la joie de la capture[2]. » Comment pouvons-nous nous montrer si inéquitables ? Les animaux nous aiment et nous respectent, ils prennent soin de nous et de nos biens – nombre d'anecdotes relatent des sauvetages d'humains par des éléphants et des chiens. Plus encore, les animaux montrent qu'ils perçoivent nos états affectifs, et nous en trouvons de nombreux témoignages lorsque nos chiens ou nos chevaux peuvent deviner notre désarroi, notre colère ou notre tristesse, et tentent d'y remédier.

La critique de l'instinct, la construction de la proximité et des ressemblances, la dénonciation des préjugés, la reconnaissance de

---

1. Jeremy Bentham (1789) (1970), *An Introduction to the Principles of Morals and Legislation*, Londres, The Athlone Press, p. 44.
2. *The Passions of Animals*, *op. cit.*, p. 155.

la sensibilité des animaux – et la critique de son absence chez les humains – sont autant de stratégies pour ramener ce second décret sur le devant de la scène : « Les animaux ont plus de raison qu'ils ne peuvent en montrer, et ce, à cause de leur manque de mots et surtout de notre inattention et de notre ignorance[1]. »

Thompson sait qu'il lui faut enrôler son lecteur, s'il veut donner une chance à ce second décret d'être pris en considération ; il sait qu'il faut mobiliser l'intérêt pour produire les changements. Il sait que, pour nous intéresser, il faut rendre les animaux intéressants, surprenants, inventifs, et surtout beaucoup plus proches que nous nc l'imaginions. Les singes seront les acteurs les mieux à même pour jouer ce rôle, à condition de leur reconnaître des compétences qui constitueront la preuve la plus éclatante que le premier décret, selon lequel les animaux nous sont très différents – puisqu'ils n'ont pas d'âme – n'est pas le bon décret auquel s'adresser. Mais si les singes sont des candidats privilégiés, car très doués pour ce genre d'exercice, ce n'est pas à eux seuls que le projet s'adresse. Il s'adresse à l'ensemble des animaux. Les singes seraient d'ailleurs presque moins concernés, puisqu'ils ont déjà, leurs compétences le manifestent, reçu pas mal de chances.

Là n'est pas le seul enjeu. La critique de l'instinct est une pièce majeure de cet édifice. Si Thompson fait tant d'efforts pour démonter ce vieux préjugé de l'instinct, ce n'est pas seulement parce que l'instinct fait de l'animal une sorte de mécanique aveugle. Il y a autre chose. L'instinct s'avère, dans son projet, le préjugé le plus problématique à dépasser. Non pas parce qu'il constitue un déni de l'intelligence : mais parce qu'il empêche les animaux de changer ; ou plutôt, puisqu'il s'agit surtout d'un malentendu, parce qu'il empêche les hommes de penser que les animaux peuvent changer. Rappelons-nous, non seulement l'instinct transforme l'animal en automate, mais aussi, et surtout, dans le monde fixiste du créationnisme, il ne donne aucune liberté de transformation : les abeilles n'ont pas changé depuis

1. *Ibid.*, p. 413.

Virgile ; sauf justement dans les expériences. Les enjeux de la critique de l'instinct doivent se lire dans la définition contrastée que Thompson établit entre ce dernier et l'intelligence, car c'est là que se situe la clé du projet. L'instinct, écrit-il, est l'héritage de l'espèce et en est inséparable ; l'intelligence est la propriété de l'individu, mais surtout : « L'instinct rend l'animal dépendant de la nature, l'intelligence *l'émancipe*[1]. »

Thompson veut nous enrôler dans le plus étonnant des projets d'émancipation. Pour le mettre en place et nous en faire saisir les enjeux les plus concrets et les plus immédiats, il va s'attaquer à un autre préjugé, celui qui nous mène à hiérarchiser les animaux selon qu'ils soient domestiques ou sauvages. Autrefois, écrit-il[2], « on croyait que les herbivores étaient d'un caractère plus doux et plus docile que les carnivores. La gazelle était l'image même de la bonté et de la beauté [...], alors que la violence et la cruauté étaient le privilège du tigre, du loup et de l'hyène. Mais, avec les observations attentives et persévérantes de Cuvier, le caractère de ces animaux fut éclairé d'une autre manière, et l'opinion qui depuis longtemps prévalait a non seulement été abandonnée, mais inversée [...]. Les carnivores s'attachent à leurs gardiens et sont pleins de gratitude pour ce qu'ils font ; et même la hyène, le monstre assoiffé de sang comme elle a été décrite par tous les naturalistes depuis Buffon, se couche, quand elle est bien traitée, comme un chien aux pieds de son maître, elle permet d'être caressée et nourrie, et montre le plus grand attachement et la meilleure obéissance ».

Bien sûr, il ne faut pas sombrer dans l'angélisme, on ne peut pas nier la sauvagerie de certains. Mais l'exemple de la hyène nous indique ce qu'il faut penser de cette sauvagerie : Thompson affirme que si elle est traitée convenablement, elle montrera le plus grand attachement. Opposer l'animal domestique à l'animal sauvage n'est pas seulement un préjugé ; c'est aussi un malentendu

---

1. *The Passions of Animals, op. cit.*, p. 148.
2. *Ibid.*, p. 387.

aux effets des plus désastreux. L'opposition domestique/sauvage, qui conduit celle entre « paisible » et « sanguinaire », ne tient pas la route ; les animaux sauvages sont en fait le plus souvent domesticables, pour une raison très simple : ils sont sociaux. La domestication n'est rien d'autre que l'utilisation des mêmes ressorts que ceux de la socialisation puisqu'elle se fonde, selon les mots de l'auteur, sur la *séduction :* « domestiquer, c'est convertir les pulsions qui les relient entre eux à notre propre avantage ». Les considérer comme sauvages, dit en quelque sorte Thompson, c'est en somme ne leur accorder aucune chance – et ne nous en accorder aucune. Car si les animaux qu'on dit sauvages le sont encore, c'est bien par l'effet de notre ignorance, par l'effet de malentendus qui ne leur laissent aucune chance ; et qui ne nous en laissent pas beaucoup de changer nos relations à eux.

Reste évidemment le problème de la cruauté ; il serait difficile de l'effacer complètement de la nature. Ne constitue-t-elle pas un paradoxe ? Ce paradoxe avait d'ailleurs longtemps troublé les créationnistes : comment comprendre qu'à un Dieu parfait, créant une nature à son image, aient pu échapper ces petits détails gênants que sont, par exemple, les lions dévorant les jeunes et innocentes gazelles ? La solution qui fut généralement adoptée par les créationnistes était assez simple : il ne s'agit ni d'une erreur, ni d'un oubli, ni de quoi que ce soit qui contredise la perfection du monde, bien au contraire. Selon les versions imaginées par les créationnistes les plus inspirés, Dieu pourra invoquer divers arguments. Des arguments de philosophe utilitariste ; le lion tue la gazelle en lui épargnant de ce fait des années de vieillesse ; Dieu calcule ainsi dans les sommes de tous les bonheurs et tous les malheurs la meilleure répartition possible. Il pourra aussi présenter des arguments de chasseur, puisqu'en tuant la gazelle le lion lui évite la surpopulation ; il devient ce qu'on appellerait aujourd'hui le « vétérinaire » de la savane, comme le chasseur l'est devenu, aux yeux des défenseurs contemporains de la chasse, ou le loup, aux yeux de ses protecteurs, celui de la forêt. Selon d'autres versions encore, Dieu s'autoriserait un peu plus de partialité pour les humains, puisqu'en évitant la surpopulation des gazelles il permet d'empêcher qu'elles ne constituent un désastre pour les récoltes des hommes. La divine prévoyance évite ainsi, avec un minimum de cruauté, des horreurs bien plus grandes.

Si par moments Thompson semble vouloir se rallier à ces arguments, il n'en aboutit pas moins à trouver une autre solution, beaucoup plus compatible avec son projet : un Dieu aussi prévoyant risquerait d'encourager les humains à l'inaction. D'abord, affirme Thompson, la nature n'est pas cruelle : au contraire, les animaux ont mis en place de très nombreux comportements qui témoignent de la « paix naturelle ». Les jeux n'en sont qu'une des manifestations. Et même ce que nous pourrions considérer un peu vite comme des conflits reçoit une tout autre interprétation lorsque nous les observons attentivement. Les batailles des cerfs, explique-t-il, ne sont que feintes, et le croisement des bois, même s'il vise à la maîtrise de l'autre, n'est en définitive qu'une forme de jeu. Preuve en est encore, tous les animaux qui feignent la violence dans leurs jeux arrêtent rapidement de l'exercer : chacun prend les plus grandes précautions pour ne pas blesser l'autre par ses morsures. Et, pour ne citer que cet exemple parmi d'autres, l'orang-outan, en combattant avec son gardien, essaye de le faire tomber, et feint seulement de le mordre[1].

Il est vrai, concède Thompson, qu'il subsiste malgré tout des exemples plus douteux. Mais les reproches ne doivent pas s'adresser aux animaux : dans la plupart des cas, dit Thompson, la nature n'est cruelle que parce que nous l'avons rendue telle, par notre ignorance et surtout par nos pratiques. Par les pratiques, car l'homme, loin d'arracher l'animal à sa nature, l'y renvoie d'une manière qui le pervertit : « Le courage du coq n'est jamais mis en cause par le plus puissant des assaillants [...]. Mais ce noble esprit est parfois perverti de manière honteuse par les pratiques les plus cruelles, et ses armes naturelles sont rendues fatales par

1. *The Passions of Animals, op. cit.*, p. 63.

des moyens artificiels. Le combat de coqs reste un reproche que l'on peut faire aux Anglais[1]. » L'homme, par ses mauvais traitements, pervertit le monde de la nature et le rend cruel. Il ne s'agit cependant pas, en stigmatisant les combats, de dénoncer l'arrachement de l'animal à la nature ; loin de là. Il s'agit de dénoncer le fait que l'homme l'arrache à la nature pour le pervertir. L'arrachement à la nature, dans ce cas, n'est pas l'arrachement à la sauvagerie, bien au contraire, puisque l'opération rend justement l'animal plus sauvage encore. Non, il ne s'agit pas de reprocher à l'homme de soustraire l'animal à sa condition naturelle : il s'agit au contraire de lui reprocher de ne pas l'avoir fait, ou, pire encore, de l'avoir mal fait. C'est bien là le tragique effet de notre ignorance : parce que nous n'avons pas prêté aux animaux l'attention qu'ils méritent, parce que nous avons associé ce que nous croyions être sauvagerie avec la violence et la cruauté, parce que nous n'avons pas vu les possibilités de paix avec l'animal, notre monde est resté ce qu'il était. Nous avons laissé passer notre chance ; nous avons laissé passer la chance de les arracher à ce qui les rend sauvages.

Cette chance est pourtant à portée de notre main : c'est ce dont témoignent le miracle de l'apprivoisement de la hyène, celui des extraordinaires compétences des singes qui vivent en bonne entente avec l'homme et, plus généralement, le miracle de la socialisation des êtres. C'est le miracle de la domestication : faire émerger chez l'animal tout ce qui n'est qu'en puissance chez lui et qui tend à s'améliorer : la bonté, la douceur, la sociabilité. « Ils sont maintenant sauvages, mais quand les circonstances qui les contraignent à l'être changeront, la transformation morale deviendra un facteur naturel de la révolution intellectuelle et sociale que les prophètes hébreux prédisent[2]. » C'est ici qu'apparaît le devenir à long terme et le fabuleux rêve de Thompson. Accomplir ce que Dieu a promis ; accomplir la plus vieille et la

1. *Ibid.*, p. 233.
2. *Ibid.*, p. 392 ; Isaïe, XI, 9.

plus belle des prophéties, la prophétie d'Isaïe : « Le loup dormira avec l'agneau… et un petit enfant les conduira par la main. »

Dieu a promis, certes, mais il n'a pas précisé le moment où l'on pouvait commencer à espérer qu'il tienne sa promesse, ni quelle est la part d'activité qu'il comptait prendre dans cette affaire. Pourquoi ne pas se mettre tout de suite au travail et anticiper ? N'est-ce pas ce que nous demande toute prophétie : *anticiper* ? Pourquoi ne pas donner à cette révolution annoncée par Isaïe ce qui est le destin de toutes prophéties : l'*accomplir* ? N'est-ce pas là le devenir de toute prophétie que de nous donner les rêves à réaliser, et le courage de la tranquille certitude que ces rêves sont possibles ?

Pourquoi ne pas *nous* transformer afin de pouvoir transformer les animaux ? La chance est à portée de notre main : si nous nous transformons, si nous nous intéressons à eux, si nous cherchons avec patience tout ce qui n'attend que de s'actualiser, nous pourrons alors réaliser la prophétie. Ce qui a conduit le rêve de Thompson n'est alors rien d'autre qu'un long travail sur les *malentendus*, au double sens du terme. S'attaquer aux malentendus de nos préjugés d'abord, en dénonçant ceux d'un décret trop vite accepté, ceux de nos hiérarchies, de notre ignorance, les malentendus qui paralysent l'action et suscitent les guerres. Les transformer, ensuite, en une tout autre forme de malentendu : le *malentendu d'accomplissement*, celui par lequel les événements peuvent s'actualiser, simplement parce que la promesse qu'ils recèlent nous met au travail. Thompson propose en quelque sorte de nous adresser à l'animal comme s'il était déjà ce que la prophétie promet qu'il sera : il sait que cette manière de s'adresser à lui peut actualiser ce qui n'est qu'en puissance et autoriser l'animal à acquérir ce que les contraintes jusque-là lui ont refusé. En somme, ce que nous dit Thompson tout au long de ces pages, tout au long de cet effort de nous transformer, de nous rendre sensibles à la sensibilité, intelligents à l'intelligence, confiants dans les promesses et liés par elles, c'est que l'animal n'est pas encore tout à fait comme il le décrit, il n'est pas encore *pleinement accompli.* Mais il n'attend qu'à s'accomplir ; il n'attend qu'à accomplir, à réaliser la prophétie. Pourquoi ne pas utiliser cette ressource fondamentale qu'est le manque de précision de toute prophétie, toutes les possibilités de malentendus qu'elles recèlent précieusement pour laisser aux hommes le soin d'inventer les moyens d'en accomplir la promesse et les exigences ?

On comprend mieux alors cet effort de plus de quatre cents pages pour nous enrôler dans de multiples histoires, des expérimentations sur des abeilles, des oiseaux ou des araignées, des observations de gardiens de zoo, des singes témoignant de leur intelligence par des actes stupides, des hyènes apprivoisées, des corbeaux plumés ou amis des chiens, des découvertes et des anecdotes, des décrets et des contre-décrets. Thompson sait que si les contraintes qui pèsent sur les animaux compromettent sérieusement la réalisation des prophéties, les contraintes qui pèsent sur le savoir des hommes sont tout aussi importantes. Le monde ne sera intéressant que si nous avons la chance de nous y intéresser, il ne pourra être transformé que si nous acceptons d'en passer nous-mêmes par la transformation. Nous aurons le monde que nos savoirs méritent.

Nous n'aurons de bon monde, surtout, que si nous sommes capables de bien l'attacher. La leçon de domestication ne dit pas autre chose : l'arrachement à la nature n'a rien d'un détachement ; l'émancipation dont parlait Thompson n'a rien d'une autonomisation. Il s'agit plutôt d'une « socialisation » par laquelle les animaux entrent dans un monde qui s'efforce de se construire comme monde commun, et sont liés de manière nouvelle à ceux qui habitent ce monde ; ce que les sociologues Arluke et Sanders appellent aujourd'hui, pour désigner les modes de compréhension qui autorisent ces liens : un « accomplissement social[1] ». Émanciper, dans la perspective de Thompson, c'est libérer des mauvaises contraintes : ce n'est pas détacher, c'est attacher mieux. C'est trouver, comme le dit si joliment Bruno Latour, « dans les

1. *Regarding Animals, op. cit.*, p. 49.

choses attachantes elles-mêmes, celles qui procurent de bons et durables liens » ; c'est substituer à des liens qui paralysent, des liens qui offrent une chance[1]. Ce que Thompson propose en somme, ce qu'il désigne comme mise en œuvre d'une révolution qui libère des contraintes à être, c'est d'attacher mieux : les animaux aux hommes ; les hommes au monde, et le futur aux prophéties. Il faudra plus de travail, plus de bonnes contraintes et plus de liens pour donner une chance à ces animaux d'actualiser leurs forces, leur intelligence, leurs compétences et leurs talents sociaux. Il faudra plus de savoirs et plus de pratiques pour créer un bon monde commun : celui dans lequel *le loup habitera avec l'agneau,* celui dans lequel se trouvera, chez les enfants des hommes, quelqu'un pour les conduire par la main.

1. Voir Bruno Latour (2001), « Factures-Fractures », *Ethnopsy*, n° 2, p. 43-66.

5
Succès et réussites

Certes, les liens qui attachaient la prophétie à ce futur qui désigne aujourd'hui notre présent sont restés bien fragiles et ont souvent été rompus. Nous n'avons pas toujours été enrôlés par les animaux comme Thompson le souhaitait : l'élevage intensif, la disparition de nombreuses espèces, notre envahissement progressif de leurs territoires et, plus généralement, le traitement infligé aux animaux témoignent de l'extension massive de contraintes nouvelles, qui ont rarement eu pour effet de « bien attacher ».

Mais des choses ont cependant changé. Certains d'entre nous sont en train d'inventer de nouveaux modes de cohabitation, de nouvelles façons de penser le monde commun, de nouveaux liens, de nouvelles habitudes, des enrôlements inédits. On retrouvera par exemple, du côté des mouvements antispécistes, les mouvements qui contestent le privilège accordé à l'humain, des héritiers tout à fait étonnants du projet de Thompson. Ainsi, dans un article consacré aux contradictions qu'engendrent les choix végétariens (Ne nous prétendons-nous pas meilleurs que les animaux en renonçant à manger autrui ?), André Mery[1] fait, pour résoudre la contradiction, cette étonnante proposition : transformer, par des manipulations génétiques, les carnivores en herbivores. Au-delà de son apparence un peu trop visionnaire, l'argument de l'auteur est intéressant. Notre attitude vis-à-vis des animaux, explique-t-il, traduit un préjugé « naturaliste ». Cette attitude, continue l'auteur, consiste à penser que les choses ont

1. « Sur la prédation. Réponse à Philippe Laporte », *Cahiers antispécistes*, octobre 2000, n° 19, p. 35-44.

un sens en soi et que notre intervention devrait se borner à les préserver. Elle se fonde sur l'idée que la nature est foncièrement bonne, « si l'évolution des espèces a conduit jusqu'à nous, c'est qu'elle ne s'est pas si mal débrouillée que ça ; or, cette évolution s'étant déroulée dans des conditions purement naturelles [...], cela veut dire que les conditions naturelles étaient intrinsèquement bonnes ». Toujours selon ce préjugé, la seule et meilleure chose que nous puissions faire, et à laquelle nous devons limiter notre intervention, c'est préserver ces choses *bonnes en soi* – ou, quand nous arrivons trop tard, à tout le moins les remettre en état. L'auteur propose de franchir « une nouvelle étape culturelle », de changer le sens même de notre responsabilité : il ne s'agit plus de conserver et de réparer, il s'agit de transformer la nature afin d'en diminuer la souffrance et la cruauté. La technique des manipulations génétiques pourrait bientôt nous y aider. Grâce à cette dernière, des néo-renards végétariens pourraient coexister en paix avec, bien sûr il faut penser à tout, des néo-lapins un peu moins enthousiastes à se reproduire. Certes, ces renards ne seront plus les mêmes ; ils ne le seront pas plus que nos chiens ne sont les mêmes sous les effets d'une domestication transformatrice qui nous paraît, quant à elle, tout à fait acceptable. Le fait que le renard soit une espèce dite « sauvage » semble justifier en soi la différence des traitements. « Or, continue l'auteur, des espèces animales différentes, l'évolution en a produit sans cesse et celles qui se sont modifiées ne l'ont pas fait à cause d'un manque de respect de l'évolution envers elles ; elles l'ont fait parce que le monde changeait. »

Si ces changements, très proches de ceux que voulait mettre en place Thompson, semblent appartenir à un futur encore lointain, d'autres cependant ont déjà trouvé certains modes de réalisation dans des versions plus locales, et plus pragmatiques. Pour construire la paix, et pour préserver leurs animaux, les éthologistes ont modifié certaines de leurs habitudes. Shirley Strum raconte ainsi que lorsque des bergers se sont trouvés confrontés au problème d'une trop grande prédation de leurs moutons par les coyotes, des écologistes tentèrent l'expérience de dégoûter les prédateurs en leur faisant ingérer une viande de mouton à laquelle avait été ajouté un vomitif puissant ; les coyotes firent l'association et perdirent l'habitude de s'attaquer aux moutons. Elle-même mit en œuvre une version de cette solution, lors du conflit qui opposait ses babouins pilleurs de champs de maïs et les cultivateurs kenyans, en recouvrant les épis de substances aversives. Il s'agit bien de modifier les habitudes pour rendre la paix possible.

Ce qui a changé aussi et qui constituait un des ressorts du projet de Thompson n'a échappé à personne : certains animaux ont réussi à nous mobiliser dans de nouvelles histoires. Ils ont réussi, avec leurs porte-parole humains, non seulement à nous intéresser, à nous donner envie de les connaître, mais aussi à actualiser des compétences inattendues, à être transformés, et à revenir en force, depuis le temps où Thompson les convoquait dans ses histoires pour leur demander de nous surprendre. Si je m'en tiens simplement à ceux que Thompson évoquait, je ne peux que m'étonner : ils viennent en prolonger l'histoire par des détours inédits. Comme si l'histoire s'était arrêtée quelque temps, et qu'il s'agissait de la reprendre pour la continuer, en profitant de nouvelles occasions. Le corbeau qui s'est lié avec le chien nous reviendra, au cours de ces dernières années, dans les recherches passionnées de Bernd Heinrich. Il convaincra ce dernier que les amitiés interspécifiques font justement partie des spécialités du corbeau. Nous y reviendrons. Les babouins qui s'organisent pour piller les jardins obligeront Shirley Strum à modifier sa pratique et à faire ce que, ni de mémoire de babouin ni de mémoire de primatologue, on n'avait encore vu : elle les a « arrachés à ce qui les contraignait à être ce qu'ils étaient », c'est-à-dire un problème pour les cultivateurs. Nous y reviendrons aussi. Ceux qui ont été observés par Hans Kummer arriveront à convaincre ce dernier qu'il est leur berger. Les singes parlants, les hamadryas du zoo de Zurich, les chimpanzés de Frans De Waal à Arnhem, les macaques apprivoisés par les chercheurs japonais et quantité d'autres animaux invités à témoigner dans les recherches et les laboratoires, ont, quant à eux, montré que la domestication, ou certaines de ses formes, l'habituation, l'apprivoisement, offraient des compétences inédites à l'animal et au chercheur, et actualisaient des potentialités qui ne restaient que latentes, ou inobservables, avant d'entrer dans le monde des humains. La domestication renoue alors, dans ces dispositifs, avec la définition que lui donnait Thompson lorsque celui-ci affirmait que « la subjugation a été obtenue en arrachant l'animal à son état naturel, en changeant sa condition, en augmentant ses besoins et en créant de nouveaux désirs[1] ». Ainsi, concédait-il, si certains des exemples relatés au sujet des singes, qu'on se souvienne de l'orang-outan empilant des tabourets pour atteindre son verrou, peuvent nous paraître extraordinaires, ils sont en fait plus fréquents en captivité : les animaux dans la nature sont plus liés à leurs instincts et agissent sous l'influence de passions diverses. Ils possèdent les mêmes qualités inhérentes, mais « à l'état de nature, elles ne sont que latentes » ; ce que les babouins inventeurs de nouveaux rituels au zoo de Zurich confirmeront à Hans Kummer[2].

Mais tous ces animaux, corbeau amical, orang-outan organisé, singe menteur, babouin coopératif, ont dû attendre longtemps avant de revenir sur le devant de la scène, avant de réussir à mobiliser notre intérêt, avant que leurs compétences nous mènent à trouver d'autres modes de nous adresser à eux. Ils ont dû attendre que nous les laissions nous transformer pour pouvoir les transformer à notre tour.

De multiples raisons ont présidé à cette longue éclipse. Nous en avons déjà envisagé certaines : Thompson n'a pas occupé une position stratégique vraiment intéressante. Ensuite, concernant les primates, le babouin de la dominance, le babouin totem a longtemps focalisé toute l'attention, parce qu'il pouvait répondre aux questions qui intéressaient ceux qui avaient décidé d'interroger

1. *The Passions of Animals*, *op. cit.*, p. 387.

2. *Ibid.*, p. 355 et 367 ; Kummer (1993), *Vie de singes. Mœurs et structures sociales des babouins hamadryas*, Paris, Odile Jacob.

les singes. La question de l'origine, après les travaux de Darwin, fut une question aux enjeux trop importants pour être posée à n'importe qui.

D'autres raisons peuvent être évoquées. L'une d'entre elles me paraît simple et tient à la manière dont ces animaux, les singes surtout, sont appelés à témoigner, dans le travail de Thompson : ils sont marqués par ce qui deviendra le péché inacceptable de la primatologie et de la psychologie animale, le péché d'anthropomorphisme. Ce que Thompson essayait de faire, et qui sera longtemps reçu avec opprobre, était justement de « rapprocher », autant qu'il le pouvait ; de construire le plus de ressemblance possible ; et surtout de se fonder sur cet étonnant talent du singe à s'anthropomorphiser. Thompson fondait la possibilité de son projet sur cette étonnante capacité des humains et des non-humains : la pratique de l'échange des propriétés. Les humains peuvent chercher avec passion, voire actualiser dans des dispositifs, la possibilité pour les animaux de manifester ou d'acquérir des compétences humaines. Les singes, on l'a vu, peuvent participer activement à ces échanges : comment comprendre autrement leur singulière propension à imiter les humains, et à faire l'expérience de se mettre « à leur place » ?

Cet état de chose a cependant connu une assez longue éclipse : ces échanges de propriétés qui étaient encore possibles dans le projet thompsonien se sont révélés de plus en plus contestables au fur et à mesure que les ambitions du « faire science » donnaient aux recherches de nouvelles normes. Bien sûr, après Darwin, Dieu fut prié de s'occuper d'autre chose que de l'histoire des espèces et de leur hiérarchisation ; mais si pendant toutes ces années ces singes sont restés en coulisse, il semble que ce soit au premier décret, en fait à son successeur laïque, que toutes les recherches ont néanmoins semblé continuer à obéir. Il n'est bien sûr plus question d'âme, le terme conscience a pris la relève. Mais le décret est resté le même.

« Il y a, écrit le naturaliste contemporain Bruce Bagemihl, une longue et sordide histoire des affirmations de l'unicité de l'homme. Sur toutes ces années, j'ai lu que les humains étaient les seules créatures qui rient, qui tuent d'autres membres de leur propre espèce, qui tuent sans le besoin de manger, qui présentent une réceptivité sexuelle des femelles permanente, qui mentent, qui montrent un orgasme féminin, qui tuent leur propre jeune. Peut-être, continue et commente Bagemihl, la seule vraie différence entre les espèces est que les gens, au contraire des animaux, ont tendance à faire des généralisations simplistes[1]. » Peut-être aussi, pourrions-nous à notre tour continuer, la seule vraie différence entre les espèces tient-elle à cette étrange injonction que les humains s'imposent : à certains moments de leur tradition, et plus particulièrement, parmi ceux-ci, aux moments qui ont été marqués par les ambitions du « faire science », les scientifiques humains s'obligent à renoncer à la tentation de chercher, chez les animaux, des traits qui les donnent comme semblables à nous. Nous le verrons, lorsque cet ascétisme ne s'impose plus comme une exigence ou comme un mot d'ordre, ces échanges de propriétés peuvent à nouveau s'actualiser.

Enfin, dernière raison que nous pourrions ici invoquer, et qui s'articule aux précédentes, l'histoire nous montre que ces singes ont disparu pendant longtemps parce qu'ils ont manqué d'alliés. Pour les voir revenir, il fallait que les problèmes qu'ils permettent de poser, les questions auxquelles ils peuvent répondre puissent s'articuler aux problèmes d'un nombre suffisant d'humains. En somme, les singes de Thompson, aussi intéressants soient-ils, aussi convaincants semblaient-ils être dans un projet de rehiérarchisation de décrets ou de réalisation de prophétie, s'avéreront-ils mal *articulés*, au double sens du terme.

D'une part, ce qu'ils avaient à dire semblera à ceux qui suivirent, et notamment à ceux qui obéirent aux mots d'ordre du « faire science », maladroitement articulé : trop anecdotiques, trop anthropomorphes, trop indéterminées quant à leur interpré-

1. Reprenant une phrase de Weinlich. Cité in *Biological Exuberance, op. cit.*, p. 46.

tation, trop exceptionnelles surtout, ces histoires ne s'articulent pas vraiment. Elles se racontent, elles émerveillent, mais elles ne s'agencent pas dans une structure qui leur donnerait un sens autre que celui du projet qui les porte. L'animal pourra plus tard raconter des histoires très similaires, mais, pour devenir robuste, il devra être soumis au régime de la preuve : l'extraordinaire n'a pas sa place dans les sciences, à moins de se répéter – et donc de perdre son statut exceptionnel. Les études de terrain beaucoup plus longues et les expérimentations en laboratoire seront les modes par lesquels cette répétition exigée pourra avoir une chance d'advenir. Pour que ces singes devenus silencieux puissent à nouveau nous intéresser, les chercheurs devront apprendre, dans des contraintes nouvelles, à bien les faire parler.

D'autre part, ces singes sont mal articulés dans le sens où ils n'ont pas réussi à se lier à un nombre d'intérêts suffisants, à devenir le site d'agencements de préoccupations de nombreuses personnes et de questions importantes à poser. Il fallait, pour les voir revenir, que ces singes puissent être non seulement socialisés, mais stabilisés dans cette socialisation, par des articles, des paradigmes, des expériences, des terrains multiples, des réseaux de chercheurs, des théories, des organismes financiers, des pratiques nouvelles et par des questions intéressantes[1].

Ainsi, les questions posées par l'orang-outan du zoo de Paris qui empilait des tabourets pour atteindre son verrou et s'évader ne reviendront que juste après la Première Guerre mondiale. Cet orang-outan, dont Thompson nous dit que son geste ne peut être expliqué que « par la multiplication d'actes émanant du pouvoir interne de l'intelligence, que seule la raison pouvait avoir incité cet acte ; et qu'en outre, il a dû y avoir une combinaison d'idées[2] », reviendra sous la forme du singe de l'*insight* à laquelle

1. Bruno Latour (2001), « A Well Articulated Primatology, Reflections of a Fellow Traveler », *in* Strum S. et Fedigan L., *op. cit.*

2. *The Passions of Animals, op. cit,* p. 15 pour la scène de l'orang-outan et la citation.

les psychologues de la Gestalt donneront sa notoriété, et dont la définition ressemble étonnamment à celle de Thompson : l'*insight* définit en effet cette capacité de trouver une solution sans passer par la méthode des essais et erreurs. C'est d'ailleurs à cette recherche que Russell faisait allusion lorsqu'il évoquait le fait que les singes allemands restent tranquillement assis à se gratter la tête jusqu'à ce qu'ils aient élaboré une solution dans leur for intérieur. Ce seront cette fois les chimpanzés qui seront mobilisés dans cette recherche et qui montreront au psychologue allemand Köhler qu'ils peuvent résoudre, sans en passer par la technique des essais et erreurs chère aux béhavioristes américains, des problèmes comme celui d'atteindre une banane difficilement accessible, à l'aide de tabourets et de bâtons. Et si l'on peut dire que ce singe fut mobilisé par Köhler, qui soutenait que les théories associatives simples, comme les théories du conditionnement, ne pouvaient rendre compte de la complexité des comportements, on peut tout aussi bien affirmer que le chimpanzé enrôla ce dernier pour revendiquer le droit à des questions plus intéressantes que celles qui étaient, à cette époque, les questions considérées comme pertinentes. Confrontés à des enjeux relativement similaires, des théories appauvrissantes qui sous-évaluent les compétences, deux auteurs aussi éloignés dans le temps et dans les préoccupations vont apporter des réponses très semblables ; seul le second pourra stabiliser ces réponses.

Le singe qui brisait les noix à l'aide d'une pierre ne reviendra, quant à lui, que dans les années 60, avec les recherches de Jane Goodall en Tanzanie. Il est passé du phénomène anecdotique à un comportement largement répandu, ce qui explique qu'il ait pu alors être pris en considération. Mais plus important encore, il ne répond plus à la même question et vient s'articuler à de nouvelles préoccupations, qui, elles, réussiront à le rendre robuste. Il ne s'agit plus cette fois de témoigner de son intelligence, comme il le faisait chez Thompson, mais de l'inscrire dans notre histoire, et plus particulièrement celle de nos origines. Jane Goodall revient de Gombe avec des observations étonnantes : les chimpanzés utilisent des outils dans la nature ; ils cassent des noix à l'aide de pierres, parfois associées à une enclume de bois. Ces outils de pierre reçurent une attention particulière dans les préoccupations quant à l'origine de l'humanité : l'intelligence technique fut considérée comme une voie d'accès privilégiée pour reconstruire le comportement des époques préhistoriques[1]. D'autres découvertes de techniques élaborées, comme la pêche aux termites, l'utilisation d'éponges, la construction de nids, mènent les chercheurs à parler, dans une version prudente, de *traditions animales*, et dans une autre, moins prudente à première vue, de *cultures animales*.

Quant au primate qui veut imiter les humains et parler, chez Thompson, nous le retrouverons souvent, à partir des années 40 et jusqu'à aujourd'hui, dans les nombreux laboratoires où des chercheurs tentent de leur apprendre notre langage, sous une forme ou sous une autre. Les Gardner, devant les échecs de leurs prédécesseurs, entament avec le chimpanzé Washoe l'apprentissage du langage des signes[2]. Suivront, avec des méthodes et des formes de langage diverses, le gorille Koko, le chimpanzé Sarah, le bonobo Kanzi et bien d'autres encore. Les expériences se multiplieront, les singes « parleront », suscitant une controverse animée, débouchant parfois sur cette conclusion laconique : « Ils n'ont rien à nous dire[3]. » Peut-être avions nous besoin, comme le soulignera Hans Kummer, d'une véritable écologie de l'intelligence. Peut-être avons-nous, en demandant au primate ce que c'est qu'être un homme, oublié de lui demander ce que c'est qu'être un singe.

Le singe qui, devant le miroir, s'étonne et cherche la figure qui y est représentée trouvera, dans les dispositifs expérimentaux de

1. Voir à ce sujet D. Haraway, *Primate Visions, op. cit.*, et D. Lestel, *Les Origines animales de la culture, op. cit.*, plus particulièrement le chapitre II.

2. Voir à ce sujet le livre de D. Lestel, *op. cit.*, voir aussi E. Morin et M. Piattelli-Palmarini (1974), *L'Unité de l'homme : le primate et l'homme*, Paris, éd. du Seuil.

3. D. Lestel (1996), *L'Animalité. Essai sur le statut de l'humain*, Paris, Hatier (coll. Optiques).

Gallup, l'occasion de montrer qu'il peut se reconnaître. Gallup commence par familiariser des chimpanzés avec des miroirs. Le chimpanzé, assez rapidement, utilise celui-ci pour inspecter les parties de son corps qui seraient inaccessibles sans la médiation du reflet. Gallup, à ce stade, endort les chimpanzés et leur peint une marque de couleur sur le front. Quand le chimpanzé se réveille et va se voir dans le miroir, il essaie d'effacer, sur son front, la marque de couleur, et non pas celle que porte le miroir. Selon Gallup, cette expérience montre que le chimpanzé a déjà une conscience de soi, ou à tout le moins, dira le chercheur échaudé par de nombreuses critiques, une représentation de soi[1].

Le singe qui avait observé son gardien pour apprendre à dénouer ses liens et s'enfuir comme celui qui cache son forfait après avoir dérobé une orange reviendra dans de multiples observations, et deviendra même l'objet des mésaventures de chercheurs. Pierre Jouventin[2], relatant ce qu'il appelle les coulisses de ses recherches, raconte que les babouins mandrills qu'il essayait de garder en captivité au dernier étage de la faculté des sciences de Marseille lui ont causé de multiples soucis. Les locaux avaient été aménagés de telle sorte que les singes puissent avoir un accès à la terrasse attenante. Mais les babouins s'ennuyaient et trouvaient chaque jour les moyens les plus inventifs pour se distraire. L'auteur avoue que chacune de ces absences le plongeait dans l'anxiété, car, dit-il, « je me demandais constamment ce que ces terreurs allaient bien pouvoir inventer comme nouvelle polissonnerie. Jamais mes manchots (dont il avait été jusque-là le spécialiste), autrement mieux éduqués, n'auraient fait de pareilles choses ». Quelque temps après, voyant que les mandrills s'acclimataient de mieux en mieux à leurs nouvelles conditions, Jouventin relâcha son attention. Mal lui en prit. Les mandrills réussirent à créer une ouverture dans le grillage qui ferme la

1. D. Lestel, *Les Origines animales de la culture, op. cit.*, p. 188.

2. (2001), *Les Confessions d'un primate*, Paris, Belin (coll. Pour la science), p. 89 et suivantes pour les citations.

terrasse, ce qui permit aux petits de rompre la monotonie de leurs journées à grands coups d'expéditions de plus en plus hardies, le long des gouttières et des autres balcons. Très rapidement, une activité sembla attirer leur faveur : ils se sont mis à observer avec beaucoup de curiosité et une attention digne de ceux-ci les chercheurs dans leur cage de verre, aux autres étages ; ce qui, somme toute, n'était que le juste retour des choses. Cependant, ce retournement de situation n'était visiblement pas du goût des chercheurs puisque le personnel en émoi téléphonait au concierge. Celui-ci prenait l'ascenseur pour venir vérifier, au dernier étage, l'absence des coupables fugueurs. Or, lorsqu'un babouin entendait le bruit du moteur de l'élévateur et le tintement des clés que le concierge avait à la main, il lançait son cri d'alarme. Les jeunes remontaient alors précipitamment et arrivaient en quelques secondes au bercail. « Le concierge alors parvenait enfin à la cage et les voyait tous sagement assis en face de lui. Il les comptait [...] et repartait en grommelant qu'on l'avait encore dérangé pour rien. »

Cette capacité de leurrer autrui, qu'on retrouvait encore de manière aussi espiègle chez le singe qui pluma un corbeau, a reçu, au cours de ces toutes dernières années, une attention particulièrement accrue. Après une longue éclipse, le singe du simulacre et de la duperie revient, d'abord sous forme anecdotique, à Gombe, sur le terrain de Jane Goodall. Un régime de bananes avait été placé par les chercheurs à l'endroit habituel. Un jeune chimpanzé s'approche. Il s'apprête à se servir quand un mâle dominant apparaît sur les lieux. Le comportement du jeune change immédiatement : il prend un air détaché, tout à fait indifférent aux bananes. Le mâle le plus âgé repart à son tour ; c'est ce qu'attendait son jeune congénère. Le champ est à nouveau libre, il revient donc vers la nourriture ; aussitôt le vieux mâle réapparaît. Suspicieux quant à la désinvolture apparente du jeune, il s'était caché pour l'observer. D'autres événements viendront confirmer ce que le psychologue Dick Byrne a appelé l'intelligence machiavélique des chimpanzés. Austin et Sherman, les chimpanzés du centre de recherches de Sue Savage-Rumbaugh, apportent leur témoignage. Les deux chimpanzés ont été élevés ensemble, la cohabitation est relativement paisible, sauf dans les moments où Sherman, beaucoup plus imposant que Austin, décharge sur ce dernier la colère des petites contrariétés du quotidien. Sherman est certes le dominant, mais il n'est pas sans vulnérabilité : lorsqu'il y a trop de bruit dehors, il accourt en criant et se serre contre Austin. Ce dernier a rapidement compris le parti qu'il pourrait tirer de cette vulnérabilité : lorsque Sherman est trop irascible, Austin sort discrètement de leur chambre et, hors de sa vue, va marteler les murs de l'habitat. Il revient alors vers Sherman avec toutes les apparences de la frayeur ; ce dernier entre dans une véritable panique et s'accroche à lui pour demander protection. L'irascibilité est alors oubliée.

Une anecdote très similaire à celle que rapportait Thompson lorsqu'il nous relatait l'histoire du singe qui pluma un corbeau nous est par ailleurs rapportée par le primatologue Christophe Boesch, observant les stratégies de chasse des chimpanzés de Taï, en Côte-d'Ivoire. Ces chimpanzés ont l'habitude de chasser, pour les manger, les petits singes colobes. Ces petits singes à queue s'avèrent beaucoup plus agiles que leurs prédateurs, surtout lorsqu'il s'agit de se déplacer dans les arbres. Ils ont en outre mis au point une technique de harcèlement par laquelle ils se liguent contre leur ennemi pour le chasser. Boesch[1] remarqua cette étonnante stratégie de la part de l'un des chimpanzés. À l'issue d'une poursuite, les colobes se sont réfugiés au sommet d'un arbre. Le chimpanzé se met en devoir d'escalader celui-ci, mais avec une maladresse tout à fait inhabituelle et beaucoup d'hésitation. Au fur et à mesure de son ascension, l'hésitation semble augmenter, la maladresse aussi. Les colobes regardent le chimpanzé progresser péniblement. Ce dernier s'arrête à quelques branches du groupe de ses victimes potentielles, visiblement très

1. Anecdote rapportée par Dominique Lestel lors de la conférence organisée le 20 mars 2002 à l'Institut de sociologie de l'Université libre de Bruxelles.

indécis. À ce moment, un colobe courageux décide de montrer l'exemple et s'approche hardiment du chimpanzé, pour entamer les hostilités. Il s'apprête à lui porter le premier coup lorsque le chimpanzé, cette fois plus du tout maladroit ou hésitant, se saisit prestement du bras de l'audacieux, l'attire à lui et l'emporte loin de ses compagnons.

Les babouins de Shirley Strum vont à leur tour revendiquer cette compétence. La jeune femelle Peggy se trouve avec Dr Bob, un mâle nouvellement propriétaire d'une carcasse de viande, dont il semble ne rien vouloir partager. Elle a alors recours à la ruse : elle se met à toiletter Dr Bob avec un soin tout particulier. Tout à son bonheur, Dr Bob s'endort à moitié : Peggy saisit la carcasse et s'enfuit avec son larcin. Quelques jours plus tard, Dr Bob est à nouveau en possession d'une ressource convoitée. Peggy lui propose ses services, mais cette fois le mâle se méfie ; il accepte son offre, mais reste parfaitement éveillé, surveille le moindre de ses gestes et la tient fermement. Or, le Dr Bob a une amie avec laquelle il est très lié. Peggy tout à coup abandonne le toilettage, se précipite sur cette amie et contrairement à ses habitudes, l'attaque sans raison apparente. Dr Bob se trouve alors devant un dilemme : il sait qu'il doit aider son amie, ou du moins la rassurer après l'agression, mais elle est trop loin. Finalement, il abandonne sa viande, se dirige vers elle… et croise en chemin Peggy qui va droit à la carcasse[1].

Dans les années 80, les chercheurs comprirent l'intérêt de ces observations qui leur permettaient, à leur tour, de revendiquer de nouvelles compétences pour leur sujet d'étude. Les cognitivistes soumirent les singes à l'épreuve des laboratoires. Ceux-ci y montrèrent, avec beaucoup de bonne volonté, qu'ils sont capables de feindre, de mentir et de tromper l'autre, qu'ils peuvent anticiper les actes et les réactions d'autrui et utiliser ce savoir pour conduire leur propre action. Sortie du laboratoire cognitiviste,

---

1. S. Strum (1990), *Voyage chez les babouins,* trad. de F. Simon-Duneau, Paris, Eschel, p. 172.

cette compétence vint renforcer la nouvelle définition du chimpanzé social. Il devint le chimpanzé machiavélique, doté d'une qualité politique essentielle : pouvoir influencer, voire manipuler les autres. Le singe du mensonge et de la tactique permettait enfin de répondre à cette question très controversée : l'animal peut-il, lui aussi, se mettre à la place des autres ? Est-il capable d'attribuer des états mentaux à autrui ? S'il l'est, cela voudrait alors dire que cette singulière tendance à laquelle l'ascétisme des scientifiques voudrait nous faire renoncer – attribuer des états mentaux proches des nôtres aux animaux – pourrait, de plein droit non seulement faire partie des choses théoriquement intéressantes à étudier, mais constituer un accès privilégié pour pratiquer les échanges de propriété. Les primates non humains, en se montrant capables d'attribuer des états mentaux à autrui, ont obligé les chercheurs humains à rompre avec l'ascétisme qui les empêchait d'attribuer des états mentaux aux primates ! Les chimpanzés répondirent on ne peut plus favorablement à ces nouvelles propositions d'échanges et de transformations.

Ils ne seront pas les seuls : les corbeaux semblent à leur tour, du moins depuis qu'ils sont interrogés par Bernd Heinrich, pouvoir prétendre aux mêmes compétences. Ainsi, de nombreuses anecdotes ont mené les chercheurs à penser que le corbeau était capable de créer des leurres intentionnels afin de duper les autres. Ce que le singe de Thompson avait fait à un représentant de leur espèce, en le plumant sévèrement après l'avoir induit en erreur, reçoit ici sa contrepartie « corbésienne » avec cette fois un cygne pour victime. Ce cygne était en train de couver des œufs. Un couple de corbeaux essayait en vain de les lui voler en l'attaquant. Le cygne menaçait mais ne bougeait pas. Un des deux partenaires fit alors quelque chose qui ne s'était jamais vu chez les corbeaux : il fit une parodie de blessure, appelée chez d'autres oiseaux la feinte de l'aile brisée. C'est ainsi en effet que certains oiseaux tentent d'attirer le prédateur loin du nid – mais le leur en l'occurrence – en simulant le fait d'être blessé, et en faisant mine de s'enfuir à grand-peine. Derechef, le cygne se mit à la poursuite du pseudo-blessé... pendant que l'autre corbeau se ruait sur le nid et prenait l'œuf. Feindre une blessure n'a certes rien de remarquable, puisque quantité d'oiseaux nichant au sol le font. Mais ce comportement ne peut pas être ici rapporté à un mécanisme préprogrammé, il est utilisé dans un contexte inédit, et pour un projet tout à fait inhabituel[1].

Si l'exemple est convaincant, l'anecdote ne sera jamais cependant qu'une anecdote. Les événements rares ont, comme leur définition l'indique, peu de chances d'être répétés. Sauf évidemment si on peut imaginer un dispositif qui demande aux animaux de témoigner de leur fiabilité. Heinrich le fera. Un corbeau, baptisé Orange, reçoit de l'expérimentateur de nombreux morceaux de viande devant deux de ses congénères, White et Red. Pour les besoins de l'épreuve, ceux-ci n'ont rien reçu. Orange se met dès lors en devoir de cacher la viande. Chacun de ses mouvements est épié par les deux autres, qui ne tardent pas à le suivre à distance et à déloger les morceaux de nourriture de leurs cachettes. Orange ne peut en même temps les poursuivre et continuer son travail de mise à l'abri de son butin. Il change alors soudainement de stratégie : il simule le fait de cacher les morceaux, et quand les autres sont tout occupés à creuser pour les trouver, il va les dissimuler ailleurs, à l'abri de leur regard.

En outre, cette possibilité pour l'animal de prêter à autrui des états mentaux ou des intentions pourra, dans certaines recherches, déboucher sur cette question passionnante, qui modifiera les habitudes de certains chercheurs : comment pensent-ils nos intentions quand nous les interrogeons ? Comment y répondent-ils ou les prennent-ils activement en compte ? Comment nous jugent-ils ? Partagent-ils les mêmes enjeux que nous ? Nous utilisent-ils comme ils se montrent capables d'utiliser leurs congénères – voire nous manipulent-ils, nous aussi ? De très nombreux animaux, nous le verrons, obligeront leurs chercheurs à reconsidérer ces questions.

1. B. Heinrich (2000), *Mind of the Raven*, *op. cit.*, p. 135.

Nous croyons être la seule espèce à être capable de rire, ironisait Bruce Bagemihl dans sa critique des privilèges que nous nous accordons à grand renfort de généralisations hâtives. Souvenons-nous que Thompson affirmait que les singes rient quand on les chatouille. Ce n'était évidemment pas suffisant pour décourager notre propension aux généralisations simplistes, puisque le rire est longtemps resté un des candidats privilégiés au titre de « propre de l'homme ». À savoir si les animaux ne rient pas de nous sans que nous nous en doutions est un autre problème. De Waal raconte cependant[1] que lors d'une recherche il s'était déguisé en léopard et avait provoqué une frayeur terrible chez les chimpanzés. Quand le chercheur, sous les yeux des chimpanzés médusés, retira son déguisement, ceux-ci le reconnurent alors, et se mirent… à rire. On peut bien sûr penser, vu la rareté de ce type d'observations, que les chimpanzés ont appris à rire au contact des hommes – ou ont appris à rire des hommes, ce qui, au vu de ce qui précède, n'aurait rien de surprenant. Cette hypothèse semble tout à fait plausible, et cela fait sans doute partie des multiples changements qui leur sont advenus, au cours de ces dernières années. On pourrait alors se demander pourquoi le rire n'est pas plus souvent observé au laboratoire. Peut-être le laboratoire n'est-il pas le lieu privilégié pour apprendre à rire ; ou, dans une version moins sévère, peut-être le plaisir y prend-il d'autres formes.

Mais on doit aussi souligner que, dans nombre de laboratoires, il n'y avait, pour ceux qui y étaient interrogés, pas vraiment de quoi rire. Car si certains de ces laboratoires se sont constitués comme des lieux pariant sur l'intérêt que les singes pouvaient eux-mêmes prendre à la découverte de compétences inédites, et si quelques-uns parmi ceux-ci se sont créés comme de véritables sites de convivialité et de culture de l'hospitalité, il en est d'autres qui, en revanche, se sont illustrés par les manquements les plus graves à la plus élémentaire des politesses du « faire connaissance ».

---

1. Racontée lors d'une soirée thématique diffusée sur Arte et relayée par D. Lestel, *Les Origines animales de la culture, op. cit.*, p. 205.

Parmi toutes ces recherches qui ont fait revenir des singes dans nos histoires, il en est en effet certaines dont on préférerait qu'elles n'aient jamais existé, et dont les singes, qui en étaient les otages plutôt que les acteurs, n'en sont pas ressortis plus passionnants, malgré l'intérêt qu'ils ont pu susciter. Ainsi en est-il de ce dernier singe à qui je demanderai ce qu'il est devenu, depuis le temps où il aidait Thompson à mettre en place les conditions d'une prophétie : le singe des attachements. Mais ce qui arrivera à ce singe de l'attachement n'a plus rien à voir avec la réalisation de la prophétie ; bien au contraire. De la même manière que le hurleur, avant d'être interrogé par Ray Carpenter, ne pouvait témoigner de son besoin de relations sociales qu'en mourant en captivité, le singe de l'attachement n'arrivera pas à convaincre certains de ses chercheurs que la sensibilité des êtres que nous interrogeons doit se constituer comme exigence de sensibilité de notre part. Le singe de l'attachement, arrivé au laboratoire de Harry Harlow, devra par le désespoir, montrer l'importance de l'amour.

Peu de singes furent autant désespérés que sous le règne de Harlow. Harlow, en effet, se qualifie lui-même comme un producteur de désespoir, lorsqu'il écrit, avec un humour que je laisse sans commentaire, « nous avons passé ces quatre dernières années dans une profonde dépression – heureusement, la dépression des autres et non la nôtre – et nous considérons cette période de la recherche animale comme l'une des plus réussies et des plus prometteuses que nous ayons vécues[1] ». Et pourtant, précise-t-il, ce n'était pas tant la dépression mais bien l'amour qui motivait cette recherche : « De manière étonnante, nous avons commencé à produire la dépression chez le singe, non pas au travers de l'étude des lamentations, mais grâce à l'étude de l'amour. » Bien sûr, dans un laboratoire, il est difficile de poser la question de l'amour au singe. Sans relation, sans groupe d'affiliation, celui-ci

1. H. Harlow et S. Suomi (1974), « Induced Depression in Monkey », *Behavioral Biology*, n° 12, p. 273-296.

n'a pas grand-chose à dire sur ce qu'il éprouve, si on lui pose la question de ce que peut être, de son point de vue, l'expérience d'aimer. Et les chercheurs n'ont, de toute évidence, pas grand-chose à entendre. À moins bien sûr, que le sujet de l'expérience puisse produire une réponse qui satisfasse aux contraintes expérimentales : la « réaction » sera pendant longtemps la seule réponse qui semble obéir à ce type de contraintes. Il en fut dans ces dispositifs de l'amour comme de la souffrance : ne valaient comme réponses que celles qui pouvaient se définir comme « réaction » ; c'est-à-dire un événement contrôlable, mesurable et répétable – par le chercheur –, inscrit dans des mécanismes de cause à effet simples et repérables.

Dès lors, comment étudier l'amour, si les contraintes expérimentales conduisent à exiger qu'il soit traduit dans les termes d'une « réaction » ? La technique de Harlow est on ne peut plus simple. « En brisant un lien affectif par la séparation des enfants de leur mère, nous avons eu le sentiment que nous pouvions obtenir des informations importantes concernant non seulement la force du lien affectif, mais aussi la nature et le degré de la dépendance naturelle de l'enfant[1]. » Le bon sens pourrait s'étonner du procédé : qu'apprend-on de ce que l'on sait exister en le brisant, puisque le fait de le briser ne témoigne de rien d'autre que de la reconnaissance de son existence ? La réponse est à nouveau simple : on apprend combien, et l'on apprend comment. La prise de position de l'animal par rapport à la question posée, traduite dans la notion de « réaction », rend l'opération répétitive mais très facile à réaliser. On répète l'expérience un nombre incalculable de fois, d'abord pour être sûr qu'on a bien vu ce qu'on prétend voir : il faut que tous les singes témoignent bien de la même chose, qu'il ne s'agit pas de l'effet de parasites, par exemple l'individualité du sujet ; ensuite parce que la répétition permet d'étudier les effets de conditions changeantes, ce qu'on appelle des variables.

1. Harlow et Suomi, *op. cit.*, p. 275.

Dans cette perspective, les procédures de Harlow furent certes répétitives mais assez diverses, et l'expression « l'imagination au pouvoir » mérite de recevoir ici un sens nouveau : l'imagination se mit au service du pouvoir, de ce pouvoir que confère, à certains scientifiques, le fait de travailler « au nom de la science » et de ne jamais en interroger la légitimité. Harlow sépara à tour de bras, à tous les âges, dans toutes les conditions. Il décrit soigneusement toutes les marques du désespoir, de la dépression, et des pathologies que développent les centaines de bébés rhésus qui sont enfermés dans les cages. Une mère de substitution peut-elle faire l'affaire, et dans quelles conditions ? Préfèrent-ils une mère d'acier dispensatrice de lait ou une mère de chiffon rassurante ? Si on remplace la mère de chiffon par une mère dont le corps est en fils d'acier et que ce corps peut le blesser, comment réagira le petit rhésus ? Que se passe-t-il si l'on remet ces singes « orphelanisés » avec des compagnons du même âge quelque temps après ? Et que se passe-t-il encore si l'on force une jeune primate qui a subi les effets de la séparation, à avoir elle-même un petit ? Le rejettera-t-elle, comme on peut le prédire ? Son enthousiasme pour la dépression conduit même Harlow à finalement oublier l'amour, pour étudier les effets d'un confinement prolongé dans une chambre étroite en forme de tube, une sorte de cheminée, le « puits du désespoir ».

Le laboratoire s'est ici constitué comme un dispositif visant à faire témoigner le singe. Mais de quoi ce singe a-t-il finalement témoigné ? Le singe de Harlow a en fait témoigné d'une seule et unique chose : il a démontré la capacité des dispositifs à produire de l'existence. Tout ce que nous apprend le dispositif n'a rien à voir ni avec l'amour, ni avec le désespoir, ni même avec le fait d'être singe : de toute évidence, cela n'intéressait personne, puisque le singe, on le verra, ne venait pas témoigner pour lui-même mais pour un problème d'humain. Tout ce que nous apprend le dispositif, finalement, ce sont les effets du dispositif, rien de plus. On ne peut plus tragique tautologie, dans le cas de Harlow. La tautologie de la répétitivité des expériences, on apprend toujours la même chose, qu'on savait déjà, mais dans des conditions variées, se subordonne à la tautologie du dispositif lui-même. Cette tautologie du dispositif est immédiatement lisible, en effet l'expérience ne nous apprend rien d'autre que les effets du dispositif : si vous désespérez un singe, vous ferez exister un singe désespéré. Certes, pourrait-on me rétorquer, le singe « qui parle » n'est-il pas aussi un effet de dispositif ? Est-ce dire qu'on est alors *toujours* en pleine tautologie ? Des contrastes méritent d'être soulignés : la tautologie se constitue bien dans les effets du dispositif, mais elle ne s'y résume pas, tout dépend de la proposition qui y est faite, tout dépend de la capacité de transformation de cette proposition. Certes, c'est vrai, le singe sans le laboratoire ne parlerait pas ; l'entrée dans le langage est bel et bien un effet du dispositif. Mais la proposition offerte n'est pas la même.

D'abord, ces propositions peuvent se hiérarchiser selon leur intérêt, selon les existences qu'elles proposent et les conséquences de celles-ci. Elles peuvent amener à l'existence des entités inédites, comme des singes qui parlent, des entités ou des événements qui nous obligent à revoir ce que nous pensions de nous-mêmes, qui nous offrent de nouvelles définitions de ce qu'est être un singe, qui élargissent nos conceptions du langage, qui nous engagent autrement, qui changent nos habitudes, en somme. Ces propositions peuvent alors, comme nous y invite le philosophe William James, être évaluées comme intéressantes selon leur capacité à nous transformer : « Que vaut une vérité qui ne fait pas agir, croire ou penser, bref une vérité sans intérêt[1] ? » Que vaut une vérité qui ne rend pas le monde plus intéressant et ceux qui apprennent à le connaître plus intéressés ? Que vaut une proposition qui ne soit pas *fructueuse* ?

Mais ces propositions peuvent, au contraire, amener à l'existence des choses qui n'offrent aucune transformation, aucune compétence nouvelle, qui ne changent rien à nos habitudes. Ces

1. Voir à ce sujet le merveilleux petit livre que David Lapoujade a consacré à James (1997) : *William James. Empirisme et pragmatisme*, Paris, PUF.

propositions ne présentent pas du tout le même intérêt. Celui-ci peut d'ailleurs être mesuré à l'aune du risque auquel s'engagent ces expériences. Faire parler les singes constituait un pari risqué ; montrer que des singes peuvent être désespérés dans des conditions désespérantes ne présentait aucun risque, aucune surprise possible. Le pari est d'autant plus risqué, dans le premier cas, que la proposition n'offre, en elle-même, aucune garantie de la manière dont le singe va l'accepter. La proposition intègre dans ce cas, la possibilité de sa propre transformation : si le singe la refuse, il faudra changer de proposition, la formuler autrement, la soumettre à des contraintes plus pertinentes. La réussite du laboratoire traduit alors les risques auxquels les chercheurs ont accepté de se soumettre.

C'est ici qu'intervient la seconde façon de hiérarchiser les propositions. On peut évaluer la qualité ou la pertinence d'une proposition à la manière dont elle prend en compte l'intérêt de celui à qui elle est adressée : c'est ce que j'appelle la « politesse du faire connaissance ». Car si le laboratoire et surtout les chercheurs patients qui y travaillent font bel et bien parler le singe, ce dernier peut toujours prendre position par rapport à la question qui lui est adressée. Il peut, par exemple, refuser de parler ; il peut résister à la proposition. Et aucune technique de bourreau ne pourrait lui apprendre à « parler » ; aucune indifférence même ne peut lui faire acquérir cette nouvelle compétence. On peut facilement empêcher quelqu'un de parler, on peut rarement, sous de mauvaises contraintes, lui apprendre à le faire. Les singes l'ont d'ailleurs prouvé lorsque des chercheurs un peu trop imprégnés de mots d'ordre purificateurs se sont demandé si ce n'était pas sous l'influence de l'humain présent que les singes parlaient. Il s'agissait, selon leur idée, de purifier le dispositif de toute influence. L'expérience est menée avec le chimpanzé Sarah, qui a appris à former des phrases en associant des pièces en plastique représentant des mots. La question se pose donc de savoir si Sarah « parle vraiment », c'est-à-dire en fonction de sa compréhension du langage, et non, comme c'est le cas dans les expériences de conditionnement, en fonction des indices non linguistiques émanant de celui qui assure son entraînement. L'expérience est menée en plaçant Sarah seule dans une pièce. À question stupide, réponse évidente. Le résultat ne se fait pas attendre : Sarah ne parle pas, et en profite même pour faire quelques bêtises. Ce n'est pas parler qui intéresse Sarah, on aurait pu s'en douter, c'est parler avec quelqu'un. L'expérience pouvait l'intéresser, mais à certaines conditions, sur lesquelles Sarah pouvait prendre position.

Par contraste avec les dispositifs qui offrent aux animaux des occasions d'acquérir de nouvelles compétences et qui mettent le chercheur en risque, le dispositif de Harlow n'offre à celui qui l'interroge aucune possibilité de « résister », de prendre position. La seule prise de position qui lui sera autorisée, la seule résistance possible est justement celle qu'induit le dispositif : le désespoir. Quels sont les moyens de résister à une induction de désespoir, dans un dispositif savamment orchestré pour le produire avec efficacité ? Il y en a peu ; les exemples sont rares et souvent marqués du sceau de l'héroïsme. On ne pouvait pas tant en attendre des rhésus.

Ensuite, autre aspect de la tautologie, on peut suivre ici la remarquable analyse de Peter Singer[1], et se demander l'intérêt de recherches dont les résultats étaient connus d'avance. D'une part, les recherches de Harlow suivaient et confirmaient celles du psychiatre John Bowlby, à propos de l'humain. Bien sûr, Bowlby ne sépara pas des enfants de leur mère ; la Seconde Guerre mondiale qui venait de se terminer s'en était chargée. Intrigué par les symptômes des petits orphelins – ce qu'on appela les syndromes d'hospitalisme – Bowlby s'interrogea sur la raison de la gravité des troubles présentés par ces enfants dont tous les besoins primaires étaient satisfaits, puisqu'ils étaient correctement nourris, lavés et changés. Bowlby comprit que ce qu'on appelait les besoins primaires devaient être en fait étendus à d'autres besoins :

1. P. Singer (1993), *La Libération animale*, trad. de L. Rousselle, Paris, Grasset, p. 74 et suivantes.

le besoin de contact et d'attachement ne devait plus être considéré comme secondaire au besoin d'être nourri, ou étayé par ce dernier, mais s'avérait tout aussi essentiel à la croissance des petits enfants. Ces enfants d'orphelinat souffraient des troubles les plus graves parce qu'aucune personne significative n'avait pris en charge leur besoin de contact et d'attachement. Peter Singer le souligne : Bowlby, qui rendit visite au laboratoire de Harlow et commenta laconiquement qu'il y avait là plus de singes psychopathes qu'on n'en avait jamais vus sur terre, avait déjà annoncé qu'il n'y avait plus grand-chose à apprendre sur les expériences de privation. Il n'y a, dit-il à la suite de ses observations, plus de place au doute quant au fait que la privation prolongée de l'attention maternelle présente des effets catastrophiques qui dureront toute la vie. Ce qui ne dissuada pas Harlow et ses collègues, bien au contraire.

En outre, parallèlement aux travaux de Bowlby, des recherches de terrain avaient déjà montré l'effet désastreux de la séparation sur les jeunes singes. Déjà, en 1869, le naturaliste Wallace, décrivant son séjour en Malaisie, racontait les réactions d'un petit orang-outan orphelin : « Pendant les premiers jours, il accrochait désespérément avec ses quatre mains tout ce à quoi il pouvait s'accrocher, la fourrure de manière plus tenace encore que le reste. Quand il n'arrivait pas à dormir, il cherchait avec ses mains, les agitant en l'air dans l'espoir d'attraper quelque chose qu'il pût tenir, et lorsqu'il avait un morceau de bois dans trois de ses mains, il semblait presque heureux. Quand il avait besoin de quelque chose d'autre, il saisissait son propre pied, et après un certain temps, il croisait ses bras et attrapait avec chaque main les longs poils qui poussaient sur l'épaule opposée. » Mais ce que nous pouvons traduire, chez Harlow, comme l'instrument d'un plan de destruction – les mères de substitution – se propose, avec Wallace, sous la forme d'une réponse pleine de compassion. « Pensant à son amour pour la fourrure, raconte-t-il, je me mis à lui fabriquer une mère artificielle, en enveloppant un paquet avec une fourrure de buffle et je la suspendis à un pied du sol. À première vue, cela eut l'air de convenir parfaitement, et il pouvait enrouler ses jambes autour et trouver de la fourrure, à laquelle il s'accrochait avec beaucoup de ténacité. J'espérais maintenant avoir pu rendre ce petit orphelin heureux, et il a semblé l'être pour un certain laps de temps[1]. »

Les observations que Goodall ramène de Gombe, à propos des chimpanzés, et qui confirment le fait que les orphelins présentent de graves troubles, ne sont pas non plus décisives. Loin d'arrêter les recherches, et de limiter les dégâts grâce à une confirmation empirique, ces données ne font que provoquer un nouvel essor : ce qui vaut pour les chimpanzés dans la nature demande confirmation expérimentale. De même, l'expérience peut s'étendre à toutes les espèces : ce qui vaut pour les rhésus ne vaut peut-être pas pour les macaques à bonnet. Ce qui vaut dans telle situation ne vaut peut-être pas dans telle autre : d'autres recherches s'avèrent toujours nécessaires. C'est d'ailleurs ainsi, souligne Singer, que se termine généralement chacun des articles relatant une des variantes de ce type d'expérience. L'expérience de la séparation reçoit encore et encore de nouvelles variables et peut proliférer de manière indéfinie : la recherche peut désormais s'alimenter elle-même[2].

À la lecture de l'analyse critique de Singer, on se rend compte que ce genre d'expérience présente toutes les caractéristiques que traduisent aussi bien la métaphore du virus que celle du sadique : une répétitivité sans fin fondée sur une duplication maniaque. Ainsi, si la mère d'acier, transformée en monstre, « rejette » le nourrisson par un procédé mécanique, par exemple une soufflerie qui l'expulse, et que celui-ci continue de s'accrocher à elle, qu'il n'y a donc pas moyen d'induire de pathologie, il faudra

1. Cité par J. De Rivera (1992), « Biological Necessity, Emotional Transformation and Personal Value », *in* Koch S. et Leaky D. (éd.), *A Century of Psychology as a Science,* Washington, The American Psychological Association, p. 364-389, p. 383 pour la citation.

2. Singer, *op. cit.*, p. 74.

inventer une nouvelle réaction, plus forte et plus violente, comme des pointes d'acier qui sortent brutalement de son corps, pour tester le possible découragement du nouveau-né. Mais en retour, si une psychopathologie peut être induite, les chercheurs en concluent alors qu'ils ne peuvent déterminer exactement ce qui a joué comme facteur causal : est-ce la période d'isolement, la taille de la cage, l'âge de l'enfermement, ou encore d'autres variables qui n'ont pas été envisagées ? Celles-ci devront alors, expliquent-ils, faire l'objet de recherches complémentaires. Les variables, dont le nombre limité constitue en principe ce qui permet d'évaluer, de manière contrôlée, les changements susceptibles d'interférer, deviennent alors innombrables. C'est bien de ce phénomène contradictoire que résultent le caractère indéfini de l'expérience et l'obligation, imposée par le chercheur, de la répéter de manière tout aussi indéfinie. Il y a tellement de variables qu'il faudra toujours recommencer. Ou plutôt, il y a tellement de variables qu'on *pourra* toujours recommencer.

On peut bien sûr s'étonner de ce que ce genre de chose ait pu se produire et même connaître un tel succès ; on a enseigné les recherches de Harlow dans toutes les facultés de psychologie d'Europe et des États-Unis. Son travail, remarque Singer, a été cité avec approbation dans de nombreux manuels de base de psychologie lus par des millions d'étudiants. On s'étonnera d'autant plus si on regarde les documentaires qui ont été réalisés au sujet de ces recherches, et qui ont été largement diffusés. Des chercheurs parlent calmement d'amour devant la caméra, alors que le champ visuel autour d'eux est plein d'enfants rhésus autistes, automutilés, prostrés, produits expérimentalement pour montrer la compétence touchante des substituts maternels.

Pourquoi trouvons-nous cela inhumain aujourd'hui ? Comment avons-nous pu accepter avec bienveillance le travail de Harlow il y a vingt ans et le trouvons-nous aujourd'hui intolérable ? On pourrait dire que nos sensibilités ont changé. Cette version un peu laconique ne me semble pas très intéressante, si on la résume de cette manière : elle implique qu'il y a une sorte de sensibilité abstraite qui pourrait se modifier au cours du temps. Elle me semble d'autant moins intéressante qu'elle répartit, de manière un peu pauvre, les changements en les rapportant exclusivement à nous.

En revanche, affirmer que *ce à quoi* nous sommes sensibles a changé nous engage dans une tout autre histoire. Dans cette histoire, il y a d'abord des entités, des objets, des non-humains qui ont acquis le pouvoir de nous rendre sensibles. Bien sûr, ces entités n'ont pas acquis seules la capacité de nous rendre sensibles, elles n'ont pas accru par elles-mêmes leur potentiel à nous toucher ; elles n'ont pas revendiqué par elles-mêmes l'exigence de ne pas nous laisser indifférents : elles ont été socialisées par ceux qui les accompagnaient, dans le cas de l'animal par des chercheurs, des organisations de protection, par des documentaires, des écologistes, etc. Mais ces chercheurs eux-mêmes n'ont commencé à trouver ce type de science intolérable que parce qu'ils ont pu être enrôlés sur un mode qui faisait sens pour eux : la critique de Peter Singer réussit à les toucher, à les mobiliser, à les transformer. Car la critique de Singer ne se limite pas à dénoncer l'inhumanité de ce genre de dispositif ; elle ne se limite pas à demander plus de sensibilité de la part des chercheurs : la critique démontre, dans des termes qui peuvent convaincre des scientifiques dignes de ce nom, que la pratique de Harlow n'est qu'une version caricaturale et sans intelligence de la volonté de « faire science ». C'est de la science mauvaise *et* de la très mauvaise science : une procédure de construction d'objets mutilés ; une procédure de fabrication de tautologies qui n'ont d'autre pouvoir que de se dupliquer à l'infini.

Cette histoire dans laquelle nous sommes à présent engagés traduit une véritable réussite, celle d'avoir modifié des habitudes, celle d'avoir redéfini le « faire connaissance » dans une perspective beaucoup plus intéressante, qui prend activement en compte la singularité des pratiques qui interrogent les vivants, celle aussi d'avoir sensibilisé les scientifiques à une autre approche de ce qui était *a priori* difficilement interrogeable : la légitimité de faire n'importe quoi, et même de l'intolérable, au nom du « faire science ». La critique de Singer invite à interroger les contextes d'enrôlement qui vont favoriser ou, au contraire, rendre intolérable le type de pratiques qui ont fait le succès de Harlow. Car *ce à quoi* nous sommes sensibles renvoie aussi aux contextes dans lesquels ces choses seront ou non autorisées à nous rendre sensibles : il y a des contextes qui sont propices à cette chance ; d'autres qui ne lui laissent pas beaucoup de possibilités. Le contexte d'un travail institutionnalisé « au nom de la science » est un contexte au pouvoir d'enrôlement fort. La légitimité des questions, quand celles-ci sont posées au nom du « faire science » ou de la recherche de vérités, est difficile à mettre en cause. Chaque événement reçoit une nouvelle traduction, qui rend la question de la pertinence encore plus improbable : la souffrance devient réaction à des stimulations aversives ; les rhésus des « sujets » ; la valeur, c'est-à-dire le fait que quelque chose « compte » pour ces petits rhésus, se traduit sous forme de variables, ce que le scientifique peut faire varier à volonté. De variables, elles peuvent se définir en quantités à compter, et puis en chiffres, et puis en vérité. La vérité et son corollaire, l'objectivité, s'y traduisent comme une véritable stratégie de pouvoir.

Les sociologues Arnold Arluke et Clinton Sanders[1] ont suivi le travail des expérimentateurs en laboratoire et noté l'existence d'un véritable apprentissage, d'une véritable discipline qui fabriquent les expérimentateurs : ces derniers apprennent à suspendre leur manière habituelle de penser, leur sens commun et à adopter un ensemble différent de jugements. Ces jugements, traduits comme des nécessités évidentes, structurent et forment le terrain sur lequel les animaux sont utilisés par les institutions : ils sont transmis avec des faits empiriques appropriés comme des vérités incontestables, non pas comme des questions discutables. Non seulement les praticiens enrôlés dans le laboratoire doivent apprendre à penser autrement, mais ils doivent aussi apprendre à

1. *Regarding Animals, op. cit.*, p. 83.

ressentir autrement : ainsi, l'animal du laboratoire ne sera pensé ni comme un animal familier ni, à l'inverse, comme un objet, mais comme un instrument qui n'a aucune signification au-delà de sa signification scientifique. Beaucoup d'autres expérimentateurs racontent la même histoire ; Donald Barnes montre que « cette cécité éthique conditionnée » prend souvent, dans le laboratoire, la forme d'une impossibilité à penser[1]. Le biologiste devenu épistémologue John Stewart a pratiqué, du temps de sa première profession, de nombreuses vivisections. Selon lui, ce n'est que lorsque la légitimité des questions scientifiques a commencé à constituer, pour lui, comme pour bien d'autres, un problème et non une solution, qu'il s'est senti non autorisé à continuer ce genre de pratiques. Il faut, en somme, affaiblir la force d'un enrôlement, celui du « faire science », pour rendre possible un autre enrôlement, une autre forme de mobilisation : la mobilisation à laquelle peut à ce moment nous contraindre l'animal interrogé.

Le dispositif de Harlow est tout entier conçu pour que cette chance d'un autre type d'exigence ne puisse advenir. À aucun moment, Harlow n'a pu être transformé par ceux qu'il interrogeait. Car jamais il ne se pose la question de savoir comment ses sujets intègrent activement ses questions[2] et comment celles-ci deviennent conditions de leur existence. Le rhésus est pris en otage dans un double rôle : comme « modèle », il doit témoigner de ce qu'est être humain ; comme substitut, il permet de répondre à une question qu'on ne peut pas poser à l'humain de cette façon. Cette dualité contradictoire ne permet jamais à la question « qui es-tu pour que je t'interroge de cette manière ? » d'être posée. La réponse soulèverait la contradiction et mettrait fin à toute possibilité de continuer l'expérience : ni humain ni rhésus, le singe est devenu une sorte de « monstre » – ce qui se *montre* –

1. (1985), « A Matter of Change », *in* Singer P., *In Defence of Animals*, Oxford, Blackwell, p. 157-167.

2. Voir I. Stengers (1993), *L'Invention des sciences modernes*, *op. cit.*, p. 166.

qui ne témoigne que de ses conditions de fabrication. Comment comprendre autrement l'effet hautement paradoxal de l'expérience de Harlow, qui, en faisant exister des êtres sensibles, des êtres qui auraient pu, comme ils le faisaient dans le projet de Thompson, le « sensibiliser », se désensibilise lui-même dans le même mouvement ?

Les recherches de Harlow ne nous ont rien appris que nous ne savions déjà sur les humains, si ce n'est une confirmation de leur singulière capacité d'être « désaffectés » quand ils travaillent au nom de la science. Elles ne nous ont rien appris non plus sur les rhésus : nous ne savons rien de plus à leur sujet après cette longue recherche que ce qu'on en connaissait avant, malgré les effectifs mobilisés dans cette histoire. La proposition de socialisation qui leur était faite se constituait comme une proposition mal articulée : elle est un vecteur du *succès*, mais pas de la *réussite*. Elle arrive à articuler beaucoup d'humains autour des questions qui sont adressées aux rhésus, mais peu autour des questions auxquelles ces derniers auraient pu les contraindre, et qui ne leur ont pas été posées. En effet, le succès fut immédiat : du côté des humains, les psychiatres furent rapidement enrôlés. Les résultats de Harlow, nimbés de tout le prestige scientifique du laboratoire, leur donnaient un modèle simple des pathologies de leurs patients. Mais ce succès traduit surtout l'absence de réussite : seule de la très mauvaise science, mue par la conviction maniaque que ne peut exister que ce qui est expérimentalement prouvé, refusant les exigences, les singularités de son objet et tout ce qui pourrait le constituer en vecteur de risques, pouvait produire ce résultat.

Certes, il y eut succès : psychiatres en attente de modèles simples, chercheurs et enseignants en psychologie toujours à la recherche d'un regain de scientificité pour leur pratique se sont tous jetés avec avidité sur les résultats des recherches : on allait enfin parler d'amour en termes scientifiques, on allait enfin parler d'attachements dans des termes aussi rigoureux que ceux qui décrivent les liens entre molécules. Succès mais non réussite : non seulement, l'expérience ne nous apprenait rien du rhésus, mais elle ne rendait pas les humains plus intéressants. Les psychiatres n'allaient certainement pas devenir plus inventifs avec ces modèles simples ; les patients allaient encore voir s'appauvrir le champ auquel renvoyait leur souffrance. Les chercheurs enrôlés par Harlow s'avéreraient, quant à eux, subir la même duplication que celle que Harlow créait pour ses expériences : ils se sont multipliés, identiques à leur maître, dans un processus sans fin.

Pourquoi finalement a-t-on mené toutes ces expériences ? Pourquoi les recherches de Bowlby n'apparaissaient-elles pas comme suffisantes et pourquoi fallait-il interroger les rhésus, s'il s'agissait avant tout d'un problème humain ? Bien sûr, il est évident que, dans une tradition qui hiérarchise la valeur des êtres comme nous le faisons, les questions étaient adressées à des singes parce qu'elles ne pouvaient l'être, pour des raisons éthiques, à des humains. Mais cela ne nous dit rien des raisons des expériences, ou du crédit apporté au fait qu'elles dépassaient la simple valeur empirique pour apporter des « preuves » expérimentales. N'est-ce pas là que se situe le véritable enjeu de toutes ces expériences ? En d'autres termes, il nous faut nous demander pourquoi le fait que ces questions soient à la fois adressées à des êtres de « nature » (des singes) *et* dans le champ des sciences (dans les conditions contrôlées du laboratoire) semblait non seulement si légitime, mais surtout si nécessaire et si convaincant. Cette légitimité n'est-elle pas aussi, mais pour des raisons différentes, issue de la même tradition : celle qui nous mène à envisager que la « nature » et la « société » soient des entités du monde bien séparées ? Car qu'a-t-on demandé à ces rhésus sinon de résoudre, dans le champ d'une « nature » fabriquée par la science – et par une longue histoire qui a permis cette fabrication –, des questions considérées comme « sociales » ? N'est-ce pas la délocalisation des questions qui est en jeu dans tout cela ?

On peut trouver quantité d'exemples de ce type de manœuvre dans le domaine de l'éthologie. Lorsque Frans De Waal[1] décrit la

1. *La Politique du chimpanzé*, *op. cit.*, p. 209.

manière dont se répartissent les rôles et les statuts dans la société de chimpanzés qu'il observe, il note que les mâles présentent des activités stratégiques orientées vers le statut, en accord, dit-il, avec « une politique dont l'objectif est l'accroissement de pouvoir ». Les femelles, en revanche, (comme les enfants) « présentent des interactions qui s'accordent avec leur sympathie ». Les femelles sont intelligentes, certes, mais elles ne présentent pas la même qualité de *rationalité* que les mâles : à ces derniers l'espace public et politique des stratégies de pouvoir fondées sur la rationalité, aux premières l'espace de la socialisation fondé sur les sentiments. De Waal se demande néanmoins, sans ingénuité, si ses conclusions ne sont pas la marque de ses préjugés. Bel effort de réflexivité. Mais cette louable tentative s'étouffe dans l'œuf et révèle tout à coup les véritables enjeux de tout ceci. Je cite De Waal, car on ne peut s'exprimer plus clairement : « On prétend qu'il est réactionnaire de considérer les différences qui existent entre les sexes dans le comportement humain comme héréditaires, sous prétexte que, si cela était vrai, nous serions condamnés à obéir éternellement à notre nature. Cette conclusion pessimiste est cependant fausse. L'homme a prouvé que *le respect des lois naturelles n'empêche pas de les dépasser* (c'est moi qui souligne). Les avions, par exemple, paraissent se moquer de la gravité, mais ils ont été conçus par des gens qui reconnaissent cette force et en ont étudié les effets. »

Le coup de l'avion est admirable. On va pouvoir étendre aux animaux et aux humains ce qui marche pour les avions. On va obéir à la nature pour mieux la faire obéir ! De Waal reprend le plus vieux coup des scientistes : on vous donne les faits, on vous laisse libres quant aux valeurs. Qu'allons-nous demander à ce que nous appelons « nature » ? Des lois auxquelles nous référer, même si c'est pour prendre certaines libertés avec elles. Comment comprendre autrement ce que vient faire cette « nature » ainsi convoquée dans cette affaire ? Il faut être attentif à la manière dont De Waal la convoque : il commence par établir une claire distinction entre questions « sociales » (son effort de réflexivité ne traduit pas autre chose) et questions « naturelles ». Cette distinction ainsi organisée n'est cependant pas là pour empêcher que l'on passe de l'une à l'autre : au contraire elle n'est là que pour permettre ce passage, mais subrepticement. Il y a un tri dans ce passage : d'un côté la nature et ses objets, les faits ; de l'autre les subjectivités et les préjugés, les valeurs[1]. Soyons attentifs, ce qui apparaît comme une répartition est en fait une opération de triage subreptice, beaucoup plus compliquée, car elle se fonde sur cette répartition même : la nature ne pourra résoudre des questions sociales que si elle est décontaminée du social. En d'autres termes, les questions sociales peuvent devenir des questions de nature, des questions de lois immuables, à condition qu'on leur enlève tout ce qui les rendait fragiles et vivantes, tout ce qui en faisait des objets de discussion, tout ce par quoi le collectif à qui se posent ces questions peut se les approprier. La « nature » ainsi mobilisée vient sortir nos problèmes du champ des « sciences humaines », toujours si sujettes à controverses, à influences, à interprétations soumises à la subjectivité : preuve en est, « on pourra penser que ce sont “mes” préjugés qui me font parler ». La force des préjugés contre la force des lois éternelles. Voilà un bien étrange combat auquel De Waal veut nous inviter tout en nous demandant d'y renoncer, puisque l'issue en est toujours aussi certaine. La « nature » ainsi convoquée, avec ses forces de gravité et ses lois de la pesanteur universelle, des lois auxquelles même les avions doivent se soumettre, vient nous proposer d'étendre ces mêmes forces et lois à ce qui semblait leur échapper : aux rhésus, aux chimpanzés, aux animaux et aux humains.

Le chimpanzé de De Waal illustre parfaitement ce qui est finalement attendu du petit rhésus des laboratoires : il doit nous montrer des lois *indiscutables*, non faites de main d'homme. Son étrange statut d'« assez semblable » et pourtant « assez différent »

1. On trouvera une version beaucoup plus sophistiquée de cette analyse dans les deux livres de Bruno Latour, *Politiques de la nature* (1999), Paris, La Découverte, et *L'Espoir de Pandore* (2001), trad. de D. Gille, Paris, La Découverte.

se traduit alors tout autrement. Il devient un « objet » qui représente les humains et qui échappe du même coup à leurs représentations. Il se traduit en un statut de *totem ;* un totem dérivé qui tout à coup nous agite à notre tour de ce même *respect superstitieux* dénoncé par Freud chez les primitifs. Mais ce respect superstitieux n'est pas témoigné à l'animal lui-même, ni aucun respect d'ailleurs ; le tabou du totem ne concerne pas le rhésus (Harlow l'a clairement montré) : le tabou, le respect superstitieux s'adressent au *rhésus-fabriqué-par-un-dispositif-scientifique.* Et c'est de ce dispositif lui-même qu'il va tirer cette étrange force de nous convaincre de *la force des lois.* Il tire sa force d'objet de dispositif parce qu'il devient, dans et par celui-ci, le vecteur et le produit d'une opération d'une force redoutable : il vient constituer un *réservoir d'universalité.* Le rhésus, comme le chimpanzé de De Waal et comme tous les autres – rats de laboratoire à qui des générations de béhavioristes ont demandé de nous apprendre ce que c'est qu'apprendre, femelles dociles à la sexualité vertueusement timide, chiens qu'on a convoqués afin d'expliquer la névrose –, devient un référent universel. Il permet de construire un réservoir d'universalité qui nous autorisera à trouver, enfin !, toutes ces lois aussi indiscutables que celles de la pesanteur, lois que seules peuvent nous fournir une « nature » et une science, réunies dans une association qui rend l'opération possible.

Référent universel de ces lois, le rhésus représentera cette nature qui vient désigner les experts et répartir les rôles dans la discussion : les experts vous donnent les faits, vous ne pouvez les contredire. Ils assurent la base de la discussion, le « ce que » le collectif doit discuter. Libre à celui-ci, alors, d'entreprendre le débat sur le « comment » s'organiser à partir de ces faits : faire voler les avions, répartir les rôles entre hommes et femmes, élever et soigner les enfants. D'autres recherches sur ces mêmes rhésus, moins dramatiques puisqu'elles ont voulu comparer le comportement maternel de ceux-ci avec celui des femelles humaines cette fois sans en passer par la séparation, témoignent bien des enjeux de ce type d'opération : le rhésus n'est là que pour constituer un réservoir d'universalité, afin de résoudre nos questions en les traduisant comme des questions de « nature » et d'expertise. Selon ces dernières observations, les mères rhésus vivent en fusion constante avec leurs petits. Or, quand on garde une femelle rhésus en cage étroite, son comportement, déjà normalement très protecteur vis-à-vis de son petit, le devient extrêmement, et elle l'empêche d'avoir des contacts avec d'autres. Ces observations furent rapidement utilisées pour prouver qu'il était « naturel » pour les femmes de rester en contact continu avec les enfants.

Mais supposez, explique Thelma Rowell qui rapporte ces recherches[1], que les données sur le comportement maternel des primates disponibles dans les années 50 eussent été celles concernant les macaques à bonnet ou les langurs, espèces dont les mères partagent leurs enfants et les laissent à d'autres membres de la communauté juste après la naissance : il n'aurait plus été possible de chercher une quelconque naturalité du « bon comportement maternel ». En d'autres termes, l'universalité ne doit son apparente robustesse qu'à la manière dont elle est construite ; construisez autrement, ajoutez de la diversité, appelez d'autres êtres à témoigner, multipliez les porte-parole, ajoutez des versions, imposez d'autres contraintes, le réservoir d'universalité de cette « nature » se verra sérieusement fissuré.

Le statut paradoxal du rhésus ne tient dès lors pas tellement au fait qu'il est *assez* humain pour que puissent lui être adressées ces questions et *pas assez* pour nous empêcher de les lui poser, il ne tient pas tellement au fait que les échanges de propriétés se font de manière aussi bizarre et inéquitable : il tient au fait que la force terrible qu'on octroie à ce rhésus, grâce au dispositif, ne repose que sur une immense faiblesse construite par ce même dispositif. En d'autres termes, le dispositif ne le fait autant parler,

1. « A Few Peculiar Primates », *art. cit.*

certes de manière répétitive mais sans hésitation, que parce qu'il a pu le rendre muet[1].

Voilà aussi pourquoi nous ne savons rien, à l'issue du travail de Harlow, de ce que peut être un rhésus. Le totem dérivé est toujours un otage, pris dans des problèmes qui ne le concernent pas. Ce qui nous intéresse, et que traduit le succès des recherches, et ce qui l'intéresse n'ont pas réussi à s'agencer. Il est donc bien mal articulé : il y a eu succès mais pas réussite. Ce qui est arrivé au rhésus traduit, d'une certaine manière et conduisant cette traduction jusqu'à la caricature, ce qui est arrivé au primate de l'origine : les questions qui lui sont adressées sont trop lourdes, elles imposent trop de contraintes sur son témoignage ; elles lui permettent difficilement de prendre position par rapport à ce qui compte pour lui.

Pour trouver une chance de devenir mieux articulé, il faudra à tous ces singes plus de chercheurs, plus de sensibilités, plus d'histoires, plus d'intérêts hétérogènes. Il leur faudra mobiliser et être mobilisés par d'autres questions, d'autres problèmes, et surtout d'autres modes de transformation. Il leur faudra mettre à l'épreuve une nouvelle définition des pratiques, du terrain comme du laboratoire : une épreuve qui fait diverger ce qui traduit la réussite du laboratoire où l'on étudie les molécules et ce qui peut traduire la réussite dans les expériences où l'on apprend ce dont les animaux sont capables. En somme, il faudra, à ces animaux comme à ces chercheurs, apprendre à passer des succès aux réussites. C'est à l'exploration de ces dernières que nous pouvons maintenant nous attacher.

1. Ce raisonnement est plus que tributaire des *Politiques de la nature* de Bruno Latour, *op. cit.*

6
Les habitudes des chercheurs et de leurs animaux

> « Nous essayons souvent de justifier ce que nous faisons en tentant de donner une explication en termes d'applications utiles. Mais en réalité, nous faisons cela parce que c'est amusant [...]. Cela n'a rien de trivial, parce que qu'est-ce que la vie sinon la joie ? Je pense que la plus grande contribution que nous pourrions faire serait de rendre la vie plus intéressante [1]. »

Le pari de Thompson, on s'en souviendra, nous conviait à miser sur la possibilité de transformer des habitudes : si nous changeons les nôtres, nous donnerons une chance aux animaux de transformer les leurs ; nous allons les arracher à tout ce qui les contraint à être ce qu'ils sont et qui menace les possibilités de paix. Nous allons trouver de nouvelles contraintes qui pourront, quant à elles, fabriquer des modes inédits de vivre ensemble. Si le terme « éthologie » n'est pas utilisé par Thompson, et pour cause, il n'apparaîtra pour la première fois que trois ans après la publication de son dernier livre, *The Passions of Animals*, dans une œuvre posthume d'Étienne Geoffroy Saint Hilaire [2], sa pratique fonde ce qui me semble devenir le sens le plus intéressant du terme. L'éthologie, généralement science des comportements,

1. B. Heinrich (1989), *Ravens in Winter*, *op. cit.*, p. 221.
2. J. C. Ruwet (1988), « Définition de quelques termes d'usage courant en éthologie et dans les disciplines associées », *Cahiers d'éthologie appliquée*, n° 8 (4), p. 583-615.

y renoue avec son étymologie : *ethos*, les mœurs, les habitudes. L'éthologie comme *pratique des habitudes :* cette définition mieux que tout autre va à présent donner son sens à mon exploration. Elle devrait me permettre d'obéir à la contrainte que je me suis fixée : celle de distribuer, du mieux que je puisse le faire, les transformations, sans les attribuer au plus offrant ou au plus voyant ; celle de chercher comment les acteurs impliqués ont pu être à la fois les acteurs de ces transformations, et activés par elles.

En traduisant l'éthologie comme une *pratique des habitudes*, je peux définir ma recherche comme l'exploration des agencements de ces habitudes. Comment les habitudes des chercheurs et celles de leurs animaux ont-elles constitué, les uns pour les autres, des occasions de transformation ?

En définissant l'éthologie comme pratique des habitudes, je m'engage à cultiver la vertu de ceux dont je souhaite célébrer les réussites, lisibles dans les transformations les plus intéressantes dont leurs recherches témoignent : la politesse du « faire connaissance ». Je peux, à la suite de Shirley Strum, définir cette politesse comme l'exigence de ne pas construire un savoir « dans le dos » de ceux à qui elle adresse ses questions ; ou je peux la traduire, à l'instar d'Isabelle Stengers, comme l'obligation de prendre en compte la manière dont celui qui est interrogé peut prendre position par rapport à l'interrogation. Cette politesse définit la singularité de la pratique que j'essaye de construire. En définissant l'éthologie qui m'intéresse comme une « pratique polie des habitudes », et en calquant ma pratique sur cette dernière, je peux explorer, avec beaucoup de confiance, ce qu'elle m'offre comme ressources.

Pour rendre compte du travail des éthologues les plus polis, je peux, comme ils le font pour leurs animaux, chercher « ce qui compte pour eux ». Et puisque c'est cette question qui rend leurs animaux plus intéressants, je peux espérer que mon analyse, à son tour, témoigne de leur intérêt. Je peux, de ce fait, parler dans les mêmes termes que ces auteurs dont je privilégie les témoignages ; je peux être habitée par les mêmes rêves et les mêmes exigences, me laisser intéresser par ce qui les intéresse, me laisser activer par ce qui les active. Je peux, ou en tout cas je peux le souhaiter, me laisser transformer par ce qui les transforme. En somme, je peux, qu'on me pardonne cette redondance, faire de « l'éthologie de l'éthologie » : en définissant l'éthologie comme *pratique des habitudes*, je peux explorer comment des *habitudes* diverses, celles des éthologistes et celles de leurs animaux, ont réussi à s'agencer.

Ainsi, si c'est à leur histoire et à leurs histoires que je m'intéresse, c'est surtout à leur manière de « faire histoire » que je vais m'adresser, à leurs façons de reconstruire ce qui est arrivé à leurs pratiques, à leurs théories et à leurs animaux. Bien sûr, les manières de faire histoire en éthologie sont multiples. Selon les traditions, selon les écoles, selon les animaux interrogés, les histoires diffèrent, autant que diffèrent les manières d'en rendre compte, d'en situer les changements, d'en repérer les étapes et les ruptures, d'en célébrer les personnages importants. Si je m'intéressais au cognitivisme, je vous raconterais l'histoire de l'acquisition progressive, par les animaux, de compétences intellectuelles, au fur et à mesure qu'elles sont actualisées par les laboratoires ; si c'était faire de l'animal un « sujet » qui me préoccupait, je vous inviterais, par exemple, à explorer avec moi le domaine trop peu connu des phénoménologues.

Si j'étais primatologue brésilienne, je vous raconterais une autre histoire, beaucoup plus récente et bien différente, liée à une autre conception de la nature : celle que les Brésiliens ont héritée des colonisateurs portugais. Les singes que j'appellerais à témoigner ne viendraient pas répondre à des questions d'anthropologie, mais à des préoccupations de rapports entre les ressources et la survie ; d'autant plus que ces singes ont commencé à être interrogés par la primatologie brésilienne naissante au commencement de la crise de la biodiversité. Je vous parlerais, comme me l'auraient appris mes ancêtres, d'une nature en termes de ressources à exploiter, et comme m'y contraindraient mes singes, d'une cohabitation de plus en plus difficile autour de ces ressources[1]. Je pourrais raconter, en somme, comment ces singes ont enrôlé leurs chercheurs autour de leurs difficultés, et comment ceux-ci étaient disponibles pour cet enrôlement.

Si j'étais japonaise[2], c'est sans doute à la petite femelle macaque Imo que j'en appellerais, pour lui faire raconter comment elle apprit à ses congénères à laver des patates douces dans l'eau de mer et à trier des grains de blé ensablés en les laissant flotter sur l'eau ; et comment elle apprit à ses chercheurs à parler de culture à propos des macaques. Je lui demanderais de m'aider à explorer comment les habitudes des primatologues japonais se sont inscrites dans de tout autres questions que celle de l'origine – qui ne les a pas beaucoup intéressés – et comment ces habitudes se sont articulées à d'autres habitudes, celles de la troupe à laquelle appartenait Imo, sur l'île de Koshima. Je vous montrerais alors comment des habitudes de cultures, de pratiques et de manières de s'organiser chez les chercheurs humains et chez les primates non humains se sont agencées. Je vous raconterais, par exemple, que parce que la question des origines ne les intéresse pas, et parce que la conception de la « nature » n'est pas celle d'un lieu à protéger de toute influence, les chercheurs ont adopté, pour pouvoir approcher les singes, des techniques d'apprivoisement – sous la forme de l'approvisionnement : ces patates douces et ces grains de blé ne sont pas arrivés tout seuls dans les mains des macaques, ils étaient quotidiennement offerts par

1. M. E. Yamamoto et A. I. Alencar (2000), « Some Characteristics of Scientific Litterature in Brazilian Primatology », *in* Strum S. et Fedigan L., *op. cit.*, p. 184-193.

2. Hiroyuki Takasaki (2000), « Traditions of the Kyoto School of Field Primatology in Japan », *in* Strum S. et Fedigan L. (2000), *Primate Encounters*, Chicago, Chicago University Press, p. 151-164 ; ou encore Pamela Asquith, « Negotiating Science : Internationalization and Japanese Primatology », *in* Strum S. et Fedigan L., *op. cit.*, p. 165-183, et son « The Intellectual History of Field Studies in Primatology : East and West », *in* Herring Ann et Chan Leslie (1994), *Strength in Diversity*, Toronto, Canadian Scholar's Press Inc, p. 49-76.

l'équipe de recherche. Et parce que tant les chercheurs que les macaques voyaient se résoudre un problème qui leur demandait beaucoup d'énergie et de temps – pour les premiers, pouvoir s'approcher des singes sans les faire fuir ; pour les seconds trouver des calories en nombre suffisant –, ils ont pu, de part et d'autre, commencer à se consacrer à des activités de plus en plus intéressantes. Apprendre à connaître chacun des membres de la troupe, relever de plus en plus d'événements inédits, créer des biographies et des histoires, pour les chercheurs ; s'adonner à des activités sociales de plus en plus nombreuses, multiplier les activités d'invention et transmettre ces innovations, pour les macaques.

L'histoire à laquelle je vous ai jusqu'à présent conviés et à laquelle je vous propose de nous attacher encore n'est donc ni celle de l'éthologie, ni celle des scientifiques qui l'ont fait exister, ni même celle des Occidentaux. Elle concerne une petite part de l'éthologie, et quelques-uns des chercheurs et surtout quelques-unes des chercheuses de l'Occident ; vous ne trouverez que quelques noms de l'immense annuaire des primatologues. Elle est tissée par un problème, que ces derniers et ces dernières m'invitent à explorer. Elle ne prend le nom d'histoire que parce que je lui ai donné une structure narrative que j'ai inscrite dans le temps.

J'ai déjà, pour construire cette histoire, saisi un fil : celui des transformations. J'ai privilégié un domaine : celui de la primatologie. J'ai aussi choisi d'accentuer certains contrastes : ceux entre *succès* et *réussite,* selon la diversité et la qualité des articulations proposées et selon les possibilités de transformations des humains et des non-humains engagés dans l'histoire. Le rhésus de Harlow est vecteur de succès mais ne témoigne d'aucune réussite. Les singes de Thompson, à l'inverse, rencontreront une forme de réussite, mais sans le succès ; ils devront attendre : la réussite dont ils sont prometteurs n'est encore, chez Thompson, que virtuelle, il leur faudra d'autres alliés pour actualiser et prolonger cette réussite. J'avais aussi choisi un acteur, à qui je demandais de m'aider à nouer cette histoire, en le considérant comme à l'origine de celle-ci : le babouin de Zuckerman, héritier du totem de Freud, lui-même descendant du singe jaloux de Darwin. On pourra évidemment reprocher à cette manière de reconstruire l'histoire de charger à nouveau ce babouin d'un rôle bien pesant, puisque, dans mon histoire aussi, il vient témoigner de préoccupations pour une origine : en l'occurrence celle des transformations des primates et des primatologues.

Mais en accentuant cette visibilité toute particulière du babouin, je ne témoigne pas seulement de mon problème, ou du problème de ceux à qui je demande de m'aider à reconstruire cette histoire en termes de transformations[1] ; je traduis quelque chose qui appartient autant au babouin qu'à ses observateurs : les babouins ont été des candidats privilégiés dans les recherches parce qu'ils étaient particulièrement *voyants*. Le zoo de Londres, d'abord, leur confère une visibilité toute particulière ; ce qui est au zoo est aménagé pour être montré. Ils sont voyants également au sens où ils montrent beaucoup de choses, de conduites ou d'événements qui peuvent être vus, observés, donner lieu à des interprétations. En effet, les contraintes spatiales auxquelles les babouins étaient soumis ont redoublé la visibilité de ce qui peut s'observer : on s'en souviendra, la situation de confinement les a conduits à une activité sans relâche qui prit les allures dramatiques que l'on sait. On ne s'ennuyait pas. Les babouins, en outre, se sont avérés, à l'inverse de la plupart des autres espèces, plus robustes aux conditions de captivité souvent désastreuses : ils étaient dès lors plus disponibles dans les zoos et dans le commerce quand les études commencèrent. Sur le terrain, bien sûr, les choses ne seront plus aussi faciles, pour les observateurs cette fois. Mais si vous considérez les difficultés auxquelles entraînent les autres espèces, le babouin reste malgré tout un sujet d'observation privilégié.

1. La façon de reconstruire l'histoire autour de certains problèmes, à partir du babouin de Zuckerman, est due pour une part à Donna Haraway (*Primate Visions, op. cit.)*, pour une autre, très importante, à certains des auteurs réunis par le superbe livre de Shirley Strum et Linda Fedigan (*Primate Encounters, op. cit.*), et pour le reste aux auteurs qui seront mentionnés au fur et à mesure de leur entrée en scène.

D'abord, la plupart des espèces de babouins vivent dans des régions facilement accessibles en voiture, ce qui n'est pas le cas de quantité d'autres primates. Ensuite, ils sont, au contraire, des espèces arboricoles, pratiquement visibles en permanence. La savane permet de voir loin et de suivre sans trop de difficultés. Celles-ci ne sont cependant pas négligeables, mais elles ne sont rien en comparaison d'espèces qui demandent à l'observateur une compétence et une résistance physique autrement plus considérables. Si les babouins, pendant longtemps, ne laissaient pas les chercheurs s'approcher, ceux-ci pouvaient quand même les voir et les suivre de loin, pour observer certaines activités.

Autre raison d'importance, les babouins sont parmi les plus actifs au sein des espèces de primates : ils permettent donc des observations beaucoup plus nombreuses. Alors que dans la plupart des espèces les animaux semblent passer la journée à « ne rien faire », selon les critères de ce qui nous intéresse, bien entendu, chez les babouins, il se passe toujours quelque chose. Le toilettage social, par exemple, est beaucoup plus important que chez de nombreux autres singes. « D'un point de vue qualitatif, écrit Thelma Rowell[1], la différence est énorme. La partie de forêt du Kenya où j'étudie les singes bleus et les singes à queue rouge est régulièrement envahie par des troupes de babouins cherchant des figues. On les entend venir à près d'un demi-mile, mes femelles et moi. Ils sont toujours en train de se chamailler, avec des grognements, des cris de menace, et les appels des enfants perdus. Mes singes à moi font des grognements d'alarme très calmes et se tiennent invisibles, puisque ces babouins mangent autant les singes que les figues s'ils peuvent les attraper. » Cette dernière remarque nous fait mettre le doigt sur une différence essentielle : les babouins pourraient-ils se permettre de consacrer du temps, de l'énergie et surtout la concentration nécessaire aux relations avec les autres membres de leur troupe, s'ils devaient, comme les petits singes de Thelma Rowell, tout le temps faire

1. « A Few Peculiar Primates », *art. cit.*, p. 65.

attention et éviter d'attirer l'attention ? « J'imagine, continue la chercheuse, les moutons que j'ai observés se permettant d'être autant préoccupés par les conflits et leur résolution au sein du groupe : cette expérience de pensée transforme tout de suite les moutons… en gigots. Ils seraient tout de suite attrapés par des prédateurs les prenant par surprise. C'est la même chose pour de très nombreux mammifères. » La plupart des singes, dès lors, ont tout intérêt à limiter non seulement ce qui bouge, ce qui fait du bruit, mais aussi tout ce qui monopolise l'attention et diminue la vigilance, qui sont autant d'occasions de distraction. Ce qui pèse évidemment sur les possibilités de distraction du chercheur qui les observe : c'est donc plutôt calme et paisible, pour ne pas dire ennuyeux, commente Thelma Rowell, que de les suivre.

Enfin, le babouin répond particulièrement bien à certaines questions. On l'a vu avec Darwin et Kropotkine comme avec les rhésus devant témoigner du comportement maternel, vous ne pouvez pas adresser certaines questions à n'importe qui. D'une part, le babouin vit dans la savane, il est « descendu de l'arbre » ; il vit dans des conditions similaires à celles du début de l'hominisation : la question de l'origine le désigne donc comme un candidat de premier choix. D'autre part, les questions de l'origine, de la construction du social ou de l'identité de l'homme seront largement tributaires de la façon dont vous envisagez cette identité ou dont vous définissez le social. Comme l'avait clairement suspecté Kropotkine, selon que vous envisagez une origine à la Rousseau – des hommes naturellement bons inexorablement appelés à être corrompus par la société – ou que vous optiez pour une origine à la Freud, les questions adressées aux singes et les singes à qui vous adressez les questions ne peuvent ni les uns ni les autres être les mêmes. Là encore, le babouin du harem, de la jalousie et de la violence des relations avait de bonnes raisons d'être choisi : il est à la fois le « proche », le ressemblant et, par sa différence, le témoin du progrès de l'humanisation. Car la généalogie de Freud est non seulement une généalogie du social, mais aussi une généalogie de l'éthique ; on s'en souviendra, selon cette histoire, le progrès consiste, notamment, dans le fait que ce n'est plus un seul mâle qui possède toutes les femelles, mais que chacun y aura droit. Sa jalousie qui, chez Darwin, devenait la garantie d'une certaine rigueur dans l'organisation morale et sociale, constituera pour Freud la condition d'un autre progrès : celui qui nous a menés vers encore plus d'ordre et de moralité.

Mais cette équité nouvelle dissimule en fait une inéquité fondamentale, quoique invisible, car encodée dans la culture : celle entre les mâles et les femelles[1]. On n'a pu, en effet, manquer de remarquer que, quand il s'agit de l'histoire de l'homme, que ce soit chez Darwin, chez Freud ou chez Zuckerman et, plus tardivement, chez De Vore (mais pas chez Kropotkine), on en revient toujours, comme l'écrit Shirley Strum[2], « à une société dominée par les mâles, caractérisée par une division claire du travail ; une société où les mâles détiennent le pouvoir et où les femelles ne peuvent être promues qu'en s'associant à un mâle dominant ».

Dans la mesure où cette différenciation des rôles apparaît, en Occident, en tout cas depuis le XVIIIe siècle, comme appartenant à la nature même des hommes et des femmes et non comme une forme singulière d'organisation politique[3], il était dès lors tout à fait légitime, voire nécessaire, de la retrouver chez les ancêtres « naturels ». Pour témoigner de l'origine du social, il fallait donc au primate présenter les premières ébauches de son organisation. La dominance, à ce titre, s'avère une condition privilégiée. Les hurleurs de Carpenter, avec leur société égalitaire et leur sexualité communautaire, auraient par exemple singulièrement compliqué le schéma de l'origine. Il aurait fallu, avec eux, imaginer un état

1. B. Latour et S. Strum (1986), « Human Social Origins : Please Tell us Another Story », *Journal of Social and Biological Structures,* n° 9, p. 169-187.

2. *Voyage chez les babouins, op. cit.*, p. 106.

3. Voir à ce sujet la belle analyse du déplacement de la légitimation de la domination, du domaine religieux au domaine de la nature, dans l'article de Eleni Varikas (2000), « Naturalisation de la domination et pouvoir légitime dans la théorie politique classique », *in* Gardey D. et Löwy I. (éd.), *L'Invention du naturel,* Paris, Éditions des Archives contemporaines, p. 89-108.

de nature dans lequel on ne pouvait retrouver ni ce qui fonde la « nature » des relations entre hommes et femmes, ni même l'esquisse de nos institutions comme celle du mariage ou de la famille. On a vu à quels bricolages, notamment avec l'obligation de recourir à des hypothèses de dégénérescence, ce type de problème avait entraîné Darwin, comme il avait d'ailleurs entraîné Kropotkine, mais avec un schème de l'origine tout différent. Avec le babouin, nul besoin de ce bricolage : les mâles semblent mettre assez de bonne volonté à ne pas contredire l'hypothèse de la dominance.

Cette « bonne volonté », on l'a vu avec les recherches de De Vore, peut bien sûr être renvoyée à l'artefact : on se souviendra que le fait de lancer des cacahuètes avait actualisé d'autres manières de se comporter pour les mâles. Shirley Strum remarque d'ailleurs, lorsqu'elle pose la question de la fiabilité de l'hypothèse de la dominance, que dans la plupart des études classiques l'instigateur devait intervenir en appariant les mâles dans la compétition pour la nourriture afin de « découvrir » la hiérarchie[1]. L'hypothèse de la dominance est cependant tributaire d'une autre caractéristique du babouin : les mâles semblent beaucoup plus actifs que les femelles. Certes, la signification que prend cet être « plus actif », dans la culture des observateurs, traduit directement la question de la dominance : l'activité est traditionnellement associée au pouvoir, la passivité à la subordination. Mais on remarquera aussi que la manière dont les observateurs définissent ce que veut dire être actif reçoit autant de confirmations de la part des babouins mâles : ces derniers semblent en effet beaucoup plus motivés que les femelles pour la compétition, plus particulièrement encore dans les dispositifs qui activent cette compétition. Ils sont aussi beaucoup plus agressifs, ce qui attire l'attention : leur physique est de loin plus imposant que celui des femelles, leurs canines sont impressionnantes, et leurs cicatrices

---

1. S. Strum et B. Latour (1987), « Redifining the Social Link : from Baboons to Humans », *Social Sciences Informations,* n° 26 (4), p. 783-802.

beaucoup plus nombreuses, ce qui laisse à penser qu'ils ont été « fabriqués » par et pour la compétition. En outre ils menacent, grognent, s'agitent beaucoup plus fréquemment que ne le fait le sexe opposé.

En somme, pour un observateur humain, l'activité des mâles est beaucoup plus visible, beaucoup plus spectaculaire : ce que les babouins font pour attirer l'attention des autres a bel et bien attiré, voire monopolisé l'attention des chercheurs. Quant à savoir si cette volonté d'attirer l'attention, que les observateurs traduisent comme un comportement de dominance, requiert la même signification pour un babouin est un tout autre problème, qui ne se posera que quelques années plus tard, au début des années 70. Ce moment arrivera lorsque quelques primatologues suspicieuses se demanderont, avec une pointe de malice, si les tentatives du babouin pour impressionner ses congénères n'ont pas, avant tout, réussi à convaincre ou à bluffer les chercheurs humains. Les tentatives d'attirer l'attention de manière si spectaculaire constituent-elles vraiment les moyens dont les babouins se servent pour affirmer et reconnaître la dominance ? Ces manifestations machistes sont-elles en définitive ce qui importe, pour les babouins, dans leur organisation du social ? En d'autres termes, la question de la dominance est-elle un problème pour les babouins ou pour ceux qui les observent ? Ces questions nouvelles seront à l'origine de multiples transformations. Ce sont ces mêmes suspicions qui, par ailleurs, vont mener ces primatologues à poser une question qui aura des conséquences considérables pour la primatologie : pendant que les mâles réussissent à mobiliser ou à bluffer les chercheurs, que peuvent bien faire les femelles ? Assez étonnamment, c'est en écoutant le témoignage de ces dernières qu'on en vint à penser que la suspicion concernant « ce qui compte vraiment » pour les mâles était une suspicion bien fondée : ils avaient en effet une tout autre histoire à raconter.

Comment ces suspicions ont-elles pu émerger ? On pourrait, pour commencer, rassembler les indices dans un même motif : la volonté d'en finir avec la passivité ou le silence des femelles converge avec la remise en question du crédit si facilement octroyé aux manifestations machistes et aux hypothèses de la dominance. Il faut ajouter que ces prises de position coïncident, d'une part, avec l'arrivée des femmes sur le terrain, Jeanne Altman, Thelma Rowell, Linda Fedigan, Allison Jolly, Shirley Strum, pour n'en citer que quelques-unes et, d'autre part, avec la prise de conscience féministe, au milieu des années 70. Est-ce dire alors que nous pourrions rendre compte des transformations en invoquant ce simple fait : les primates ont changé parce que ce sont les femmes qui ont commencé à les interroger ?

On peut bien sûr raconter l'histoire de cette manière et de nombreuses recherches sont allées dans ce sens. Je crains cependant, si l'on s'en tient à ce simple fil, que ce ne soit très poli ou très intéressant ni pour les chercheurs, ni pour les primates, ni pour les femmes. Cette impolitesse serait d'autant plus malvenue que ce que je nous propose d'explorer est justement l'effet d'un regain de politesse de la part des chercheurs. Car les suspicions concernant tant le silence des femelles que le fait de savoir si la dominance n'était pas *avant tout* notre problème traduisent de nouvelles habitudes chez les primatologues : ils ont décidé de s'intéresser à ce qui intéresse ceux qu'ils interrogent. Ils ont été enrôlés par les problèmes de ceux à qui ils adressaient leurs questions. Certes, puisque coïncidence il y a, on pourra penser que cet enrôlement a pu être facilité par le fait de l'arrivée des femmes sur le terrain. Mais encore faudrait-il que nous puissions savoir ce que veut dire « être femme-sur-le-terrain » ; j'avoue une certaine jubilation à douter de la possibilité de trouver une définition qui mette tout le monde, et surtout les femmes scientifiques, d'accord. Nous pourrons toujours nous y essayer, l'hypothèse ayant été formulée par les chercheurs et les chercheuses mêmes, mais je propose que nous empruntions, en tout cas pour commencer, l'accès exactement inverse, en radicalisant, de ce fait, notre contrainte de politesse : l'enrôlement des chercheurs humains par les primates non humains a été le fait de ces derniers. Les primates ont transformé leurs chercheurs.

Bien sûr, en formulant les transformations de cette manière, j'en oublie quelque peu mon exigence de perplexité puisque, dans cette cascade de transformations qui s'autorisent les unes les autres, je suis en train de distribuer l'action de manière peu équitable. Que ceux qui s'en inquiètent gentiment pour moi – ou qui pensent que cette fois je m'égare complètement – se tranquillisent : je n'essayerai pas de tenir cette position très longtemps. Elle est juste le point de départ nécessaire pour me permettre de trouver ce que les Grecs appelaient le « juste milieu » de l'action : un peu de trop, un peu de trop peu ; un peu de trop si on a tendance au trop peu. L'action juste se construit dans son *ajustement.* Un peu de trop si on a tendance au trop peu : en faisant le pari de donner l'initiative des transformations aux non-parlants, à ceux que nous désignons comme « objets » de notre savoir, je nous propose simplement d'explorer une version qui nous est moins familière, qui va en quelque sorte à l'encontre de nos habitudes ; une version selon laquelle ce sont les primates qui ont activement enrôlé leurs chercheurs. En fait, je nous propose cette version qui radicalise la répartition des activités et des initiatives afin de trouver la possibilité d'un ajustement, d'une distribution plus équitable de la participation au « faire connaissance » et à ce qui le rend possible.

Cette vertu de l'action pratique que je propose de cultiver sous la forme du « juste milieu », et qui désigne, dans ce que j'essaie de faire, une des manières de répondre à l'exigence de la politesse du « faire connaissance », me fait en fait à nouveau rejoindre un des philosophes les plus « polis » de notre tradition : le philosophe William James. Nos chemins ont déjà croisé ceux de James : c'est en effet à lui que je peux me référer lorsque je définis la réussite des chercheurs dans leur capacité à privilégier, comme valeur du « faire connaissance », le fait que cette connaissance soit ou non intéressante. C'est à lui que je dois d'avoir pu suivre mes chercheurs dans une quête qui définit la vérité comme un « enrichissement » qui donne plus de réalité au monde déjà existant. C'est lui qui nous encourage à définir la mission de la pensée comme ce qui nous donne la possibilité « d'accroître et d'élever plutôt que de simplement imiter et dupliquer ce qui existe[1] ». Et c'est encore sur lui que je me reposais tout au début de mon cheminement lorsque j'évoquais le fait que les corbeaux avaient pu être « activés » par nos histoires qui les concernent, et qu'ils avaient été partie prenante de leur « processus créatif de vérification ».

Ce n'est pas un hasard si j'en appelle encore une fois à James pour m'aider à tenir mes engagements de politesse : de même que je me retrouve à chercher la bonne manière de distribuer, d'ajuster les transformations, de les penser en termes d'agencements et d'occasions plutôt que de causalités – ils ont changé *parce que* nous avons changé –, James s'est efforcé d'explorer une autre manière de comprendre ce que c'est « connaître », en distribuant tout autrement le régime de l'activité. Bien sûr, dit James, l'acte de connaître implique l'*activité* d'un sujet connaissant. Mais devons-nous penser, comme le veulent les intellectualistes ou les rationalistes auxquels il s'oppose, que l'activité dans l'événement du connaître est notre privilège, et que le monde est là, attendant passivement d'être connu ? Non, répond James, nous ne devons pas nous contenter de chercher, chez le seul sujet connaissant, les conditions qui rendent possible cet événement : « connaître ». Nous devons interroger aussi, et surtout, les possibilités d'être connu dans ce qui « se donne » à connaître. Car si nous déplaçons notre interrogation vers ce qui « se donne » à connaître, vers « le retentissement insistant[2] » des choses sur notre sensibilité, nous saisirons tout de suite que « ce qui réellement existe ce ne sont pas les choses faites, mais les choses en train de se faire[3] ». Le rationaliste et l'intellectualiste arrivent tou-

1. (1913), *L'Idée de vérité*, trad. de L. Veil et M. David, Paris, Félix Alcan, p. 69.

2. (1927), *Précis de psychologie*, trad. d'E. Baudin et G. Bertin, Paris, Marcel Rivière, p. 15 et p. 56.

3. (1948), *Some Problems of Philosophy*, New York, Longmans Green, p. 263 (1re éd. 1911). Voir aussi *A Pluralistic Universe* et *Essays in Radical*

jours après les choses, une fois qu'elles sont faites. Leurs connaissances sont semblables à celles d'un botaniste qui prétendrait comprendre la vie végétale en interrogeant un herbier. Connaître, en revanche, selon James, ce n'est pas se situer en face des choses, mais c'est se situer dans le *faire des choses.* Pour bien connaître, « placez-vous au point de vue du faire de l'intérieur des choses[1] ». Accompagnez le mouvement des choses en train de se faire, devenez dans leur devenir, cherchez comment les choses contraignent, insistent, résistent ; fiez-vous à leur solidité propre : habitez leur point de vue.

Mais ce « point de vue du faire des choses » qui, si on s'en tient là, ressemble à ma proposition un peu trop radicale – ce sont les choses qui nous agissent – est en fait, chez James, une manière stratégique de situer l'action ou le connaître : il s'agit surtout de trouver une position à l'encontre de nos habitudes. Peut-être pas à l'encontre de nos habitudes quotidiennes, de nos habitudes de vie, qui sont justement beaucoup plus flexibles quant à la répartition de l'action – cette pierre qui m'a fait tomber, ce temps qui ne passe pas, cette chose qui m'attire irrésistiblement –, mais bien à l'encontre de nos habitudes intellectuelles, quand nous sommes sortis du champ de l'activité et du rapport à ces choses qui avaient le pouvoir de nous rendre sensibles. Cette position radicale ou partiale du côté de l'activité des choses est, en fait, si je la traduis dans les termes de la vertu, une manière, toute pratique, de trouver le « juste milieu » : un peu de trop quand on a tendance au trop peu. Un peu trop d'activité pour les choses quand on a une sérieuse tendance à répartir l'activité du côté des humains. « Vous pensez que les transformations des primates sont dues à la subjectivité des chercheurs ? » : cherchez du côté des primates comment ils ont pu contraindre leurs chercheurs à leur poser d'autres questions ; cherchez du côté des singes

---

Empiricism réunis dans le même volume (1958), New York, Longmans Green (1re éd. 1912), ainsi que D. Lapoujade, *op. cit.*

1. *Some Problems of Philosophy, op. cit.*, p. 262.

comment ils ont réussi à faire parler leurs scientifiques et à les faire parler autrement.

Voilà évidemment la passivité qui change de camp ! Est-ce tout à fait raisonnable ? Est-ce même tenable ? Non, bien sûr. Mais c'est là tout l'intérêt de la pratique de cette vertu si sage : dès que vous conférez l'activité aux choses, dès que vous vous situez du point de vue du « faire des choses », vous vous retrouvez à conférer l'activité aux humains : connaître, explique James, ce n'est pas explorer ce que les choses nous font, mais ce qu'elles nous font faire. Ce n'est pas penser comment les choses nous agissent, mais comment elles nous font agir. Connaître, ce n'est pas traduire comment nos idées sont pensées, mais comment elles nous font penser[1]. Connaître, c'est explorer un régime d'autorisations et de « rendre capable ». C'est bien là, me semble-t-il, que s'actualisent toutes les possibilités offertes par cette vertu du bien connaître : si vous êtes polis avec les choses, elles vous renverront poliment à l'activité de leurs chercheurs.

Par la force des choses, vous serez renvoyés à la force des humains qui font science avec beaucoup de politesse ; *par la force des choses*, vous serez renvoyés à ce qui les autorise à témoigner pour ceux qu'ils interrogent : voilà ce que mon animal m'a contraint à faire ; voilà ce qu'il m'a fait penser ; mais voilà aussi comment je me suis positionné, comment j'ai formulé mes questions, comment j'ai construit les points de vue afin de l'autoriser à me contraindre. Par la force des choses, vous serez renvoyés à la force des scientifiques.

Cette vertu pratique de la recherche du « juste milieu » me semble d'autant plus intéressante qu'elle trouve, en éthologie, un terrain privilégié d'exercice. Il s'agit bien, pour chacun des chercheurs qui se sont soumis à l'exigence de la politesse du

1. On retrouvera, par ailleurs, une superbe analyse de la possibilité de redéfinir l'action, en la sortant de cet encombrant choix entre maîtrise et détermination, dans le « faire-faire » de Bruno Latour (« Factures-Fractures », *art. cit.*).

« faire connaissance » de trouver, de repérer ou de construire ce « juste milieu », ce milieu d'*ajustement* des pratiques et des intérêts hybrides, ce milieu de distribution et d'extension de l'action par essais et hésitations, ce milieu dans lequel l'humain se « fait intéresser » par ce qui intéresse ceux qu'il interroge : ce « milieu juste » dans lequel, en somme, humains et non-humains reçoivent l'un de l'autre la chance de se transformer mutuellement d'une manière qui les rend plus intéressants. Dès lors, s'il est bien une question que l'impératif de ce « juste milieu » nous invite à d'abord explorer, c'est la manière dont les animaux se présentent comme participants actifs dans la constitution de ce qui peut compter comme savoir scientifique ; la manière dont ils « font faire » des choses à leurs chercheurs. Comme l'écrit si « justement » Donna Haraway, « du point de vue des projets des biologistes, les animaux résistent, rendent capables, perturbent, engagent, contraignent et exhibent. Ils agissent et signifient[1] ».

C'est en ces termes que je voudrais alors en reconstruire l'histoire. S'il est un héros que je voudrais convoquer dans celle-ci, et si je dois le choisir dans les primates, c'est au chimpanzé de Gombé, dans les années 60, que j'en appellerais. Sa tâche fut triple, comme le fut sa réussite : soulager le babouin de la charge de représenter le primate universel et permettre de ce fait à d'autres primates de susciter l'attention des chercheurs ; convaincre Jane Goodall de lui poser d'autres questions, de s'adresser à lui d'une autre manière, de définir autrement la pratique et de se laisser apprivoiser ; créer une attention inédite, un vaste réseau d'alliés et susciter d'innombrables motivations de carrière chez les humains, et surtout chez les humaines. Et comme les héros de réussite dans mon histoire, ces chimpanzés ont résisté, rendu capable celle qui les interrogeait, ils ont perturbé, ils ont engagé et contraint. Et bien sûr, ils ont exhibé des choses inédites.

1. *Primate Visions, op. cit.*, p. 311.

Dès le départ, les chimpanzés n'ont pas rendu la vie facile à la jeune Jane Goodall. Pendant des semaines et des semaines, ils ont mis un soin minutieux à n'être pas vus et à ne lui laisser, comme seuls indices de leur présence, que l'écho de cris d'alarme et le craquement des branches indiquant leur fuite. Quand les chimpanzés relâchaient leur attention, les choses n'allaient pas mieux puisqu'ils tentaient, lors des rencontres inopinées, de lui faire renoncer à son projet en la menaçant et en la chargeant. À force de patience, Jane Goodall réussit cependant à les convaincre de la laisser s'approcher de quarante mètres, afin de les observer à l'aide de jumelles. Au bout de quatre mois, David Greybeard lui montre alors ce qu'aucun primatologue n'avait jamais vu : il chasse et tue un petit cochon sauvage et partage la proie avec ses compagnons. Quelques jours plus tard, ce même David Greybeard apprend à Goodall comment pêcher les termites dans une termitière, à l'aide d'une branche soigneusement taillée pour son usage.

Les conséquences de ces deux événements furent spectaculaires : d'une part, Louis Leakey, le célèbre paléo-anthropologue qui avait envoyé Goodall observer les chimpanzés, affirme que ces découvertes doivent contraindre les humains à repenser leurs définitions de l'humain (en principe, et jusque-là, seul fabricateur d'outils) et à revoir toutes leurs conceptions de ce qu'est un outil. D'autre part, cette découverte va sauver la troupe de Gombé de l'extinction qui la menaçait. En effet, à l'époque où Goodall commença ses recherches, une déforestation massive allait bon train, pour permettre l'extension de l'agriculture. Les chimpanzés connaissaient leurs derniers jours paisibles. En suscitant autant d'intérêt autour de comportements aussi proches de ceux de l'humain, les chimpanzés convainquirent les autorités locales de transformer le site en parc naturel, avec le mandat explicite de les protéger. Les chimpanzés, par l'entremise de David Greybeard, avaient réussi à se trouver des alliés

Les pratiques de médiation de David Greybeard ne s'arrêtèrent pas là ; le rôle qu'il venait de se voir attribuer par Goodall, probablement sans qu'il le sache, sera cette fois un rôle qu'il pourra activement construire pour se l'approprier. David Greybeard va permettre à Goodall de « faire connaissance » avec la troupe de ses congénères. C'est lui, en effet, qui apprend à la primatologue que, si vous voulez vous lier avec un groupe, et surtout avec un groupe qui a toutes les bonnes raisons de craindre ceux de l'espèce à laquelle vous appartenez, vous devez, au sein de ce groupe, vous trouver un allié. C'est à cet allié médiateur que vous demanderez de vous enseigner les règles de la politesse et de l'hospitalité, les habitudes de ceux à qui vous demandez qu'ils vous accueillent ; c'est de lui que vous devrez apprendre les bonnes manières de s'adresser. Et c'est avec lui que vous pourrez créer ce que le psychiatre Jean-Marie Lemaire appelle, pour désigner sa pratique avec les humains, un réseau extensif de confiance, qui vous fera, de proche en proche, gagner la confiance de la communauté[1].

David fut le premier chimpanzé à s'inviter au camp de Jane Goodall, quelques mois après son arrivée. Elle n'avait jusque-là, on s'en souviendra, réussi à s'approcher des chimpanzés qu'à une distance d'une quarantaine de mètres, hormis dans les cas accidentels que l'une comme les autres préféraient éviter. La visite de David Greybeard pourrait ne pas apparaître de prime abord comme une visite de pure courtoisie, puisqu'il venait en fait récolter quelques fruits des palmiers qui entouraient la tente de la primatologue. De toute évidence, ce qui définit pour nous la courtoisie s'avère, dans ce genre de rencontre, tout à fait flexible : la primatologue, loin de l'accueillir avec l'enthousiasme que méritait cette visite héroïque, resta cachée dans sa tente à l'observer, pour éviter de l'effrayer. Nul ne peut savoir ce qu'en inféra le primate non humain ; toujours est-il que la tentative suivante s'avéra beaucoup plus explicite, de part et d'autre. Jane

1. A. Chauvenet, V. Despret et J.-M. Lemaire (1996), *Clinique de la reconstruction. Une expérience avec des réfugiés en ex-Yougoslavie*, Paris, L'Harmatttan.

Goodall était en train de manger une banane, assise près de sa tente, quand David entra dans le camp. Elle décida cette fois de rester. Il s'approcha, et s'arrêta près d'elle. Il hérissa son pelage, de manière menaçante, et fit mine de la charger. Goodall resta immobile. Mais au lieu de l'attaquer, il se contenta de lui arracher sa banane, et s'enfuit avec. Jane Goodall comprit alors ce qu'il attendait d'elle – et ce qu'elle pouvait attendre de lui : la rencontre devait se placer sous les auspices de l'offrande. Elle commença alors ce que la pratique occidentale avait depuis longtemps interdit sur le terrain : elle offrit quotidiennement aux chimpanzés un lot de bananes. Le succès fut immédiat : dès le deuxième jour David revint, accompagné cette fois de Goliath, le mâle dominant de la troupe. D'autres suivirent dans les jours qui vinrent. Et au fur et à mesure des jours, la confiance entre David et Goodall alla s'accroissant, et la distance qu'ils pouvaient l'un et l'autre supporter alla diminuant. Le chimpanzé pouvait maintenant accepter les bananes que Goodall lui tendait dans la main.

Ce n'est pas un hasard que David se soit lui-même désigné comme le médiateur de toute cette histoire : c'était un mâle de haut rang, mais dont le statut ne semblait jamais devoir être confirmé par l'agression. Il était, selon les descriptions de Goodall, un « faiseur de paix », calmant les autres lorsque ceux-ci s'irritaient, toujours par des gestes paisibles comme le fait de déposer sa main sur un jeune trop excité, ou en toilettant un plus âgé en colère. À nouveau, Goodall se laissa guider par les habitudes de ceux qu'elle observait et tenta, après quelque temps, de s'asseoir derrière David et de lui toiletter les épaules. Il repoussa sa main ; elle renouvela sa tentative. Finalement, il accepta son offre.

Ces pratiques d'apprivoisement ont soulevé des tempêtes de protestations dans les milieux scientifiques. Goodall les réprouve également aujourd'hui, mais pour de tout autres raisons, que nous examinerons plus loin. On peut facilement saisir ce qui motivait la réprobation indignée des premiers : les questions adressées au singe – et surtout les questions qui s'adressent au singe de l'origine – doivent, dans la perspective scientifique occidentale, « révéler » des êtres de nature, dès lors des êtres non contaminés par la culture. Selon ceux qu'on pourrait appeler les « puristes », en apprivoisant ses chimpanzés, Goodall les « transformait », les humanisait ou les acculturait en quelque sorte : ce n'est plus la « nature » qui est observée, mais une forme de nature domestiquée, qui a dès lors perdu toute valeur, et dont le témoignage ne vaut plus. Cet argument était soutenu par un autre, celui de la contrainte à l'objectivité : comment pourrait-on être objectif avec des êtres auxquels on est à ce point lié ? Objectivité et détachement s'articulent alors dans une équation qui les donne pour équivalents, et qui définit les règles de la pratique.

Peut-on dire que Goodall a humanisé ses chimpanzés ? Je ne l'affirmerais pas de cette manière. Certes, on peut penser qu'elle a actualisé chez eux des comportements qui n'auraient pu se réaliser sans le contact avec l'humain, comme on peut affirmer que Goodall a elle-même vécu un devenir autre en en passant par les contraintes, les règles, les habitudes, les façons d'aimer, de faire alliance, de faire la paix de ceux qui l'accueillaient. Goodall affirme par exemple qu'elle apprit à être mère en observant comment Flo élevait son propre enfant, et en traitant son propre fils nouveau-né de la même manière. Mais ces « devenirs autres » sur le mode de l'actualisation ne peuvent se résumer à un devenir humain pour le chimpanzé ou à un devenir chimpanzé pour l'humain, sur le mode de la simple identification. Ce que Goodall et ses chimpanzés sont en train d'explorer et de construire s'inscrit dans un tout autre devenir : celui d'ajouter de nouvelles versions de ce qu'est être soi au contact de versions hétérogènes.

La transformation ne se fait pas par substitution mais s'opère par ajouts de propriétés, propriétés que parfois ni l'un ni l'autre ne possédaient même au départ. David Greybeard n'a pas fait de Goodall une primate non humaine, bien au contraire : il a fait d'elle, entre autres, une scientifique compétente, capable d'adresser des questions nouvelles, de produire des événements intéressants, de conférer des identités inédites, de multiplier les perspectives en ajoutant les points de vue de ceux qu'elle interroge. Goodall n'a pas fait de ses chimpanzés des humains : elle les a certes transformés en des êtres capables de domestiquer une humaine[1], mais elle les a surtout transformés en des êtres capables d'autoriser une scientifique humaine à bien parler en leur nom, en lui imposant de nouvelles manières de « faire connaissance ». Elle les a inscrits dans une histoire, qui dès lors n'était plus tout à fait la nôtre, même si nous en restons les seuls porte-parole. À leur tour, ils ont inscrit Goodall dans une histoire, qui n'était plus tout à fait la leur, mais une histoire dans laquelle la chercheuse se voyait contrainte de redéfinir sa pratique dans des termes nouveaux et relativement rares à cette époque dans ce domaine : les termes de l'engagement. En témoignent de nombreux exemples, comme le fait d'avoir réussi à transformer l'habitat des chimpanzés en un site qui les protège, le fait encore que, lors de l'épidémie de polio, elle prit la décision de vacciner les primates (humains et non-humains) de la réserve.

En témoignent encore mieux, paradoxalement, les raisons qui ont mené Goodall à finalement désapprouver le fait qu'on nourrisse ou qu'on apprivoise, comme elle le fit longtemps, les chimpanzés. Car si les primates sont souvent surdoués pour réussir à impliquer les humains dans leurs affaires, cette implication elle-même engage l'humain à de tout autres responsabilités : « Comment pouvons-nous envisager ou évaluer les conséquences des modifications que nous leur proposons ? » Ou, encore plus concrètement : « Comment vont-ils faire, maintenant que nous avons changé leurs habitudes, quand nous ne serons plus là ? » Les situations politiques instables qui caractérisent de très nombreux terrains ont rendu la question impérative. Ainsi, l'approvisionnement peut tourner à la catastrophe si on l'interrompt brutalement. De même, apprivoiser les primates les rend

1. Voir au sujet de la domestication des humains par les singes parlants D. Lestel (1998), « How Chimpanzees Have Domesticated Humans », *Anthropology Today*, n° 14 (3), p. 12-15.

très vulnérables face aux braconniers, dont ils ne se méfient plus. Ensuite, le fait de s'impliquer dans leurs affaires de manière non négociée – et l'on rejoint, mais pour de tout autres raisons, les arguments des « puristes » qui désapprouvent tout rapprochement sous prétexte d'objectivité – modifie des équilibres d'une manière dont nous pouvons difficilement évaluer les conséquences, et qui peuvent être catastrophiques.

Certes, on l'a vu à propos des macaques étudiés par les chercheurs japonais sur l'île de Koshima, certaines modifications se sont avérées sources de comportements nouveaux : les singes nourris consacraient plus de temps à leurs activités sociales. Le dispositif se constituait comme un échange d'excellents procédés : les singes faisaient des choses plus intéressantes – pour eux aussi, de toute évidence, les activités sociales les intéressent puisque, dès qu'ils en ont l'occasion, ils s'y adonnent avec enthousiasme –, les chercheurs récoltaient des informations qui les rendaient eux-mêmes de plus en plus intéressants. Les singes étaient en outre en meilleure santé et vivaient plus longtemps ; les scientifiques, quant à eux, économisaient pas mal de temps et d'énergie à ne plus devoir leur courir après toute la journée, ce qu'ils faisaient avant l'apprivoisement. Mais à longue échéance, ces chercheurs se sont rendu compte qu'ils avaient profondément modifié l'équilibre de la troupe. Les femelles au statut inférieur ont connu des transformations physiologiques : leur œstrus était retardé et les intervalles des naissances se sont allongés ; les dominantes ont connu l'inverse. Cette désynchronisation devint un problème pour les premières : le délai avant d'atteindre la maturité sexuelle compromettait sérieusement leur intégration dans la troupe. Les femelles vivaient, dans ces conditions, une sorte d'adolescence prolongée. Ni enfants ni pleinement adultes, présentant cependant toutes les caractéristiques de la maturité à l'exception de la possibilité de se reproduire, elles continuaient à se comporter comme des enfants. Leur rang dans la hiérarchie s'avérait alors de plus en plus instable – les femelles n'étant pleinement intégrées que lorsqu'elles deviennent mères –, ces jeunes femelles finissaient par être complètement isolées du reste de la troupe. Les Japonais ont dès lors décidé de cesser l'approvisionnement, progressivement, dans un programme de « réhabilitation » – d'autant plus nécessaire que la population dans ces conditions atteignait la limite de l'explosion démographique.

Au fur et à mesure que s'envisagent les conséquences de l'implication des humains dans les affaires des non-humains, la question de la distance se transforme : elle ne se pose plus en termes d'erreur ou d'aberration, comme le faisaient les puristes ou les tenants de l'« objectivité détachement », ou en termes de solution, comme le font ceux qui apprivoisent en partant du principe qu'un singe sauvage est un singe inobservable. Elle est devenue un problème à construire, au cas par cas, un problème qui traduit à la fois les questions de l'engagement et les questions du « bien faire connaissance ». Loin d'être un mot d'ordre lié à l'objectivité, la question de la distance devient la question de la « bonne distance » ou, pour reprendre les termes que j'avais choisis pour désigner la vertu qui caractérise les activités de transformation et leur repérage, la question est devenue celle du « juste milieu » : au sens à la fois de milieu juste – comment mon action sur son milieu le transforme-t-elle ? – et au sens de la vertu qui accompagne l'agir et le faire agir. Dans quelle mesure ce que j'active chez l'animal rencontre son intérêt ou sa capacité de résister ; comment ce qui m'active peut-il constituer une proposition intéressante pour activer celui que je rencontre, et comment cette activité peut-elle l'autoriser à m'enrôler dans de nouvelles questions, de nouvelles habitudes ? Cette question deviendra centrale pour de nombreux primatologues.

Elle accompagnera, par exemple, Hans Kummer, lorsque ses babouins hamadryas lui feront comprendre, avec une ténacité remarquable, que pour trouver cette bonne distance, ce « juste milieu » qui leur donne à chacun une chance de s'adonner à leurs activités, il lui fallait *leur* poser la question d'abord. L'auteur raconte en effet qu'après des mois de poursuites incessantes au cours desquelles les babouins veillaient avec une exactitude remarquable à ce que la distance entre lui-même, son collègue et la troupe reste constante et suffisante pour les rendre inobservables, il s'était senti passablement découragé. Nos conversations le soir, raconte-t-il, portaient de plus en plus souvent sur la manière dont les babouins pouvaient « nous » observer et « nous » juger. Et « c'est en répondant à ces questions que nous avons tenté de nous rapprocher d'eux[1] ».

Avec les babouins, il est inutile d'essayer de se camoufler : ils vous remarqueront immédiatement et vous serez d'autant plus suspect que vous êtes immobile – les animaux sauvages s'inquiètent lorsqu'ils voient un humain se comporter autrement que ce qu'ils ont appris. Il vaut mieux au contraire être le plus visible possible, en se montrant ouvertement, et se montrer toujours le plus prévisible. « La méthode consistant à engendrer la confiance par la prévisibilité, commente Kummer, a fait ses preuves. En fin de compte, elle nous a offert une large liberté de mouvements à proximité de nos animaux. Sans même parler de son efficacité, elle m'est sympathique parce qu'elle est la méthode de la courtoisie et de l'intégration[2]. » C'est ainsi que les babouins, selon les mots de Kummer, assoupliront la règle à partir d'un certain degré de confiance. La distance se réduira au cours des années : trente mètres, dix mètres, cinq mètres, et même un jour un babouin laissera un chercheur se placer entre lui-même et sa femelle, ce qu'il n'aurait jamais permis à un autre mâle hamadryas. « Ils avaient manifestement appris qu'un observateur humain ne partage pas les mêmes enjeux qu'eux[3]. » C'est ainsi aussi que Kummer apprendra de ses babouins la position qu'ils veulent lui voir occuper : devant à certains moments – surtout dans les circonstances où les babouins craignent la rencontre d'un prédateur –, derrière à d'autres, parfois sur le côté, parfois même au milieu. Nous y reviendrons.

1. *Vie de singes, op. cit.*, p. 105.
2. Kummer, *op. cit.*, p. 109.
3. *Ibid.*, p. 109-110.

La question de la distance ou du juste milieu relève alors bien de cette négociation des enjeux : apprendre l'un de l'autre la possibilité des différences d'enjeux – comment ils *nous* voient, comment ils *nous* jugent ; comment ils comprennent aussi que les femelles ne constituent pas le même enjeu pour les mâles humains. Apprendre aussi l'un avec l'autre la possibilité de se retrouver autour d'enjeux communs : « Vous pouvez rester à proximité, puisque c'est cela qui, visiblement, vous intéresse, vous les humains à jumelles ; mais dans certains cas, épargnez-nous le risque de la rencontre inopinée d'une hyène, et marchez devant. »

De même, chez Strum, la question de la bonne distance fera l'objet d'incessantes négociations. Si, d'une part, la primatologue refuse d'être impliquée dans leurs conflits, par exemple lorsqu'un babouin lui demande d'intervenir en sa faveur contre un autre, Strum définira tout autrement sa position quand les conflits opposeront cette fois les primates aux humains. Ces conflits émergeront et prendront un tour dramatique quand, en 1979, les babouins commenceront à s'attaquer aux cultures des fermiers locaux. Des babouins furent tués. Après l'échec d'un considérable travail de négociation entre les agriculteurs locaux et celle qui s'était engagée comme porte-parole des babouins, Strum prendra une décision difficile : elle déménagera ses babouins, leur trouvera un autre lieu où ils pourront habiter en paix, et les aidera à s'y installer. La question de la bonne distance se subordonne ici encore à celles de l'engagement et de la responsabilité, quoique la réponse soit cette fois de maximaliser l'implication. Strum était tenue vis-à-vis de ses babouins par un engagement qui s'était construit pendant toutes les années qu'elle les observait : « Est-ce qu'on est responsable de ceux que l'on apprivoise ? Je n'y ai guère réfléchi jusqu'à présent, mais je crois que la réponse est oui. Je le sais d'instinct, et mes actes et ma raison le confirment. Je ne dois pas me laisser gagner par les détracteurs si je veux sauver les babouins : je le leur dois[1]. »

1. *Voyage chez les babouins, op. cit.*, p. 247.

Elle sera plus encore tenue par les risques multiples auxquels la lie ce nouvel engagement : comment les aider à supporter l'épreuve de la délocalisation dans un milieu inconnu ? À quelles responsabilités nouvelles est-elle à présent soumise du fait de son choix et de l'épreuve qu'elle leur impose, et jusqu'où doit-elle les assumer ? Jusqu'à quel point doit-elle continuer d'intervenir pour aider les babouins à supporter sa décision ? Mais aussi, comment rester une scientifique crédible, et donc un porte-parole fiable, aux yeux de ses collègues plus que critiques par rapport à son choix ? « Voilà que je propose de dénaturer encore un peu plus les babouins, de les soumettre à diverses expériences. Les singes de Pumphouse n'ont plus la moindre chance d'être considérés comme des animaux normaux, à supposer qu'ils l'aient jamais eue, et mes découvertes risquent fort de passer aux oubliettes. » Certes, le risque de ne plus pouvoir témoigner pour la troupe de Pumphouse de manière fiable aux yeux de ses collègues est bien réel ; tout comme l'était d'ailleurs celui de ne plus pouvoir observer ses babouins après la disparition totale de ceux-ci, ce qui n'allait pas manquer d'arriver au train où allaient les choses et les conflits. Les universitaires, conclut-elle, feraient bien de sortir de leur tour d'ivoire et de protéger ceux auxquels ils s'intéressent, sous peine de les voir disparaître.

Si cette question de la bonne distance a pu devenir centrale, c'est avant tout, ne l'oublions pas, parce qu'elle a pu être posée, mise sous tension, entrer dans la controverse. Jane Goodall, malgré les critiques, tint à l'époque fermement sa position. Oui, elle allait continuer à se sentir liée par un devoir par rapport à ceux qui lui faisaient confiance. Oui aussi, elle allait continuer à nommer ses chimpanzés ; et oui, ces noms devaient apparaître dans les articles des revues scientifiques les plus austères. C'était la moindre des choses que de leur reconnaître – ce que l'anonymat n'aurait pas permis de faire – la manière dont eux-mêmes avaient contribué à cette recherche ; la manière dont ils avaient enrôlé Jane Goodall dans de tout autres histoires que celles que jusqu'alors on leur avait demandé de raconter. Car la proximité des chimpanzés lui permet de faire ce qui ne se faisait pas jusqu'alors – si ce n'est chez les chercheurs japonais, dont on ne connaissait pas encore l'importance des travaux : identifier clairement les individus, étudier leurs relations, les échanges entre les groupes, et même les reconnaître et comprendre leur interaction selon leur personnalité. Se laisser transformer par eux : c'est David Greybeard qui lui apprit les bonnes manières de faire connaissance, c'est Flo qui lui enseigna ce que veut dire, pour une primate, être mère ; c'est Humphry qui lui montra, lorsque McGregor fut sévèrement atteint de la polio, que certains chimpanzés peuvent éprouver de la compassion pour un autre.

On pourrait, à l'analyse de ces transformations amorcées par Goodall[1], dire que ce qu'il y a de vraiment réussi dans l'agencement qu'elle proposait se traduit dans de nouvelles manières, tant pour le primate non humain que pour l'humain, *d'être activés :* les actions de Goodall activent les chimpanzés dans sa vie comme dans la leur propre, tout comme les actions de David Greybeard et de ceux qui l'ont suivi ont pu activer Goodall. La manière dont ce regain d'activité se distribue reste bien sûr très indéterminée : le regain d'activité du chercheur est à la fois vecteur et produit du regain d'activité de ceux qu'il interroge. Épouiller, rendre visite, donner des bananes, recevoir un nom, rendre visible, résister ou se laisser enrôler, autant de manières dont chacun s'est laissé activer par l'autre pour lui donner plus d'activités.

Ce sont de véritables pratiques de médiation dans lesquelles Goodall se fait enrôler et enrôle ses chimpanzés : non seulement elle les approvisionne, mais elle entreprend des études à très long terme – les études à cette époque, hormis toujours chez les Japonais, ne dépassaient guère deux ans – au cours desquelles elle établit des contacts personnels. Elle nomme chacun des chimpanzés, donne une identité et entretient toute une série de relations avec chacun d'eux : toutes ces particularités créeront un

1. Brian Noble (2000), « Politics, Gender, and Worldly Primatology : The Goodall-Fossey Nexus », *in* Strum S. et Fedigan L., *op. cit.*, p. 436-463.

vaste éventail d'options pour le comportement social de ceux qu'elle observait. Le chimpanzé donnera alors une tout autre image sociale de celle qui mobilisait le babouin héritier de Zuckerman. Pacifique, il vit dans un réseau de relations stables. Sur deux ans de recherche, Goodall n'assistera qu'à 72 incidents agressifs au sein de la troupe. Les relations sociales sont coopératives et ritualisées. De multiples observations donnent une image d'un singe « quasi moral » : des adoptions d'orphelins en sont un bon exemple. La cohésion sociale du groupe est assurée par une série de rituels : Goodall assiste à des partages de nourriture et note que le toilettage social occupe la plus grosse partie du temps, il semble avoir une fonction de réassurance, les dominants pouvant toiletter les dominés. Il n'y a, dans ces groupes, pas de conflit pour les femelles et la hiérarchie ne donne pas d'accès privilégié à ces dernières. La sexualité se caractérise par un système de panmixie. Les relations intergroupes sont décrites à cette époque, à la fin des années 60 et pendant les années 70, comme relativement pacifiques, donnant même lieu à des échanges de femelles.

À partir d'un certain moment, au début des années 80, cependant, le chimpanzé a commencé à résister aux belles histoires qu'on lui demandait de raconter. Goodall revient du parc de Gombe avec des informations terribles, qu'elle décrit dans le plus profond désespoir. Les chimpanzés recherchent activement les conflits avec les autres groupes et manifestent la cruauté la plus atroce. Lorsque les chimpanzés patrouillent aux frontières de leur territoire[1], les singes, qui sont d'habitude très bruyants, restent très calmes et marchent avec précaution. Ce qu'ils cherchent à surprendre, et c'est là le plus impensable des scandales, c'est un de leurs congénères d'une troupe voisine, ou même une femelle et son petit, plus faciles à attaquer. Dans ce cas, ils encerclent silencieusement la victime et se jettent dessus, avec une sauvagerie

1. (1979), « Intercommunity Interactions in the Chimpanzee Population of the Gombe National Park », *in* Hamburg et Mc Cown (éd.), *The Great Apes*, New York, B. Cummings publ., p. 13-53.

et une cruauté inattendues. Dans le zoo où De Waal observe ses chimpanzés, les mêmes événements adviennent et ce, au même moment. Les chimpanzés contraignent les chercheurs à modifier leurs questions.

On pourrait évoquer plusieurs hypothèses pour rendre compte de ces transformations. La plus intéressante serait celle qui nous permettrait de montrer que les chimpanzés ont modifié leurs habitudes. Les babouins de Strum n'ont-ils pas transformé les leurs lorsqu'ils se sont mis à chasser – ce qu'ils ne faisaient pas lorsqu'elle a commencé à les observer –, à le faire de manière de plus en plus coopérative et de mieux en mieux coordonnée, puis après quelques années à renoncer à cette pratique nouvelle ? Rien ne nous permet d'explorer cette hypothèse pour les chimpanzés. Le problème en outre resterait alors d'expliquer comment les chimpanzés de Frans De Waal, à des milliers de kilomètres de là, ont entrepris les mêmes transformations. Il est probable que d'autres facteurs entrent en jeu. Le premier tient à la durée des études : tous les chercheurs s'accordent à dire, mais pas toujours à faire, que plus longtemps vous restez sur le terrain, plus vous multiplierez vos chances de voir des comportements diversifiés, et ce, plus spécialement, si ces comportements sont rares.

« Il y a, expliquent Avishag et Amotz Zahavi, les spécialistes israéliens des oiseaux cratéropes, une opinion assez communément partagée, à laquelle souscrivait Konrad Lorenz, et selon laquelle la tendance à l'escalade des conflits dans les combats et la facilité de tuer son adversaire sont uniques chez les humains. Mais en fait, les recherches caractéristiques faites à cette époque ne duraient pas assez longtemps pour permettre aux chercheurs de le déterminer. Dans la plupart des études à long terme les observateurs ont enregistré des conflits qui vont jusqu'à la bataille et qui peuvent parfois aboutir à des blessures ou à la mort. Dans notre longue étude des cratéropes à Hatzeva – plus de vingt mille heures d'observation –, on a pu assister à quelque vingt conflits qui se terminèrent par la mort, et nous avons trouvé des preuves indirectes que d'autres sont advenus (pendant notre absence)[1]. » Vingt conflits enregistrés sur vingt mille heures d'observation chez les cratéropes peuvent donner une idée de la probabilité de voir certains comportements, et des années qu'il faut parfois attendre avant de les rencontrer. Il est possible encore que les comportements meurtriers des chimpanzés ne se soient pas produits dans les conditions normales d'observation – au site d'approvisionnement – et que ce ne soit que lorsque se sont multipliées des observations qui demandaient de suivre les primates dans leurs pérégrinations, que ceux-ci ont eu une chance d'être observés. Et si leur probabilité est semblable à celle des cratéropes, on peut comprendre qu'il ait fallu près de vingt ans avant qu'ils ne soient repérables.

On pourra évidemment penser que ces comportements n'ont pas été vus parce qu'aucun cadre théorique n'était prêt à les accueillir. Ils ne constituaient en aucun cas ce que les chercheurs pouvaient s'attendre à voir, et leur désolation lors de leur découverte montre combien il leur fut difficile de renoncer à l'image du bon chimpanzé paisible. Cette hypothèse pourrait être plausible : ce que nous observons, dit Gilles Le Pape, ce sont des comportements, c'est-à-dire ce que l'observateur arrive à concevoir de la relation de l'animal à son milieu. Cette définition, souligne l'auteur, a le mérite d'insister sur le fait que le comportement de l'animal n'est pas seulement le fait de ce dernier, « mais n'existe qu'à condition que l'observateur veuille bien le voir, et veuille bien en parler[2] ».

Certes, on peut difficilement imaginer Goodall et ses collègues fomentant un complot semblable à celui que décrit William Boyd dans le roman *Brazzaville Plage*, pour cacher le plus longtemps possible au monde entier les ignominies des chimpanzés.

---

1. Amotz et Avishag Zahavi (1997), *The Handicap Principle : a Missing Piece of Darwin's Puzzle*, Oxford, Oxford University Press, p. 15.

2. G. Le Pape et P. Chevalet (1990), « La transmission mère-fille de caractéristiques comportementales peut-elle être une voie de changements durables ? », *Bull. soc. fr. et. comp. an.*, n° 5 (1), p. 41-46.

Mais on peut néanmoins s'interroger sur le fait que ces comportements aient pu être vus au moment où un cadre théorique était prêt à les accueillir. Dans les années 80, ces cadres sont en effet disponibles ; mais rien ne nous permet d'affirmer que ces cadres ne sont justement pas devenus disponibles pour penser les observations problématiques. Toujours est-il qu'en se focalisant d'une part sur les mécanismes qui empêchent l'agression, et d'autre part sur ceux qui permettent de réparer les relations, les chercheurs vont réussir à articuler ces observations problématiques aux théories nouvelles du cognitivisme et de la sociobiologie. Tout un domaine de recherches, relativement inexploré, va voir le jour. La réconciliation chez le primate devient un objet d'études riches et passionnantes. Nous en avions déjà évoqué la théorie, le chimpanzé devient un chimpanzé politique, doté d'une intelligence machiavélique[1], compétences qui rendent compte de sa capacité à maintenir ses relations, ses alliances et sa place dans le groupe.

Ces nouvelles compétences amènent de nouvelles questions, qui rendent le chimpanzé encore plus complexe, plus flexible dans ses relations, et plus intéressant. Les chimpanzés se révèlent être « des experts en manœuvre politique », commentera Frans De Waal. « Leur vie sociale est faite de coups de force, de réseaux de dominance, de luttes pour le pouvoir, de stratégies de désunion, d'alliances, de coalition, d'arbitrages, de directions collectives, de privilèges et de transactions[2]. » Les cognitivistes, on s'en souviendra, exploreront le riche domaine de l'attribution d'états mentaux, condition nécessaire, dans cette perspective, à la compétence politique par excellence, celle de savoir manipuler les autres. Par ailleurs, ce chimpanzé nouveau, pris dans des conflits d'intérêts qu'il doit résoudre à grand renfort de calculs et de stratégies, vient alimenter et chercher son inspiration dans les nouvelles théories de la sociobiologie. Celles-ci, paradoxalement, ont foca-

1. De Waal, *La Politique du chimpanzé, op. cit.*

2. Desmond Morris, Préface à *La Politique du chimpanzé, op. cit.*, p. 17.

lisé leurs recherches sur l'altruisme dans le monde animal, mais ont débouché sur des modèles de très haute compétition, de conflits d'intérêts, et de calculs économiques[1]. Le chimpanzé criminel, en devenant le chimpanzé politique, peut parfaitement recevoir l'appui et la raison ou la justification de ces actes, dans ce champ théorique nouveau.

Pour en revenir à ce qui nous a menés jusqu'ici, tous les chercheurs s'accordent à dire que les conséquences du travail de Goodall ont été considérables, pour les primatologues et pour les primates. D'abord, le babouin ne constitue plus le bon modèle. D'autres singes peuvent poser leur candidature et participer à la construction de connaissances qui rompent avec l'ambition de l'universalité. Les terrains se multiplient, notamment parce que de nombreuses vocations sont éveillées par l'exemple de la chercheuse. Les pratiques seront elles aussi modifiées : on commence à comprendre l'intérêt des recherches à long terme, voire à très long terme. Ensuite, si l'approvisionnement ne reçoit pas, comme technique, l'approbation générale, il semble que l'ascétisme des recherches se soit assoupli : la méthode d'habituation, qui nécessite des périodes de présence beaucoup plus longues, s'y substituera. Enfin, toujours sous l'influence et le charisme de Goodall, des femmes arrivent sur le terrain. Et leurs premières questions vont toutes marquer la même surprise : « Je ne vois pas ce qu'on m'a appris à voir ! »

Ce sont en effet les termes que nous retrouverons tant chez Thelma Rowell, au milieu des années 60, que chez Shirley Strum, quelque dix ans plus tard. Lorsque Thelma Rowell entreprit son étude des babouins olives des forêts ougandaises, dans le milieu des années 60, elle chercha d'abord, comme on le lui avait appris, à repérer comment s'organisent les relations de dominance[2]. Le résultat fut désastreux : les babouins ne jouaient

1. Voir V. Despret, *Naissance d'une théorie éthologique, op. cit.*

2. Voir D. Haraway, *op. cit.*, S. Strum et L. Fedigan, *op. cit.*, et Carole Jahme (2000), *Beauty and the Beasts*, Londres, Virago.

pas le jeu. Elle ne pouvait retrouver, dans ses observations, l'âpre compétition qu'elle s'attendait à reconnaître. Les babouins vivent des relations paisibles. Plus scandaleux encore, ils semblent, pour la plupart, être subordonnés aux femelles. Et si dominance il y a entre eux, celle-ci n'offre aucune garantie quant au succès reproducteur : les mâles qui apparaissent comme plus actifs dans la compétition ne sont pas plus souvent pères que les autres. Les mâles ne sont en fait pas les membres permanents de la communauté. Ils doivent, à la fin de leur adolescence, quitter leur troupe d'origine et tenter de s'intégrer dans une autre. Si un jeune mâle parvient à s'allier avec une femelle de cette nouvelle troupe et plus encore s'il gagne l'amitié d'une femelle plus âgée, il aura toutes les chances d'être finalement accepté par les autres mâles. Les femelles, dans cette perspective, ne peuvent plus être considérées comme elles l'avaient toujours été : elles vont entrer dans la hiérarchie, mais non plus comme subordonnées ou comme objets de compétition. Elles vont devenir des participantes, mais cette fois bien actives dans la construction du social.

Cependant, avant que puisse leur être reconnu ce rôle, il faudra à ces femelles trouver d'autres alliés. Thelma Rowell ne pouvait, à elle seule, enrôler ses collègues dans l'idée que tout ce qui avait organisé les recherches des primatologues depuis trente ans, la dominance, n'était peut-être pas ce qui avait mobilisé les babouins pendant tout ce temps. Un compromis provisoire fut trouvé : ces babouins, parce qu'ils vivaient dans un contexte écologique tout différent de celui de la savane, constitueraient l'heureuse exception au modèle général. Si l'erreur n'était ni du côté de ses collègues, ni le fait de ses observations, c'est donc à la forêt qu'il fallait demander des comptes.

Les alliés, cependant, n'allaient pas tarder. Multiplication des terrains, des primates observés et donc des manières de s'organiser, transformation des méthodes qui se focalisent de plus en plus, comme le fit Rowell et comme l'avait fait Goodall, sur la singularité des individus – méthode qui en outre se subordonne, avec la technique de l'habituation, à un allongement considérable du temps passé à vivre avec les animaux – sont autant de facteurs qui vont contribuer à changer progressivement les choses. Parmi ces changements, il en est un qui me semble intéressant à explorer : à la suite de Thelma Rowell, nombre de primatologues, femmes pour la plupart, féministes pour beaucoup, vont donner une nouvelle orientation à leur pratique : elles vont de plus en plus s'intéresser au monde des femelles.

7
Devenirs femme

À Isabelle Stengers

La question devient de plus en plus impérieuse : mais que font donc les femelles ? Leur rôle peut-il vraiment se limiter à celui de mère dévouée ou de ressources pour l'action des mâles ? Sont-elles vraiment hors jeu dans la construction du social ? Et surtout, cette passivité qui les caractérise n'est-elle pas le résultat d'un artefact, un simple effet des dispositifs, et plus particulièrement des dispositifs créés pour découvrir la place des mâles dans la hiérarchie, là où elle n'apparaissait pas de manière suffisamment claire aux yeux des observateurs ? D'une part, on se souviendra que ce type de recherches s'était majoritairement focalisé sur les comportements des mâles, quand elles n'avaient pas tout simplement favorisé leur suractivation. Cette idée que les mâles sont compétitifs et les femelles timides déborde d'ailleurs largement du cadre de la primatologie. De la poule au loup, en passant par les oiseaux, presque tous les animaux organisés socialement y ont eu droit. L'idée était tellement convaincante qu'elle a suscité des décennies d'expérimentation. Ainsi, un groupe d'ornithologues a-t-il consacré vingt ans de ses travaux à monter des stratagèmes expérimentaux pour déterminer qui était le mâle alpha dans un groupe de geais des pins, et comment celui-ci pouvait affirmer sa dominance. Et pendant vingt ans, ils ont créé des sites d'approvisionnement limités pour enflammer la compétition... pour aboutir à ce constat déconcertant, une fois qu'ils ont introduit les femelles dans l'expérience : c'étaient ces dernières que la compétition enthousiasmait réellement[1].

D'autre part, la passivité des femelles pouvait être aussi le résultat d'un autre artefact, moins décelable : celui qui consiste à ne pas prêter attention à ce qu'elles font. Ce phénomène est relativement répandu dans les recherches sur l'animal : dans mon analyse des travaux de Zahavi avec ses oiseaux si fantasques, les cratéropes, je pouvais m'étonner à juste titre que les femelles n'aient pas de rôle dans l'organisation du social. Certes, elles dansaient avec les autres, elles participaient à toutes les tâches liées à la défense du territoire et aux soins des jeunes ; elles pouvaient même, lors des incidents de frontière, s'adonner subrepticement à quelques copulations avec l'ennemi, ce qui, à ma connaissance, ne recevait pas d'explication. Mais cette âpre conquête du prestige par laquelle les cratéropes organisent leur hiérarchie ne semblait les concerner que comme spectatrices. Peut-être, en effet, cela ne les intéresse pas d'y prendre part. Mais qu'est ce qui les intéresse alors ? La réponse est assez pauvre : leur rôle semble avant tout se limiter à choisir un mâle ; parfois, quand l'occasion se présente, à favoriser la possibilité de ce choix, en se débarrassant d'une rivale.

Pour en revenir aux primates, on se souviendra que les raisons de cet artefact qui limite le rôle et les possibilités d'activité des femelles sont aussi liées à la manière dont les membres du groupe agissent différemment selon le sexe. On mentionnera également que les mâles sont non seulement plus repérables, mais aussi plus aisément reconnus par les chercheurs : c'est par leurs cicatrices que la plupart peuvent être identifiés. La reconnaissance des femelles demande des centaines d'heures de travail et d'observation, ce qui, dans les études à court terme, n'est justement pas possible. Tout ce que les mâles font pour attirer l'attention des chercheurs, ainsi que tout ce qu'ils ne font pas mais qui présente

1. Londa Schiebinger (1999), *Has Feminism Changed Science ?*, Cambridge, Mass., Harvard, p. 133.

le même effet, va donc les définir comme les acteurs principaux de toutes les histoires, reléguant les femelles au rang de figurantes.

La mathématicienne Jeanne Altman joindra sa voix à celles des féministes de plus en plus suspicieuses. Elle analyse méticuleusement la manière dont les faits sont récoltés sur le terrain et conclut que les méthodologies d'observation, telles qu'elles sont appliquées jusqu'alors, favorisent la récolte de certaines données, et à ce titre, elles sont tout à fait pertinentes mais ne permettent pas de véritable comparaison. La méthode couramment employée, en effet, consistait à relever les observations telles qu'elles apparaissent. Elle permettait de ce fait de récolter un grand nombre de comportements, et même des comportements rares. Mais cette méthode s'attache particulièrement à ce qui est le plus voyant, ce qui attire l'attention, et donc, également, à ce qui se présente, en apparence, comme le plus actif. Dès lors, elle ne nous permet pas de dire grand-chose de ce qu'est le monde d'un primate du point de vue de la femelle. Une technique d'échantillonnage rigoureuse doit permettre d'observer, avec la même attention, tous les individus, et doit prévoir le même temps d'observation pour les femelles et pour les mâles.

Les primates nouvellement observés commencèrent eux-mêmes à sembler exiger que soit reconsidéré le rôle des femelles au fur et à mesure qu'apparaissait ce fait troublant dans des espèces ou des communautés de plus en plus nombreuses : les femelles forment le noyau stable du groupe. Elles doivent donc avoir un rôle actif dans le maintien des liens et la résolution des conflits. Certes, les mâles semblent toujours occupés à attirer l'attention et à impressionner les autres, tandis que les femelles, beaucoup plus discrètement, cherchent de la nourriture, se reposent ou socialisent.

Mais, explique Linda Fedigan, en revenant pendant plusieurs années consécutives dans la même troupe, on constate que les femelles sont toujours là, alors que les mâles ne sont plus les mêmes. Ces « femelles sans prétention[1] » sont donc celles à qui

1. S. Strum et L. Fedigan, « Changing Views of Primate Society :

revient la tâche de maintenir un réseau social dans lequel les mâles ne font finalement que de brèves, quoique très actives, apparitions. Comment les femelles créent-elles et maintiennent-elles le réseau social ? Quel est, de leur point de vue, la manière dont s'établissent et se négocient les relations ? C'est à l'élucidation de ce point de vue que de nombreuses primatologues, Thelma Rowell, Barbara Smuts, Linda Fedigan, Allison Jolly, Sandra H'rdy, Shirley Strum et bien d'autres encore, vont alors s'atteler.

Par un heureux tour de l'histoire, ce changement d'appréciation va radicalement changer le point de vue sur les mâles, et donner à ces derniers, selon les mots de Shirley Strum, plus d'options qu'ils n'en avaient jamais eues. De multiples raisons ont favorisé cette transformation en cascade. On pourrait dire, avec Donna Haraway[1], que le fait de s'intéresser aux femelles a complètement restructuré le champ des histoires possibles. Ou, plus concrètement, on pourrait suivre l'espiègle affirmation de Thelma Rowell : si vous vous intéressez à ce qui intéresse les femelles, vous devrez vous intéresser aux mâles. Parce que ce qui intéresse les femelles chez les babouins, ce sont les mâles. Cette façon d'envisager le double glissement des points de vue, et la force de déstabilisation que ce double glissement a pu provoquer, peut se traduire dans les termes d'un autre changement des pratiques : celui que nous avons déjà évoqué, notamment lorsque nous avons analysé la manière dont Kummer négociait, avec ses babouins, la question de la bonne distance : quel est leur point de vue sur nous ? Comment nous montrer courtois selon leurs normes ? Les chercheurs se sont de plus en plus intéressés à ce qui intéresse les primates : la dominance est-elle notre problème ou est-elle ce qui compte pour un babouin ? Témoigne-t-elle du succès de nos modèles ou de la réussite des babouins ? Si la

A Situated North American View », *in* Strum et Fedigan, *op. cit.*, p. 3-49, p. 46.

1. *Primate Visions, op. cit.*, p. 303.

dominance est vraiment ce qui compte pour le babouin, comment compte-t-elle ? Si elle ne l'est pas, qu'est-ce qui compte alors ?

Dans sa préface au livre de Shirley Strum, *Voyage chez les babouins*, le spécialiste des gorilles, George Schaller, remarque, non sans ironie, que les scientifiques s'évertuent souvent à apprendre aux animaux ce pour quoi ils sont le moins doués. Et « s'ils évaluaient les performances mentales des babouins par une série de questions sociales plutôt que par de petits morceaux de plastique de couleurs et de formes différentes, ils devraient sans doute se poser des questions sur leur propre QI ». Bernd Heinrich est arrivé à des conclusions similaires dans son travail avec les corbeaux et les corneilles. Les corneilles sont considérées par tous ceux qui les connaissent un peu comme des oiseaux d'une intelligence peu ordinaire : elles utilisent les automobiles comme casse-noix, lancent des objets sur les intrus, et bien d'autres choses encore. Lorsqu'elles ont été réquisitionnées par les expérimentateurs dans les dispositifs usuellement destinés à tester les facultés d'apprentissage, j'ai nommé les béhavioristes, les résultats furent désastreux pour l'image de la corneille : dans ce type de dispositif, elle ne se comporte pas mieux qu'un pigeon ou un rat, le « commun » du laboratoire. On attendait mieux d'elle. Cependant, conclut laconiquement Heinrich : « Étant donné les tests, je n'aurais sans doute pas fait mieux moi-même[1]. » Le dispositif n'a donné aucune chance à la corneille, si ce n'est de montrer que vraiment cela ne l'intéressait pas. Ce dernier point ne fait évidemment pas partie de la conclusion des chercheurs. Quand un perroquet résiste vaillamment à la demande qui lui est faite de parler en comprenant ce qu'il dit, les chercheurs en concluent que le perroquet est stupide, et qu'il « parle comme un perroquet ». En revanche, nous le verrons, si ce même chercheur, ou un autre, demande au perroquet dans quelles conditions cela peut l'intéresser de parler, et comment le fait de parler peut compter pour

1. *Ravens in Winter*, *op. cit.*, p. 115.

lui, alors « parler comme un perroquet » peut prendre une signification tout à fait inédite.

C'est de ce changement des pratiques dont témoignent, de manière exemplaire, les babouins de Shirley Strum. Cette dernière va les interroger là où ils sont le plus compétents. Elle va leur demander, en adoptant leur point de vue, ce qui les intéresse : sa question ne sera plus « qu'est ce qu'un babouin ? », ou « qu'est-ce qu'organiser le social ? », mais « quelles sont les questions que le babouin se pose et pose aux autres pour organiser le social ? » ; « quelles sont les questions pertinentes pour un babouin ? ». La politesse du « faire connaissance » se subordonne alors à une quête de « pertinence[1] ». La recherche de Strum s'engage dès son origine sous les mêmes auspices que celle de ses contemporaines : il s'agira cette fois d'identifier tous les individus du groupe, et pas seulement les mâles, au contraire de ce qu'avaient fait Washburn, dont elle est l'élève, et De Vore. Le même temps sera donc consacré aux femelles et aux mâles. Son prédécesseur sur le terrain, celui qu'elle désigne sous le pseudonyme de Matt Williams, un autre étudiant de Washburn, la guide dans ses premières observations. Les babouins sont dangereux, lui apprend-il, il vaut mieux les observer de loin, si possible sans sortir du véhicule. Leur société est violente et agressive, les conflits entre mâles dominants sont fréquents.

Strum commence dès lors son observation, dans sa camionnette, à une distance prudente. Rien ne se passe. Pas de conflits, pas d'agressions. En outre, pour s'intéresser à chacun des individus et aux femelles moins visibles, il faut au moins sortir de la camionnette ; au mieux s'approcher. Mais comment le faire ? De la même manière que David Greybeard put apprendre à Goodall les règles du savoir-vivre chez les chimpanzés, Strum s'est trouvé, pour apprendre la politesse du « faire connaissance » chez les babouins, un allié. Et c'est en suivant cet allié, en apprenant de

1. Voir le commentaire d'I. Stengers dans *L'Invention des sciences modernes, op. cit.*

lui, que Strum a pu à la fois familiariser les babouins à sa présence, se faire accepter auprès de la troupe, et surtout commencer à comprendre ce qui compte pour un babouin. Au moment où la primatologue envisage ses premières tentatives d'approche apparaît, à la périphérie de la troupe, un mâle étranger : Ray. De toute évidence, lui aussi essaye de s'intégrer. Il lui enseigne alors cette compétence éminemment primate : celle d'utiliser un tiers pour construire une relation. Ray a choisi celle qui serait son alliée dans la troupe : la femelle Naomi. À partir de ce moment et dans les jours et les semaines qui suivent, il manifeste sa volonté de s'approcher de Naomi, il lui envoie régulièrement des signaux prometteurs d'un toilettage social, et réduit, très progressivement la distance à laquelle elle le tolère. Ray, visiblement, s'abstient de tout geste brusque, ou de toute tentative d'approche par la force. À la longue, il finit par gagner la confiance de Naomi, et par devenir progressivement, avec son aide, un membre de la troupe.

En l'observant, Strum décide de faire exactement ce qu'il lui a appris ; c'est avec une femelle qu'il vaut mieux faire alliance. Cette conclusion pragmatique implique alors une redéfinition du rôle des femelles : celles-ci doivent jouer un rôle majeur dans l'organisation de la société, la gestion des relations, et dans le fait, pour un étranger, d'être ou non accepté. La confiance et la réussite de Ray vont donc déterminer le choix de la primatologue : c'est à Naomi qu'elle s'adressera également pour lui demander son aide, et ce sont les femelles qu'il s'agira cette fois de ne pas oublier en posant la question de ce qui organise une société chez les babouins. Pour la partie pratique de ce programme, Shirley Strum calquera son comportement sur celui de Ray, en prenant soin, comme elle l'explique, « de respecter toutes les règles de la courtoisie » : pas de geste brusque, éviter de regarder dans les yeux, baisser son regard quand il rencontre celui d'un babouin… Au fur et à mesure, les babouins lui accorderont leur confiance.

La question de la bonne distance va à nouveau se poser. Il s'agit certes d'être visible, mais une certaine forme d'invisibilité est également requise. Strum résiste aux invitations aux jeux des adolescents, comme à son désir de toucher les enfants. Avec Ray, dit-elle, c'est un peu différent : « Nous sommes liés par une expérience commune. Nous nous sommes introduits dans la bande en même temps, à force de patience et d'infinies précautions[1]. » Mais un jour Ray fait quelque chose d'étonnant. Après avoir essuyé une série d'échecs avec d'autres, il en est à échanger des menaces avec deux mâles. Il se précipite alors sur Strum non pour la menacer, mais pour solliciter son appui face aux deux autres : il frappe le sol d'une main en la regardant, fixe les deux mâles, puis tourne à nouveau son regard vers elle. Malgré son envie de l'aider, Strum décide qu'elle ne le peut pas. Elle ne peut, conclut-elle, être ni une amie ni une ennemie.

Les raisons sont, une fois encore, des raisons liées au « bien connaître », mais surtout à l'engagement. Outre le fait que nous devons nous efforcer de ne pas trop modifier leur comportement, explique-t-elle, nous devons mesurer ce qu'implique le fait de nous engager dans des relations avec les babouins, et connaître les obligations et les risques de cet engagement. S'engager à devenir ami, c'est aussi s'engager à tolérer l'agression. Et pour nous, humains, cela n'est justement pas possible. Il ne s'agit pas seulement d'un égoïsme salutaire[2], comme le nomme Kummer confronté au même problème, mais bien de la prise en compte de la pleine mesure de l'engagement, des risques qui y sont liés, y compris les risques de trahison. Néanmoins, si ces demandes d'intervention se font de plus en plus nombreuses, les babouins peuvent aussi lui apprendre comment, chez eux, on peut poliment, mais avec une grande simplicité, s'en dégager : il faut tourner le dos. La question de la négociation de la bonne distance et du type d'engagement qu'implique la rencontre d'enjeux très hétérogènes ne sera jamais cependant tout à fait clôturée, nous

1. *Voyage chez les babouins, op. cit.*, p. 54 et 64 pour les citations.
2. *Ibid.*, p. 111.

l'avons déjà évoqué : elle se posera d'une tout autre manière lorsque les conflits opposeront les babouins aux humains.

Mais avec ces demandes d'intervention dans leurs conflits locaux, les babouins ne sont pas seulement en train d'essayer d'impliquer la primatologue dans leurs affaires. Ils sont surtout en train de lui apprendre ce qui compte pour eux, les problèmes qu'ils ont à résoudre, et la façon dont ils peuvent le faire. Ils sont en train de lui enseigner quelles sont les questions que les babouins sans cesse se posent et posent à leurs compagnons pour construire et maintenir les relations : tout le travail social du babouin consiste à mettre les autres à l'épreuve, en essayant de voir qui est l'allié de qui, qui mène qui et qui est fiable. En lui demandant d'intervenir, c'est-à-dire en la mettant elle-même à l'épreuve, les babouins ont réussi ce coup de force : mener la primatologue à comprendre ce que sont le monde et les autres du point de vue du babouin. Peut-être ont-ils réussi également à apprendre eux-mêmes, dans ses refus, ce que peut être le monde et les autres du point de vue des enjeux des humains.

On s'en doutera, ce que Strum apprend de ses babouins ne correspond pas exactement à ce qu'elle s'était préparée à apprendre. Certes, elle avait quelques suspicions en arrivant sur le terrain puisqu'elle avait décidé, au contraire de ses prédécesseurs, de s'intéresser aux femelles. Mais ce qu'on lui avait appris au sujet des mâles ne semblait pas devoir être remis en question : la dominance les mobilise de façon très agressive, ils se comportent comme des rustres et doivent multiplier les coups de force. La gentillesse et la courtoisie de Ray, les relations auxquelles elle assiste quotidiennement, le fait que c'est sur l'alliance d'une femelle qu'il faut pouvoir compter pour gagner la confiance des membres d'une troupe la laissent dans la même perplexité que celle qui accompagnait les découvertes de Thelma Rowell : mes babouins ne jouent pas le jeu. « Quand je chausse mes "lunettes" à babouins, écrit Strum, je vois un paysage compliqué, peuplé d'animaux intelligents, doués d'une bonne mémoire, qui sont "gentils" les uns avec les autres par nécessité, qui tablent sur la réciprocité sociale ; dans cet univers, mâles et femelles jouent des rôles complémentaires. Quand je chausse mes lunettes d'universitaire, je vois ce qu'on m'a appris à voir, c'est-à-dire quelque chose de très différent[1]. »

« La domination des mâles est un mythe. L'agression n'est pas le meilleur moyen d'obtenir ce que l'on désire[2]. » Dans la bande de Pumphouse, les femelles occupent une position beaucoup plus élevée que ne le prétendent les travaux antérieurs sur les babouins. Elles ne se cantonnent pas, comme on les a toujours décrites, dans la maternité. Les matriarches ne se contentent pas de protéger leurs enfants des dangers internes et externes. Elles maintiennent l'ordre et assurent la paix à l'intérieur des familles et entre les familles. Elles polarisent l'attention de leurs descendants et exercent directement ou indirectement une influence considérable. Certes, elles ont l'air moins actives ; mais cela ne peut être renvoyé à une prétendue « nature passive » des femelles. Parce qu'elles vivent au sein de la même troupe depuis leur enfance, parce qu'elles côtoient les mêmes individus, parce qu'elles savent qu'elles peuvent toujours compter sur leur famille en cas de problème, parce que leur hiérarchie est relativement prévisible, les relations sont beaucoup plus stabilisées et ne demandent pas un travail constant pour être négociées. Les mâles ne sont pas insignifiants, mais ils sont loin d'être la force vive du groupe comme on le prétend. Ils sont de loin supérieurs aux femelles par la force et par la taille, mais leur sphère d'influence est beaucoup plus limitée qu'on ne le croit.

Est-ce à dire qu'en accordant une attention particulière aux femelles Strum en vient à affaiblir les mâles ? Certes, ils ne sont plus, à proprement parler, les chefs. Mais les choses qu'ils ont à montrer, avec une autre manière de les interroger, leur donnent une force nouvelle : celle de l'intelligence sociale. « Je suis venue au Kenya pour étudier non seulement les mâles, mais aussi les

1. *Voyage chez les babouins, op. cit.*
2. *Ibid.*, p. 113.

femelles. Je comptais m'intéresser particulièrement à ces dernières, considérant qu'elles avaient été négligées dans les études précédentes. Et voilà que les mâles me passionnent : la seule description de leur comportement infirme quantité de vieux préjugés, mais cela ne me suffit pas. Je veux comprendre leur mentalité dans toute sa singularité. [...] Tant que les mâles resteront pour moi un paradoxe et un mystère, je ne pourrai vraiment comprendre ce qui compte et ce qui ne compte pas, pour les babouins, bien sûr, et non pour ceux qui les observent[1]. » Cette exigence de politesse de comprendre « ce qui compte pour un babouin », que Rémy Chauvin résume en affirmant que « ce n'est pas l'éthologiste qui pose des questions au sujet, mais le sujet qui pose des questions à l'éthologiste[2] », alliée à la vertu du « juste milieu » qui rend la partialité mobile – je m'intéresse aux femelles parce qu'elles ont été oubliées, et cet intérêt me mène à m'intéresser aux mâles –, se définit alors comme une « occasion » pour les babouins : l'occasion de raconter autre chose, de montrer des compétences nouvelles, d'agencer autrement ce qui *nous* intéresse et ce qui compte pour eux. L'occasion de nous surprendre. « Ma découverte la plus choquante, explique Strum, c'est qu'il n'y a pas de hiérarchie chez les mâles, que les babouins ont des stratégies sociales, et que la subtilité triomphe de la force, que la compétence et la réciprocité sociales l'emportent sur l'agression. [...] L'agression est un moyen de coercition, mais elle ne mène pas loin. Seules la toilette sociale, la proximité physique, la bonne volonté sociale et la coopération permettent de pratiquer l'échange et d'influencer un autre babouin[3]. »

Contre toute attente, lorsqu'un mâle a l'avantage dans un conflit, c'est le vaincu qui est le mieux traité. Il jouit des attentions des femelles réceptives, on lui cède des aliments appréciés,

1. *Voyage chez les babouins, op. cit.*, p. 114.
2. R. Chauvin et C. Darwin (1990), *L'Instinct moderne*, Bordeaux, L'Esprit du temps, p. 64.
3. *Voyage chez les babouins, op. cit.*, p. 200.

on le toilette souvent. L'issue du conflit, explique Strum, semble montrer qu'il ne s'agit pas d'un simple problème de dominance ou d'accès aux ressources, et que ces notions doivent être sérieusement remises en question pour comprendre les relations qui se nouent. La hiérarchie n'explique rien, car nul ne correspond à la définition traditionnelle du « chef », si cette définition implique le fait de décider des déplacements du groupe, d'organiser sa défense et de rétablir l'ordre. Mâles et femelles ont des rôles complémentaires, d'importance égale. Les femelles passent leur vie entière dans la même bande, elles connaissent le territoire dans ses moindres recoins. En revanche, les mâles connaissent des zones en dehors de ce territoire qui peuvent receler des ressources vitales dans les périodes difficiles. Dans certaines situations, les mâles s'en remettent aux femelles, dans les autres, ce sont eux qui assumeront le fait de conduire la troupe. Ce n'est pas la force qui décide, mais des compétences liées à des situations.

Certes, l'agression existe. Mais les stratégies agressives que l'on attribuait aux dominants ne concernent en fait qu'une petite partie des babouins. Parce que chacun des mâles est, un jour ou l'autre, un étranger qui doit s'intégrer, tout un travail est à faire. Chaque nouveau venu fera tous les efforts possibles pour arriver au centre. Ces « agressifs » seront souvent des adolescents « "mal dégrossis" et ignorants », qui, la plupart du temps, n'aboutissent pas à grand-chose, si ce n'est à effrayer ou à énerver les autres. En dehors de l'agressivité, peu de solutions s'offrent à ces nouveaux venus. Ils sont craints et donc dominants, mais ni la crainte ni la dominance ne leur donnent réellement accès à ce qu'ils désirent. Cela permet de mieux comprendre à présent pourquoi le vaincu d'un combat reçoit tous les soins. Les anciens sont dominés et moins agressifs, mais ils réussissent le mieux, parce que leur intelligence et leur inventivité sociale leur ont permis de se créer un réseau d'amitiés que les jeunes n'ont pas encore pu se constituer. Les atouts des mâles plus anciens sont la connaissance du réseau, des stratégies et la maîtrise des tactiques indispensables. Pour manœuvrer efficacement dans une bande, il faut en connaître les réseaux sociaux et comprendre les arcanes de son fonctionnement. Cela requiert de l'expérience, de l'habileté, compétences que les nouveaux venus mettront du temps à acquérir. Perdant des enjeux importants face aux anciens, limités dans leurs choix, sans amis et surtout sans l'alliance des femelles, ils finissent alors par renoncer à l'agression.

Si nous évaluons la différence des témoignages entre ce que Zuckerman proposait comme histoire à ses hamadryas du zoo de Londres et les options offertes à ces sociologues en fourrure[1], on ne manquera pas de tomber d'accord : les primates ont bien changé. J'ai tenté, jusqu'à présent, de cultiver le mieux que je pouvais la double vertu de la politesse et du « juste milieu » en suivant les possibilités de ces transformations du point de vue de l'activité de ceux qui avaient réussi à enrôler leurs chercheurs, là où cette activité me paraissait particulièrement lisible : les chimpanzés de Goodall et les babouins de Strum.

J'aurais bien sûr pu suivre plus longuement les témoins de Thelma Rowell ou de Linda Fedigan, et montrer comment ce dont ils sont capables s'est articulé aux préoccupations et aux sensibilités des deux chercheuses ; et comment ces animaux ont rendu leur chercheuse capable de nouvelles questions, de versions inédites de ce que veut dire être primate non humain – et parfois humain.

J'aurais pu encore vous relater les étranges pratiques des babouins de Barbara Smuts qui, en inventant des rituels sophistiqués pour tester la fiabilité des partenaires, ont mené leur scientifique à proposer une véritable anthropologie du symbolique, d'habitude réservée par excellence aux humains, pour en comprendre les significations. Les babouins mâles *Papio cynocephalus anubis* présentent, par exemple, des échanges gestuels incluant des actes sexuels hautement ritualisés tels que le rituel de présentation du pénis ou celui des attouchements des organes génitaux. Ces interactions détonnent avec le comportement

1. B. Latour, Postface à *Voyage chez les babouins, op. cit.*

habituel des babouins mâles, chez qui les relations sont souvent assez rudes. En dépit de cela, un babouin peut en saluer un autre en lui présentant les parties les plus vulnérables de son corps et en lui permettant de toucher ses parties génitales, plaçant par là même, littéralement, ses chances de reproduction future dans la main d'un rival potentiel. Pourquoi utiliser des gestes aussi dangereux alors que des gestes plus « anodins » font très bien l'affaire chez de nombreux primates ? Selon la chercheuse, le babouin utilise le rituel pour négocier et construire certains aspects de la relation, y compris la coopération. Toute relation coopérative vraie dépend en dernier ressort de l'accord mutuel de chaque partenaire. Un rituel aussi risqué constituerait une forme de mise à l'épreuve de la fiabilité : il présente tous les aspects d'une forme de prestation de serment, dont il serait l'équivalent gestuel[1]. Si j'avais choisi de vous relater cette recherche, j'aurais alors suivi le même chemin que celui auquel m'ont engagée les babouins de Strum comme les chimpanzés de Goodall : montrer comment les babouins de Barbara Smuts ont enrôlé leur chercheuse dans des questions qu'on ne posait généralement pas aux primates non humains – les questions de ce qui pourrait devenir une anthropologie des babouins.

J'aurais pu enfin, toujours dans la même perspective, vous raconter la vie des mères des babouins de savane observées par Jeanne Altman, lorsque celles-ci sont confrontées à la difficulté de concilier les exigences de la carrière maternelle et de la carrière sociale. Rompant avec les manières traditionnelles de rendre compte des relations mère/enfant chez les primates, et cherchant ce « qui compte » du point de vue des femelles quand elles sont mères, Jeanne Altman va observer comment ces dernières répartissent leur temps d'activité, et comment elles font le choix de cette répartition en fonction de contraintes multiples. Chaque mère doit envisager les conséquences de ses choix dans le long

1. Voir, pour une analyse plus détaillée, V. Despret, *Naissance d'une théorie éthologique, op. cit.*

terme. Il faut certes prendre soin des enfants et trouver de la nourriture. Mais il faut aussi veiller aux relations sociales, faire des alliances, et s'assurer du soutien d'amis et d'amies, ce qui demande du temps et de l'énergie. Si elle ne peut s'assurer d'un bon réseau social, sa situation dans le groupe s'affaiblira et, en dernier ressort, affectera celle de ses enfants. Chaque mère se trouve alors à gérer du mieux qu'elle peut une double carrière : une carrière maternelle et une carrière sociale, toutes deux intimement liées.

J'aurais pu, avec cette analyse, montrer que les préoccupations d'une femme, à la fois mère, féministe et chercheuse, ont pu se conjuguer aux difficultés de nombreuses scientifiques dans sa situation et offrir aux babouines – comme aux femmes – d'autres histoires à raconter, d'autres options dans la construction de leur identité. J'aurais pu aussi lier la possibilité pour les babouines de témoigner d'autre chose à propos de leur rôle de mère à la méthodologie d'échantillonnage proposée par Jeanne Altman : celle-ci, d'une part, autorise à prendre en compte – et au sérieux – les activités des femelles et, d'autre part, permet un système de comparaisons rigoureux de la différence des tâches entre les sexes et pour chaque étape de la vie. J'aurais pu encore demander à ces babouines si intéressantes comment elles ont aidé une scientifique féministe à formuler des questions qui pouvaient concilier les intérêts de primates humaines et non humaines, et comment leur activité semblait exiger que leur soient posées ces questions.

J'aurais pu alors, dans cette analyse comme dans celle que m'aurait permis le suivi du travail de chacune de ces chercheuses, y retrouver la même politesse de la part des scientifiques, et le même degré d'activités de la part des témoins.

Certes, mes deux contraintes – politesse et recherche du juste milieu – ont convergé et m'ont jusqu'à présent menée à me situer du point de vue de l'activité des primates : par politesse, je m'intéresse à ce qui intéresse les scientifiques, et ce qui intéresse les scientifiques, ce sont leurs primates ; pour trouver le juste milieu, je distribue provisoirement le régime d'activité avec une priorité d'égard pour les primates. Il serait à présent intéressant d'assouplir les exigences de ces contraintes en cherchant, du côté des scientifiques, ce qui les a rendus disponibles à ces changements. Assouplir ces exigences ne signifie pas y renoncer : il ne s'agit pas de construire un savoir « dans le dos » des chercheurs, mais de repérer, avec eux, les bonnes manières de comprendre, ce qui, du point de vue de leur activité, a permis les transformations. Ce « avec eux » ne désigne bien sûr pas tous les scientifiques impliqués dans l'histoire de la primatologie. Mais si j'essaie de comprendre comment on a pu renoncer à poser au babouin la question de l'origine, et en conséquence comment on a pu, au fur et à mesure des recherches, lui accorder de plus en plus de flexibilité, lui imposer de moins en moins de déterminants et d'invariables comportementaux ; si je cherche à expliquer comment on a pu reprendre la question de la hiérarchie ou de la dominance pour la déstabiliser ou pour la contextualiser jusqu'au point où elle en perd son caractère de fixation maniaque[1], de très nombreux auteurs[2] me renverront à cette différence des pratiques : les femmes sont arrivées sur le terrain.

Dans l'introduction qu'il consacre au livre de Shirley Strum, Boris Cyrulnick note que « quand les éthologues mâles décrivaient la dominance, ce mot faisait référence à une série de comportements caractérisés, se servir le premier, menacer, prendre. Depuis que les éthologues femmes décrivent la dominance, ce mot se rapporte à une manière de tisser un réseau affectif, une série

1. Donna Haraway, *Primate Visions, op. cit.*

2. Donna Haraway, d'abord, suscita autour de son livre une vive controverse. Celle-ci sera reprise par tous les auteurs rassemblés par S. Strum et L. Fedigan, en juin 1996, au symposium organisé par la fondation Wenner-Green, à Teresopolis, au Brésil. Voir *Primate Encounters*, édité par S. Strum et L. Fedigan. Le sous-titre du livre indique les orientations de cette recherche collective : « Modèles de la science, du genre et de la société ». Londa Schiebinger reprendra la question dans son *Has Feminism Changed Science ?*, et Carole Jahme en donnera une version populaire et anecdotique, peu nuancée et très orientée dans son *Beauty and the Beasts.*

d'échanges affiliatifs, de communications sensorielles agréables qui structurent le groupe[1] ». Est-ce dire alors que non seulement les femmes parlent autrement, mais qu'elles voient, interprètent, décrivent d'autres choses parce qu'elles sont femmes ? Ce serait donner un étrange devenir aux propos de Bertrand Russell qui, rappelons-le, s'étonnait de ce que les animaux, apparemment, tendent à se comporter selon la philosophie de celui qui les observe : la vertu pour les primates victoriens, la dégradation des mœurs dans les années 20, le pragmatisme un peu borné des rats américains, l'introspection pour les singes allemands.

« Poser la question du genre au cours d'une discussion sur les sciences, affirme Linda Fedigan, c'est comme allumer une allumette pour vérifier s'il y a une fuite de gaz[2]. » En effet, la controverse fut passablement agitée, voire explosive. Shirley Strum, par exemple, prit une position ferme. Ce n'est pas parce qu'elle est femme que ses babouins lui racontent une tout autre histoire, mais parce que son travail les y a autorisés : parce qu'elle s'est soumise à la contrainte de rester des années sur le terrain ; parce que sa méthodologie était autre que celle de ses prédécesseurs ; parce qu'elle a pu identifier chacun des individus, à force de travail et de patience. Ce à quoi d'autres féministes lui rétorqueront une série d'arguments : c'est aussi parce qu'elle a, comme tant d'autres femmes, interrogé le point de vue des femelles que les babouins ont pu gagner de nouvelles options. En outre, cette patience qui rend possible ce laborieux travail d'identification et ces années passées sur le terrain, du point de vue de certaines féministes ne constitue-t-elle pas, justement, une qualité féminine ? L'attachement aux individualités n'est-il pas aussi une différence qu'on remarque dans le travail des femmes ? Ce à quoi Strum répond que toutes ces qualités ne définissent pas le fait d'être femme, mais bien celui d'être une bonne scientifique. Le

1. Préface à Strum, *op. cit.*, p. 16.
2. « Gender Encounters », *in* Strum S. et Fedigan L., *Primate Encounters*, *op. cit.*, p. 498-520 et p. 498.

débat peut continuer sans fin, chaque argument pouvant être parfaitement inversé.

Ce débat reflète finalement une double difficulté : celui de définir ou de revendiquer ce que veut dire être femme ; celui de se situer dans le paysage des théories féministes. Les femmes sont-elles différentes des hommes ? Pour certaines féministes, argumenter la différence, c'est d'abord prendre le risque de revenir à l'idée que ces différences sont naturelles ou biologiques. Par ailleurs, revendiquer la différence, surtout dans le domaine des sciences, c'est oublier que les institutions scientifiques se sont justement construites, au XVIIIe siècle, sur fond d'exclusion des qualités féminines, et qu'elles les ont dévalorisées. C'est d'emblée accepter de disqualifier le travail fait par les femmes. Pour les autres, à l'inverse, revendiquer une différence, c'est se donner la chance de redéfinir d'une autre manière ces qualités disqualifiées, pour les valoriser, et créer ainsi l'occasion de modifier les pratiques et le « faire science » définis jusqu'alors par les hommes. Ce ne sont pas de simples enjeux théoriques : chaque position porte une charge de risques énorme. Il y va de la question de l'identité, il y va des questions du pouvoir ; il y va aussi de questions d'avenir, pour les femmes comme pour les pratiques scientifiques. On comprendra que la moindre allumette, dans ce débat, doive être manipulée avec prudence.

Ce n'est pas, on a pu le voir, ma vertu première. Et j'avouerais même une certaine joie à l'idée des explosions. Les conflits ne sont-ils pas le sel de la vie ? Les controverses aussi rendent les scientifiques passionnés et passionnants, ce sont par elles qu'ils nous rendent lisibles les enjeux qui les mobilisent, c'est avec elles que nous pouvons voir l'histoire en train de se faire. Cependant, il y a ici, me semble-t-il, quelque chose de plus intéressant à faire que de tenir l'allumette. Je propose de remonter à l'origine, bien avant la fuite, et de comprendre qui a ouvert le robinet de gaz.

Car on ne peut ignorer, si on analyse attentivement les conditions de la recherche, que la question de ces différences ne s'est pas seulement posée *après* le constat des transformations.

Elle a accompagné en fait, comme une véritable induction, de manière qui m'apparaît quasi explicite, le travail des premières femmes sur le terrain, les femmes envoyées, à partir des années 60, par le paléo-anthropologue Louis Leakey : Jane Goodall chez les chimpanzés, Diane Fossey chez les gorilles et Biruté Galikas chez les orangs-outans. Nous avons fait connaissance avec la première, je propose de continuer à la suivre.

Les raisons pour lesquelles Leakey choisit d'envoyer Goodall sur le terrain sont, à ce niveau, tout à fait instructives. D'abord, il affirme qu'il a plus confiance en une femme. De précédents déboires avec des collaborateurs masculins justifient son choix : les hommes sont beaucoup plus préoccupés de leur carrière. Ils ne restent généralement pas plus de deux ans sur le terrain, s'empressent de retourner dans le confort de leur université, publient, stabilisent leur carrière, puis repartent étudier d'autres animaux. Leakey misait sur le fait qu'une femme, moins intéressée par sa carrière, pourrait s'investir d'une tout autre manière dans son projet. Goodall lui donna pleinement raison. Mais lui donna-t-elle raison parce qu'elle était femme ou pour l'autre raison qui avait motivé le choix de Leakey ? Goodall n'était ni primatologue ni scientifique au moment où elle fut engagée. Elle travaillait comme secrétaire et justifiait sa candidature auprès de Leakey en invoquant un grand intérêt pour les animaux. Les raisons de ce dernier de choisir une non-scientifique sont intéressantes : parce qu'elle n'était pas primatologue, Goodall n'avait pas été « fabriquée » par les institutions, les théories et les normes des sciences. Elle n'avait de ce fait aucune préconception au sujet de ce qu'il fallait voir, elle n'avait aucune théorie à illustrer. Certes, elle était mandatée avec le projet explicite de retrouver un modèle de notre origine, mais les conditions habituelles d'exploration de cette question lui restaient relativement étrangères. Elle ne pourrait pas suivre les paradigmes et les mots d'ordre en vigueur dans le domaine. Elle ne pourrait pas « voir ce qu'on lui avait appris à voir » puisqu'elle ne l'avait pas appris. Là encore, Goodall donna raison à Leakey ; ses chimpanzés en témoignent amplement.

Mais en outre, Leakey pensait que le fait d'être femme allait considérablement influencer, de manière positive, la pratique de terrain : et une fois encore, cela marcha. Selon Leakey, en effet, les femmes sont, de nature, plus patientes. Elles sont aussi émotionnellement plus connectées aux animaux. Elles s'avèrent surtout de meilleures observatrices : envoyez un homme et une femme dans une église, explique Leakey, et à leur sortie demandez-leur comment chacun des participants au culte était habillé. La femme vous répondra avec une pléthore de détails ; l'homme n'aura rien vu. Cette qualité est liée, toujours selon le paléo-anthropologue, au fait que les femmes sont destinées à une carrière maternelle : leur rôle biologique les prédestine à mieux comprendre les non-parlants.

En un mot comme en cent, qu'on se réfère à l'émotion, à la possibilité d'empathie, au rôle maternel, les femmes sont, par leur nature, plus proches de la nature, et donc de ce qu'elles doivent observer. Cette naturalisation des rapports qui légitime, dans notre société, l'existence de rôles différenciés des hommes et des femmes trouve, dans les arguments de Leakey, une illustration étonnante : selon lui, la présence d'une femme agiterait moins les singes patriarcaux que ne le ferait la présence d'un homme. Pour faire le pari de cette hypothèse, il fallait d'abord penser que les relations qui caractérisent notre société, les relations de pouvoir entre les hommes et les femmes, sont des rapports de nature et non un effet de l'organisation politique. On l'a vu, c'est ainsi que les primatologues comme les anthropologues envisageaient les choses. Nombre de recherches partaient de ce présupposé : puisque ces rapports sont naturels, il est normal de les trouver dans la nature. Mais si l'on suit le raisonnement qui fonde le pari de Leakey, il fallait en outre penser que notre problème, que nos enjeux, la dominance et la hiérarchie, étaient non seulement identiques, mais qu'ils allaient, entre des espèces différentes, être partagés comme un problème commun : ce qui, chez nous, est dominé ne manquera pas d'apparaître aux chimpanzés comme également dans un rôle de dominé. On ne pouvait mieux réaffirmer avec force la naturalité des relations de pouvoir, puisque *même des singes* pouvaient y être sensibles.

Évidemment, rien ne nous permet d'affirmer que ce n'est pas, en effet, le cas. Selon les chercheurs, de nombreux primates perçoivent une différence entre « nos » hommes et « nos » femmes, et prennent cette différence activement en compte. On le remarque notamment quand se pose la question pratique de l'habituation des primates à notre présence : la distance tolérée n'est pas du tout la même que l'on soit primatologue masculin ou féminin. Kummer montre, statistique à l'appui, que la différence en faveur des chercheuses peut aller du simple au double. Iren de Vore arrivait à la même conclusion en comparant les pratiques de sa femme, Nancy, avec les siennes. Est-ce à dire qu'il s'agit là d'une question liée à la dominance ? Après tout ce qui précède, on pourrait en douter. Certains primates non humains font une différence, certes, mais nous ne pouvons rien savoir de la manière dont cette différence se traduit pour eux, ni si elle recoupe des questions de dominance.

Bien sûr, il existe des cas où le problème semble pouvoir être posé en ces termes. De nombreux chercheurs racontent en effet que, lorsque les chimpanzés atteignent l'âge adulte, ils peuvent, souvent de manière imprévisible, attaquer l'humain avec qui ils avaient jusque-là entretenu des rapports paisibles : l'affirmation « il m'a vécu comme un rival » conclut généralement cet incident. Est-ce la bonne explication du point de vue du primate ? Il est possible que oui, à condition de préciser les conditions qui autorisent cette rivalité. Les cas que j'ai pu relever présentent en effet pour la plupart une caractéristique commune : il s'agit de singes élevés dans l'intimité de l'homme et dont l'identité, en tant que même ou différent, doit être de ce fait relativement plus compliquée, sinon brouillée – tant en ce qui concerne la leur que celle des humains. Les enjeux, dans ce cas, sont des enjeux qui ont été construits dans une relation singulière. Ou, pour le dire autrement, ces primates humains et non humains ont, dans la situation particulière de la domestication, actualisé un devenir hybride qui pouvait leur faire partager des enjeux communs. Dès lors, s'il est possible que les primates puissent en effet faire une différence, nous ne pouvons pas savoir à quoi celle-ci tient, ni comment elle recoupe nos manières de définir et de construire la différence. Nous ne pouvons pas savoir avec certitude, du point de vue du primate, tout ce que peuvent et disent nos gestes, notre odeur, nos manières de nous mouvoir, de marquer la confiance ou la peur. Nous ne pouvons savoir avec certitude comment nos corps s'agencent aux leurs, et ce que ces agencements signifient pour eux. Nous ne savons pas bien de quoi nos corps sont capables, et ce qu'ils peuvent traduire.

Plusieurs primatologues femmes ont ainsi remarqué que le travail sur le terrain pouvait affecter, de manière très perceptible, le rythme biologique des règles. Janice Carter, pour ne citer qu'elle, raconte que son cycle menstruel a été complètement bouleversé en vivant avec les femelles chimpanzés qu'elle réhabilitait dans la nature. Son cycle, après une aménorrhée de six mois sous l'effet du choc des nouvelles conditions de vie, se réinstalla sur un rythme inattendu : pendant les sept années de terrain, il s'accorda avec celui des femelles, et devint un cycle de trente-cinq jours. Si de tels agencements peuvent se produire et devenir particulièrement lisibles, nous pouvons à peine nous imaginer ce que peuvent être ceux que nous ne percevons pas. Sans doute aurions-nous besoin, pour explorer ces agencements ou ces « sympathies », de ce que le sociologue Tarde proposait de nommer, pour désigner le pendant symétrique de l'interpsychologie, une « interphysiologie[1] ».

Certes alors, le fait d'être femme sur le terrain peut changer des choses. Cependant, ces changements, le dernier exemple en témoigne, ne peuvent se traduire dans les régimes de la cause : ils ne peuvent se comprendre dans les termes de devenirs agencés, partagés, dans les termes de devenirs *accordés*. Dès lors, pour en

1. (1903), « L'interpsychologie », *Bulletin de l'Institut général psychologique*, numéro de juin.

revenir à notre problème, qu'a fait Leakey en disant à Jane Goodall que, parce qu'elle était femme, elle énerverait moins les chimpanzés patriarcaux ? Qu'a-t-il fait en célébrant le fait qu'elle pourrait sans doute leur faire dire autre chose parce qu'elle était émotionnelle, connectée, patiente, maternelle, parce qu'elle n'allait être prise ni dans les enjeux de pouvoir des chimpanzés ni dans ceux des institutions scientifiques ? Leakey lui a proposé une manière singulière de *s'accorder* à ses chimpanzés. Et cette proposition d'*accordage*[1] s'est d'abord traduite sous la forme d'une induction : « Soyez femme. » Accordez-vous à mon induction, et vous pourrez vous accorder (à) quantité de choses : connaissez comme nous pensons que les femmes connaissent. Engagez-vous commc nous vous convoquons à vous engager. Explorez toutes les libertés de ce pan occulte du savoir scientifique : la subjectivité, l'empathie, l'intuition, le contact.

Dès lors, lorsque Goodall est envoyée sur le terrain, « en tant que femme », peut-on affirmer que c'est parce qu'elle était femme que le pari de Leakey connut une telle réussite ? D'abord, on pourrait tout aussi bien affirmer que le fait qu'elle soit secrétaire et non primatologue s'avérait une idée tout aussi payante. Mais, dans ce cas, est-ce le fait qu'elle soit secrétaire qui importe, ou plutôt le fait qu'elle soit devenue une bonne scientifique ? Je n'hésiterais pas un seul instant : ses chimpanzés, ses collègues, les chimpanzés de ses collègues après elle, les revues dans lesquelles elle a publié, les élèves qu'elle a motivés témoigneront tous : la réussite tient au fait qu'elle soit *devenue* une bonne scientifique. Ce n'est pas le fait d'être secrétaire qui fait de Goodall une scientifique de talent ; c'est le fait, entre autres, que le possible imaginé et prédit par Leakey puisse être actualisé parce qu'il s'articule à un mandat, à une induction : vous verrez ce que

1. Je reprends ici le terme par lequel Daniel Stern désigne cet événement singulier par lequel la mère et le nourrisson « accordent » leurs rythmes et leurs tonalités émotionnels. Voir *Le Monde interpersonnel du nourrisson, op. cit.*

d'autres n'ont pu voir ; vous ferez ce que d'autres n'ont pas osé faire.

Je vous propose de tenir un raisonnement similaire quant au fait qu'elle soit femme : Goodall est-elle une bonne scientifique parce qu'elle est femme, ou est-elle devenue une femme scientifique au travers de sa pratique ? À nouveau, je choisirais la seconde affirmation. Jane Goodall est devenue une femme scientifique, avec toutes les singularités que cela implique, parce que sa pratique fut d'emblée définie par le mandat avec lequel elle était envoyée sur le terrain. Goodall fut *convoquée* de façon à permettre d'inclure certains types de pratiques et de théories marquées comme plus empathiques ou intuitives, et tellement suspectes aux yeux des scientifiques. C'est en ce sens que le mandat de Leakey a pu opérer comme une induction implicite : soyez femme, soyez patiente, soyez empathique, transgressez les tabous de l'objectivité comme on peut l'attendre ou le tolérer des femmes, engagez-vous dans cette histoire, soyez connectée émotionnellement aux animaux… Ce que Leakey a fait, avec beaucoup de perspicacité, c'est simplement suivre la manière dont la culture travaille la différence des rôles, en donnant à Goodall un mandat implicite de devenir femme sur le terrain. On pourrait reprendre le célèbre slogan de Simone de Beauvoir, « On ne naît pas femme, on le devient », pour penser l'aventure de certaines femmes scientifiques : elles n'ont pas créé une pratique singulière parce qu'elles étaient femmes ; elles ont créé un devenir femme au travers de leurs expériences et de leurs pratiques.

Certes, ces devenirs femmes se feront de manières multiples, avec des mandats explicites et implicites souvent différents. Et ces mandats s'actualiseront, selon les terrains, les animaux interrogés, les événements, les histoires, de manière à chaque fois singulière. Ainsi, le mandat de s'intéresser aux femelles, pour Shirley Strum, la mène à de nouvelles contraintes : s'approcher d'assez près pour reconnaître ces dernières, changer de point de vue, rechanger de point de vue quand ce que les femelles lui apprennent lui fait comprendre que ce qui mobilise les mâles n'est pas ce qu'on avait longtemps cru, etc. Bien sûr, le fait d'être femme pourrait toujours être envisagé, comme le propose Thelma Rowell, pour expliquer le point de vue privilégié au départ par Strum : elle s'intéresse aux femelles parce qu'elle est femme. On pourrait aussi, à la suite de Linda Fedigan, argumenter que la pratique même de Strum présente une caractéristique propre aux pratiques dites féminines : *le désir d'écouter le matériel,* désir qui se traduit par un respect particulier pour les différences individuelles, et surtout par la volonté de ne pas imposer à ceux qu'elle interroge les modèles théoriques *a priori.*

Cet argument revient souvent pour rendre compte de la spécificité du travail des femmes scientifiques, et ce même dans d'autres domaines que ceux de la primatologie ; on le retrouve notamment chez Évelyne Fox Keller analysant la pratique de la biologiste Barbara Mc Clintock[1]. Selon Fedigan, « les valeurs traditionnellement associées aux femmes peuvent les conduire à être généralement plus tenaces et plus patientes, voulant attendre que le matériel parle de lui-même plutôt que d'obtenir des réponses forcées, et en s'envisageant elles-mêmes comme devant plutôt être connectées au problème du sujet que d'essayer de le contrôler[2] ». C'est en effet un des thèmes unificateurs de la primatologie telle qu'elle est pratiquée par les femmes que l'on retrouve à l'issue des nombreuses interviews menées par Donna Haraway[3] : ce renoncement au contrôle, cette volonté d'être connectée au problème de celui que l'on interroge plutôt qu'à une théorie qui détermine les réponses se subordonnent à une haute tendance au scepticisme par rapport aux généralisations, dès lors à une nette préférence pour les explications plus contextualisées, imprégnées de spécificité, de diversité, de complexité.

---

1. Voir à ce sujet I. Stengers (1991), « Une science au féminin ? », *in* Stengers I. et Schlanger J., *Les Concepts scientifiques,* Paris, Gallimard.
2. Cité *in* Schiebinger, *op. cit.,* p. 6.
3. *Primate Visions, op. cit.,* p. 397, note 13.

À quel mandat ce type de savoir peut-il correspondre, si nous essayons de lier l'intérêt pour les femelles, la volonté de la politesse, le renoncement au contrôle, le goût pour les individualités, les spécificités et les contextes, et la suspicion par rapport aux généralisations ? Cette dernière caractéristique me semble en fait lier toutes les autres.

Car un fil commun traverse, de manière explicite, tous ces mandats : ils ont tous commencé dans le registre de la suspicion. La suspicion par rapport au silence des femelles d'abord ; la suspicion pour la distribution très inégale des régimes d'activité ensuite. Mais cette remise en question de ce qu'on a appris à voir ou à interroger s'accompagne alors d'une suspicion par rapport aux modèles qui ont fondé ces questions, ces silences, cette passivité, par rapport aux théories et par rapport aux pratiques. Les témoignages présentent, à cet égard, une similitude intéressante : ils décrivent une méfiance croissante par rapport aux catégories qui avaient constitué les grandes questions de la primatologie : passivité/activité ; dominance/subordination ; compétition/coopération ; universalité/particularités ; nature/culture, etc.

Cette suspicion n'a alors pas grand-chose à voir avec le fait d'être femme, mais bien avec celui d'être femme dans une condition historique particulière : celui d'une remise en question radicale des rapports de pouvoir. Et c'est là que nous retrouvons le mandat qui accompagne les recherches : interroger les femelles, certes ; suspecter leur passivité comme un artefact encore, se méfier du terme même de passivité qui, dans notre tradition, accompagne les stratégies de dévalorisation ; mais aussi penser que nous interrogeons les primates dans une relation de pouvoir qui, à la fois, marque les histoires et la manière de les récolter – puisque nous leur imposons nos problèmes au lieu de nous intéresser aux leurs. Suspecter même la manière dont se définissent les normes de l'institution scientifique : le contrôle des données, l'objectivité, les généralisations, la force des théories – qu'on se souvienne de « quand je mets mes lunettes à babouins et quand je mets mes lunettes d'universitaire », de Shirley Strum.

Suspecter, certes, mais aussi revendiquer des changements, de nouvelles habitudes : « Les sciences, écrit la philosophe des sciences féministe Londa Schiebinger, ont des cultures identifiables, dont les coutumes et les usages se sont développés au cours du temps. Nombre de ces coutumes ont acquis leur forme en l'absence des femmes, et même aussi [...], en opposition à leur participation[1]. » Ce n'est alors pas seulement dans les contenus que la suspicion va imprimer sa force de déstabilisation, mais dans les pratiques mêmes par lesquelles nous construisons ces contenus.

Ce n'est donc pas tant en tant que femmes que les scientifiques ont revendiqué d'autres modes de savoir, d'autres questions, d'autres habitudes, qu'elles ont fait subir de telles métamorphoses à ce qu'elles faisaient exister, mais en tant que « femmes sensibles à certaines formes de conscience politique », et d'autant plus sensibles aux questions de pouvoir qu'elles en ont été exclues. Le mandat devient clair : il s'agit d'utiliser une position marginale pour en explorer les possibilités stratégiques. Suspecter, interroger les évidences, proposer d'autres types de pratique, profiter de la visibilité toute particulière que confèrent souvent les positions marginales. Chacun et chacune de ces scientifiques va s'appuyer sur sa sensibilité politique pour « défamiliariser » les façons de penser, déstabiliser et faire perdre leur transparence aux catégories. Cette sensibilité politique va littéralement « activer » les scientifiques dans la recherche de nouvelles questions, de nouvelles hypothèses, de nouvelles manières de définir « ce qui compte vraiment ». La critique construit de nouvelles possibilités d'histoire, les chercheuses vont se construire dans la critique. Elles deviendront ce à quoi leur mandat oblige.

Cette sensibilité politique va bénéficier d'un autre changement dans les manières de penser la primatologie. Pendant longtemps, cette dernière a été étroitement associée aux pratiques de l'anthropologie physique. Celle-ci était héritière des pratiques des

1. L. Schiebinger, *op. cit.*, p. 68.

sciences naturelles et de la biologie, avec ses méthodes et ses stratégies « objectives » propres. Beaucoup de primatologues vont, à partir d'un certain moment, adopter de plus en plus fréquemment les modèles de l'anthropologie culturelle. Très différente dans ses méthodes, l'anthropologie culturelle propose une tout autre manière de se situer par rapport aux objets interrogés, et plus particulièrement encore à partir de cette époque, au milieu des années 70. Parce qu'elle avait un lourd passé de complicité avec le colonialisme, l'anthropologie postcoloniale va manifester une vigilance particulière par rapport au problème de l'ethnocentrisme. N'est-ce pas nos catégories, nos problèmes, notre histoire qui nous font décrire les autres comme nous les décrivons ? Il ne s'agit pas seulement de rompre avec certaines versions du « nous », mais avec l'idée même que nous pourrions, sans la construire, chercher l'universalité – une universalité d'autant plus suspecte que l'histoire nous a appris qu'elle a régulièrement servi à imposer le point de vue des dominants. L'objectivité ne se définit plus alors comme un rapport de distance désintéressé, ou comme la possibilité d'un savoir universel venu de « nulle part » et dont l'origine se donne toujours comme invisible et sans effet, mais comme la prise en compte active de la position toujours située de celui qui parle. L'objectivité se traduit alors comme une forme de lucidité éthique et politique. À l'universalité abstraite donnée comme condition *a priori* se substitue ce que les féministes ont appelé une « universalité concrète », faite de la multiplicité de points de vue.

Les questions anthropologiques qui, dès le départ, accompagnaient les recherches de terrain, puisqu'il s'agissait de demander au primate de témoigner de notre origine, vont se déployer d'une tout autre manière et adopter la position de la vigilance propre à l'anthropologie réflexive. Cette vigilance va cependant au-delà de cette position réflexive lorsqu'elle s'accompagne de la double vertu du « bien faire connaissance » : la politesse et la recherche du juste milieu dans la distribution des activités. Elle ne s'en tient pas à la seule position de la suspicion, de la remise en question des catégories : elle engage autrement les chercheurs et ceux à qui ils posent leurs questions. Elle s'y constitue comme une mise à l'épreuve extensive de l'universalité concrète dans la mesure où tous les acteurs sont enrôlés : à la multiplicité des points de vue de ceux qui interrogent, s'articule, pour la compliquer, la multiplicité de ceux qui sont soumis à cette interrogation. En d'autres termes, il ne s'agit pas seulement de l'universalité concrète construite à partir des points de vue de ceux qui parlent, mais également de ceux que nous faisons parler. Lorsque nous interrogeons les babouins, pour leur demander de nous aider à retrouver notre origine, et de naturaliser, du même coup, notre organisation politique, de quel problème parlons-nous : du nôtre ou de celui des babouins ? Si ce n'est pas le problème des babouins, qu'est ce qui compte alors pour eux ? Comment construire un accès qui les autorise à nous contraindre à explorer leurs questions ? Comment pouvons-nous les engager dans cette construction des points de vue ?

La question réflexive engage non seulement les babouins, mais les humains : les questions que nous leur posons n'étaient sans doute pas les plus pertinentes ; mais la manière dont nous nous les posons à nous-mêmes mérite elle aussi une sérieuse révision. « L'observation de la bande de Pumphouse, écrit Shirley Strum, conduit à la même conclusion : rien ne prouve que l'agression, la supériorité des mâles et leur mainmise sur le pouvoir politique soient caractéristiques du mode de vie des premiers humains. D'autre part, si l'on croit sincèrement que la société des humains est caractérisée par la loi du plus fort, la supériorité masculine et une hiérarchie stable entre les mâles, alors il faudra bien trouver de nouvelles explications. Nous ne pouvons plus nous contenter de dire qu'"il en va ainsi de toute société"[1] ». Alors que le babouin avait été depuis si longtemps mobilisé par la question de nos origines, les nouvelles histoires dont il témoigne renvoient les humains au travail : si la différence des rôles ne peut être

1. *Voyage chez les babouins*, *op. cit.*, p. 114.

légitimée en nature, et si la nature a pu inventer des formes d'organisation si différentes, ne nous faut-il pas alors repenser d'autres schémas pour notre origine ? Cette organisation qui est la nôtre ne demande-t-elle pas autre chose que la *sincérité* en sa croyance ? Les babouins ne nous auraient-ils pas alors à leur tour transformés en nous imposant de nouvelles manières de faire histoire, d'envisager les rôles, de définir les identités ? Certes, ils l'ont fait. Comme les chimpanzés de Goodall ont pu engager celle-ci dans un devenir femme scientifique, ils ont pu engager les humains occidentaux dans une histoire différente qui les obligeait à repenser leurs outils, leur humanité, leur spécificité même. Ils nous ont bien perturbés, engagés dans de nouveaux devenirs, ils nous ont contraints. Comme nous les avons perturbés, engagés dans de nouveaux devenirs, contraints. Ils ont bien changé.

Certes, ils ont changé en ce sens qu'ils ont plus d'options, plus de possibilités de choix dans nos histoires qu'ils n'en avaient jamais eus. C'est là la réussite de la politesse des chercheurs. Mais ils ont aussi changé parce qu'ils peuvent changer, tout simplement. Nous focaliser sur les changements qui sont issus de nos manières de faire connaissance nous ferait oublier que les primates ne cessent de se transformer, que leurs sociétés sont dynamiques, qu'ils adoptent des modes, des habitudes nouvelles, qu'ils connaissent des inventeurs de pratiques inédites. La moindre des politesses exige que nous le leur reconnaissions. Ils ont changé parce qu'ils sont entrés dans nos histoires, de manière concrète : l'intérêt pour eux a amené des curieux, des touristes ; ils ont changé parce que leur monde change au rythme du nôtre, et que la cohabitation devient un problème de plus en plus difficile à résoudre, qui demande de nouvelles compétences.

Ils ont changé aussi parce que nous les observons. Comme le dit avec son espièglerie coutumière Thelma Rowell, vous auriez toute la journée quelqu'un à vos guêtres, en train de noter frénétiquement tout ce que vous faites, ne changeriez-vous pas ? Ils ont changé parce que nous entrons en interaction avec eux. Nous avons déjà envisagé certaines de ces transformations lorsque nous évoquions la mise sous tension de la question de la bonne distance. Un des changements les plus remarquables fut observé par les chercheurs japonais, sur l'île de Koshima. On se souviendra que la petite femelle Imo fut à l'origine d'une étonnante histoire : elle se mit un jour à laver, dans l'eau de la mer, les patates douces que les chercheurs offraient à la troupe. On remarqua que la pratique se répandit dans la colonie en passant par les jeunes et les femelles pour atteindre finalement les mâles plus âgés. Ainsi les macaques connaissaient-ils la transmission culturelle et en offraient-ils un superbe exemple aux humains étonnés. Mais une analyse récente a mené les chercheurs à repenser ce que pouvait vouloir dire, dans ce contexte, une transmission culturelle[1]. Le primatologue Green reprit toutes les données de terrain accumulées par les chercheurs japonais, et analysa la manière dont la transmission s'était produite. Il aboutit à cette constatation étonnante : la technicienne qui s'occupait depuis le début de nourrir les singes avait une certaine prédilection pour le comportement de lavage. Elle distribuait plus volontiers les pommes de terre à ceux qui les lavaient qu'aux autres. Bien sûr, cette nouvelle manière de reconstruire l'histoire pourrait donner lieu à l'interprétation la plus crûment béhavioriste : il ne s'agirait pas alors de transmission culturelle mais d'un simple phénomène de conditionnement. Si on accepte cette hypothèse, il faudra alors se demander qui a conditionné qui ? N'est-ce pas les singes qui ont réussi à conditionner la technicienne ? Ils ont appris ce qui comptait pour elle, ou ils ont créé quelque chose qui pouvait compter pour elle, et pour ses collègues les chercheurs.

C'est bien là ce qui fait la singularité de cette expérience : l'événement culturel n'est pas tant dans la transmission de proche en proche d'une invention, sur le modèle de la contamination simple (l'imitation), mais le produit d'un agencement très

1. R. Byrne (2000), « Changing Views on Imitation in Primates », *in* Strum S. et Fedigan L., *op. cit.*, p. 296-310.

indéterminé mêlant humains et non-humains, un agencement de « faire-faire » et de « rendre capable » articulant vouloirs, désirs, attentes, sensibilités, intérêt et attention. Comment traduisent-ils et prennent-ils activement en compte ce qui nous intéresse ? Et comment cette prise en compte les transforme-t-elle ? Il nous est difficile de l'évaluer, mais tant cette nouvelle analyse des événements de Koshima que d'autres anecdotes ramenées par les chercheurs semblent témoigner de la possibilité de cette prise en compte, par les animaux, de ce qui « nous » intéresse. L'anthropologue Amy Parish raconte qu'elle cherchait à trouver, dans l'enclos des bonobos au zoo de San Diego, des échantillons de matière fécale, pour les analyser ultérieurement. Voyant qu'une femelle en tenait dans la main, elle le lui demanda. À la fin de la semaine, quatre femelles de la colonie lui en avaient apporté. Deux ou trois ans plus tard, Parish alla travailler au zoo de Stuttgart. Elle y retrouva Lena, une des femelles qu'elle avait connues à San Diego. La jeune femelle la reconnut tout de suite, et lui montra qu'elle se souvenait très bien de ses très particulières préoccupations : elle alla immédiatement, en guise de salutation, lui chercher un cadeau odorant[1].

Lorsque le rat de l'expérience du conditionnement des laboratoires béhavioristes continue de taper sur le fameux levier, alors que visiblement la nourriture que ce geste lui procure ne l'intéresse plus parce qu'il n'a tout simplement plus faim, les chercheurs en concluent qu'il agit de telle sorte parce que le fait de s'activer lui procure une satisfaction en soi, ou lui permet d'éviter l'ennui. Mais qui peut savoir ce que le rat traduit de ce qu'on attend de lui et comment lui-même peut être traversé par ce qui intéresse les chercheurs ?

Par ailleurs, si nous sommes particulièrement obstinés à vouloir impliquer certains animaux dans nos problèmes – que ce soit celui de leur demander de témoigner de notre origine, ou de se

1. Frans De Waal et Frans Lanting (1999), *Bonobos, le bonheur d'être singe*, Paris, Fayard.

soumettre à notre extraordinaire curiosité à les connaître –, et si ce qui nous intéresse peut les transformer, actualiser d'autres compétences, les primates en retour s'avèrent de véritables surdoués à nous impliquer dans leurs histoires. Ils ont, eux aussi, appris à nous utiliser, ainsi que le résume joliment Dominique Lestel, comme une « prothèse de leurs actions » et de leurs transformations[1]. Je vous avais raconté que la question de la bonne manière d'approcher le groupe avait abouti, pour Hans Kummer, et après de subtiles négociations avec ses babouins, à accepter certaines manières de se situer par rapport à la troupe : derrière, la plupart du temps ; devant, lorsque les primates craignent la rencontre d'une hyène – qui, en arrivant, fait comprendre au primatologue pourquoi lui-même se trouvait justement là – ; au centre, à d'autres moments. Cette position n'a elle non plus rien d'innocent : les babouins se rassemblent plutôt autour de « leur » observateur quand ils se heurtent à une troupe de congénères ; ils ont appris à utiliser l'homme qui leur était devenu familier comme une aide contre leurs adversaires effrayés par l'humain. On ne peut, conclut l'auteur, en attendre moins de ces spécialistes de la triangulation des relations.

Mais le fait d'impliquer l'humain qui les observe ne s'arrête pas à ces relations avec les prédateurs ou les congénères. Les babouins ont aussi réussi à impliquer « leur » humain dans leurs conflits avec d'autres humains. L'implication y prend alors une forme étonnante : les babouins réussissent à contraindre « leur » humain à s'engager pour eux et à accepter une nouvelle identité, un nouveau rôle et les responsabilités qui y sont liées. Les nomades de la région dans laquelle vivent les Hamadryas de Kummer creusent généralement dans le sable du fleuve des trous d'eau, pour y faire boire leurs troupeaux[2]. Pour les protéger de l'incursion des singes, les bergers avaient dressé des barrières d'épineux. Quand ces barrières ne se révélaient pas assez dissuasives, ils leur

1. (1998), « How Chimpanzees Have Domesticated Humans », *art. cit.*
2. *Vies de singes*, *op. cit.*

jetaient des pierres. L'équipe de Kummer tenta de négocier avec les bergers. En désespoir de cause, voyant que les conflits n'arrivaient pas à se résoudre, Kummer trouva alors un argument : les babouins étaient son troupeau, comme les chèvres constituaient celui des nomades. Cet argument était non seulement plausible – qui pourrait être toute la journée derrière un troupeau sinon son berger ? –, mais surtout rendait les enjeux partageables. En effet, les bergers cessaient pendant quelque temps de leur jeter des pierres. Et les babouins n'ont pas manqué de remarquer qu'après les négociations les jets de pierre s'arrêtaient. Alors, raconte Kummer, ils prirent l'habitude de se cacher, dans un bosquet, pendant que nous négociions avec les bergers. Et selon un mystère inexplicable, ils arrivaient à ne faire aucun bruit et même à imposer le silence total à leurs petits. Au bout d'un certain temps, les babouins prirent l'habitude d'attendre à découvert, sur le côté à quelques mètres, que les négociations aboutissent avant de s'approcher de l'eau. Non seulement ils avaient réussi à impliquer Kummer dans leurs affaires, mais ils avaient en outre visiblement pris très au sérieux l'identité à laquelle se subordonnaient les négociations : ils avaient élu Kummer comme leur berger, du moins tant que cela leur était nécessaire. Ils ont exploré un devenir possible de la relation avec l'humain, mais en le négociant à leur manière : ils « se » sont domestiqués, tout comme ils ont d'ailleurs domestiqué leur humain. N'est-ce pas ainsi, selon les belles histoires « comme si » de Kipling, que pratiquent les chats ? La domestication y renoue alors avec la belle définition que suggérait Thompson : une proposition de transformations mutuelles pour partager des intérêts, une proposition de transformations pour construire une forme de paix.

Nous voilà arrivés au bout d'une histoire dans laquelle nous avons jusqu'à présent demandé aux singes de nous accompagner. Mieux que tout autre, ils pouvaient nous permettre de repérer à la fois les transformations et la multiplicité des modes de ces transformations. Mais de la même manière que certaines primatologues scandalisées par les privilèges ont pu demander à leurs collègues : « Mais que font les femelles ? », on pourrait à présent m'adresser le reproche : « Et les autres ? Qu'avez-vous fait de tous les autres ? » Les primates ne sont-ils pas finalement, comme l'ont été ces mâles des histoires d'origine, privilégiés par leur visibilité, par nos problèmes, et par ce qui nous intéresse ? Les autres n'ont-ils pas droit aussi à l'histoire de leurs transformations ? Si votre prophétie d'Isaïe ne concerne que quelques-unes des espèces qui comptent pour nous, comment voulez-vous que nous y croyions ? Vous nous promettez de faire habiter le loup avec l'agneau ; vous n'avez jusqu'à présent parlé que d'histoires de primates – humains et non humains – dont les réussites ne témoignent sans doute, après tout, que de ce qu'ils étaient déjà plus ou moins faits pour s'entendre.

Je vais prendre ces reproches au sérieux, et vous proposer de prolonger cette histoire, en faisant cette fois appel à ceux qui en ont été oubliés. N'y a-t-il pas là matière à scandale ? Et puisque c'est une prophétie qui guide mon parcours, je propose de commencer par une des chercheuses dont la pratique me semble, mieux que toute autre, lui offrir les chances de s'accomplir. C'est sans doute là un des effets les plus surprenants des prophéties et des étranges manières dont elles peuvent nous habiter : c'est à l'agneau, et plus généralement aux moutons, que la primatologue Thelma Rowell décida de s'adresser pour comprendre ce scandale, et surtout pour le contester. Il y a, s'étonne-t-elle, un véritable « scandale hiérarchique » dans les recherches sur les animaux : nous avons offert de multiples chances aux primates ; nous ignorons pratiquement tout des autres. Bien sûr, nous savons des choses à leur sujet, mais ces choses visiblement n'ont pas grand-chose à voir avec ce que nous savons des singes. De la même manière que le décret divin refusait aux animaux, avant que Thompson ne s'en mêle, toute possibilité de se transformer, la hiérarchie entre eux et nous réaffirme, quoique d'une manière un peu différente, la séparation. Elle ne s'est pas estompée : elle s'est juste déplacée entre les primates et les « autres ». Les moutons seront donc convoqués pour remettre en cause cette situation injuste. Et c'est avec eux qu'elle décida, pour ce faire, de réaliser ce qu'on pourrait considérer comme une superbe version expérimentale de la prophétie d'Isaïe – mais sans le loup ; je ne crois pas, elle non plus sans doute, que ce dernier soit encore tout à fait prêt.

Les moutons, à l'instar de nombreux animaux, et à l'exception de quelques espèces charismatiques comme le dauphin ou les éléphants, sont en fait victimes de ce « scandale hiérarchique » dans la mesure où ne leur a jamais été accordée aucune des compétences que nous avons fini par reconnaître, à grand renfort de recherches et de travail, aux primates non humains. La hiérarchie ne s'est pas estompée, elle s'est simplement déplacée : on explique maintenant pourquoi les primates sont différents de tous les autres mammifères, comment ils sont beaucoup plus intelligents, surtout socialement, pourquoi ils sont plus sophistiqués, etc.

Or, si nous voulons comparer les primates aux autres espèces, explique Thelma Rowell[1], nous nous rendons compte que cette comparaison n'est pas possible. Non pas à cause des singes ; non pas à cause des « autres » ; simplement parce que les questions qui leur sont adressées et les méthodes utilisées pour poser ces questions sont tellement différentes que la comparaison qui semble aller de soi est en fait impossible. Nous avons adressé des questions sociales, intelligentes, sophistiquées aux singes ; aux autres, nous avons demandé comment ils se nourrissent, de quoi ils ont peur, voire comment ils organisent la hiérarchie ; en somme, des questions qui ne leur ont pas laissé beaucoup de chances de montrer leurs compétences. Le fait que nous adressions des questions intéressantes à ceux que nous définissions comme étant les plus semblables à nous-mêmes les a certes rapprochés de nous. Mais cela a créé un écart de plus en plus considérable entre les quelques privilégiés (les babouins, les chimpanzés, les dauphins) et le reste des créatures. Les moutons en témoignent amplement.

1. « A Few Peculiar Primates », *art. cit.*, p. 69.

Ils n'ont, par exemple, jamais eu l'autorisation ni la chance de montrer comment ils s'organisent socialement ; les questions qui leur ont été jusqu'à présent adressées leur ont laissé, comme unique vocation, celle de témoigner du comportement maternel, de ce qu'ils mangent ou, soyons réalistes, de la croissance de ce que nous allons manger.

Thelma Rowell a donc décidé de « délocaliser » les questions habituellement posées aux chimpanzés, pour les adresser aux moutons. Elle leur a d'abord donné l'occasion et le droit de s'organiser socialement, ce qu'ils n'avaient pas eu jusqu'à présent ni dans la plupart des pratiques scientifiques ni dans les conditions générales d'élevage puisque les moutons sont, dans la majorité des cas, élevés dans des conditions qui ne le permettent pas. Les femelles sont parquées ensemble, et le plus souvent pas assez longtemps pour créer des liens. Les études qui les concernent cherchent le plus souvent les manières d'augmenter la vitesse de croissance et le taux de reproduction. Dolly a beau être célèbre, on ne lui en demande pas beaucoup plus. En outre, les moutons font l'objet d'une sélection, semblable à celle que Romanes décrivait comme l'effet négatif de la domestication : un mouton intelligent dans un troupeau constitue souvent une source d'ennuis, voire d'initiatives. Il sera vite envoyé à la réforme. On sait d'ailleurs ce qu'on attend d'eux : qu'ils se conduisent comme des moutons, et les troupeaux, avec ou sans Panurge, ne seront pas trop difficiles à garder. Thelma Rowell a donc acheté des moutons et des agneaux, en veillant à constituer un groupe dans lequel des relations pouvaient se nouer et des événements sociaux avoir la chance d'advenir. Elle les observe, dans le pré à côté de sa maison dans le Yorkshire, en utilisant la même méthode et les mêmes questions que celles qu'elle privilégiait autrefois pour les singes. Ils ont pu alors, dans ce dispositif particulier, actualiser des compétences relativement inédites chez les moutons : ils se reconnaissent individuellement, forment des liens durables et flexibles au fur et à mesure que leur rôle change avec la maturation. Ils se constituent en hiérarchie, dont la femelle la plus âgée est dominante. Ils se toilettent mutuellement, ils interviennent dans les disputes d'un tiers, et peuvent même, après le conflit, procéder à des manœuvres de réconciliation.

Certes, lorsque Thelma Rowell décide de traiter ses moutons comme des chimpanzés, elle ne croit pas qu'ils vont se mettre à se comporter comme des chimpanzés. Mais elle sait qu'elle s'offre un nouvel accès pour comprendre ce qu'est un mouton, et qu'elle crée, pour ce savoir comme pour ses moutons, une « occasion » : elle les libère non seulement des contraintes des questions qui leur sont habituellement posées[1], mais aussi des contraintes qui leur sont imposées dans les troupeaux, pour leur proposer d'autres contraintes, celles d'un autre accomplissement. Elle les domestique d'une autre manière, qui leur laisse plus de chances, qui leur permette d'actualiser d'autres compétences. Thelma Rowell est devenue, pour nous comme pour ses moutons, l'héritière de la prophétie d'Isaïe. Il est même possible que ces moutons, parce qu'ils nous deviennent beaucoup plus proches, nous obligent à reposer la question de notre manière d'habiter avec eux, et de ce que nous sommes en droit de leur demander. Ne l'oublions pas, avec les moutons, une longue histoire de nos pratiques alimentaires l'a entièrement prouvé, le loup, c'est aussi, et même surtout, nous.

Cette aventure n'est pas arrivée qu'aux moutons. Les cochons sont en train de poser leur candidature dans des recherches cognitivistes qui promettent pour eux des compétences sociales inattendues, une fois encore en les interrogeant dans les mêmes dispositifs que ceux utilisés pour les singes, au laboratoire cette fois. « Comment utilisent-ils les compétences des autres lorsqu'ils se nourrissent ? » est la première question qui leur a été adressée. Ils ont passé l'épreuve avec succès : le cochon à qui les chercheurs demandent de retrouver une nourriture dont il ignore la cachette suit son congénère lorsqu'il sait, par expérience, que ce dernier

1. Je reprends ce terme d'« occasion » et les grandes lignes de l'analyse de Bruno Latour, « A Well Articulated Primatology... », *art. cit.*

en connaît l'endroit (puisque les chercheurs ont pris l'habitude de l'en informer). Alors qu'il cherchera au hasard quand il est seul, il se fiera à son compagnon lorsque celui-ci se dirige vers la nourriture... et poussera d'ailleurs celui-ci pour pouvoir se servir. Les cochons sont donc non seulement capables de mémoriser des cachettes, quand ils sont « informés », mais aussi d'adapter leur comportement en anticipant celui des autres quand ils ignorent l'endroit où est cachée la ressource, mais qu'ils savent que l'autre en a été informé. Une autre question doit alors être envisagée, elle est au programme des chercheurs : si le cochon « informé » est, par le choix du chercheur, plus petit et donc plus faible que son compagnon, aura-t-il, comme le font les primates mais aussi les corbeaux, l'idée de mentir au cochon ignorant afin d'éviter de perdre sa trouvaille[1] ? Si le cochon répond par l'affirmative à cette question, comme l'ont fait jusqu'à présent les primates – et les corbeaux –, on pourra penser qu'il est capable d'utiliser des stratégies de mensonge et de manipulation. D'autres épreuves pourront alors lui être proposées ; de nouvelles manières de le définir – et peut-être de définir nos rapports avec lui – pourraient peut-être alors être imaginées.

D'autres animaux sont apparus ou réapparus ces derniers temps sur la scène de l'éthologie, avec de nouvelles compétences. J'ai déjà évoqué les corbeaux, j'ai touché deux mots au sujet des perroquets qui parlent et qui nous obligent à redéfinir ce que nous entendons par « parler comme un perroquet ». Je propose de revenir à eux pour faire plus ample connaissance, et pour leur demander comment, à leur tour, ils ont pu contraindre leurs chercheurs à de nouvelles transformations, à de nouvelles pratiques, et recevoir, grâce à elles, la chance de raconter autre chose que ce qu'on leur avait jusque-là demandé. Ils seront, l'un et puis l'autre, les héros de nos deux prochains chapitres.

---

1. S. Held, M. Mendl, C. Devereux et R. Byrne (2000), « Social Tactic of Pigs in a Competitive Foraging Task : the "Informed Forager" Paradigm », *Animal Behaviour*, n° 59, p. 569-576.

8
L'ÉNIGME DU CORBEAU

À Bruno Latour

« Il y a quelques années, les skinnériens américains, qui avaient vaguement entendu dire qu'il existait d'autres oiseaux que le sempiternel pigeon, ont essayé de le remplacer par le grand corbeau. Sans succès. Le grand corbeau qui trouvait la situation en boîte de Skinner profondément absurde ne voulait pas du tout appuyer sur les leviers au commandement de petites lampes qui s'allumaient ou pour n'importe quel autre signal. En revanche, avec son énorme bec, il s'employait avec succès à démantibuler complètement l'appareil. Ce comportement fut jugé *unamerican* et tout le monde revint aux pigeons[1]. »

Certes, en résistant avec une louable vigueur aux propositions des chercheurs béhavioristes, le corbeau échappa sans aucun doute à des années de labeur monotone dans des dispositifs probablement peu enthousiasmants pour des êtres d'une aussi remarquable curiosité. C'est d'ailleurs cette dernière qui sembla faire singulièrement défaut aux chercheurs : visiblement, ils ne se sont jamais posé la question de savoir ce qu'un corbeau pouvait, au travers de ce comportement un peu maniaque, leur apprendre de ce qui l'intéresse.

« Récalcitrer » à l'impolitesse des béhavioristes en manifestant un incivisme aussi affirmé ne fut pas le seul crime dont les corbeaux se sont rendus coupables envers les chercheurs. On se souviendra qu'avant de devenir leur spécialiste Bernd Heinrich

1. Rémy Chauvin (1982), *Le Modèle animal*, Paris, Hachette, p. 138.

les avait classés tout au bas de l'échelle des choix quelque peu sensés des ornithologues.

La liste de leurs fâcheuses habitudes ne s'arrête pas là : lorsque Heinrich soumit à ses professeurs le projet d'étudier le corbeau pour son travail de thèse, ceux-ci le lui déconseillèrent fermement. Peu de travaux ont été réalisés sur les corbeaux, mais les témoignages de ceux qui les connaissent ou les ont fréquentés convergent : ils sont d'une remarquable intelligence. Il vaut mieux éviter d'étudier un animal qui est plus intelligent que vous, lui rappela-t-on, en le renvoyant sagement à l'étude des protozoaires, dont la simplicité, nous rassure l'auteur, pose néanmoins des problèmes intéressants. Si vous voulez étudier des corbeaux, cela vous prendra des années avant de les connaître. Leur timidité – que Heinrich attribue d'ailleurs au fait qu'ils aient été, dans nos contrées, victimes d'accusations d'exactions les plus diverses et persécutés en conséquence – les rend tout à fait inapprochables. Comptez autant d'années encore avant que les quelques informations que vous pourrez récolter à grand-peine puissent avoir le moindre sens.

En outre, si vous essayez d'élaborer un quelconque modèle pour rendre compte de leurs comportements, ils se feront un malin plaisir de le contredire à la séquence d'observations suivante. Les corbeaux, visiblement, semblent ne vouloir obéir à aucune des règles qui rendent les recherches possibles : l'incivisme qui les excommunia des laboratoires béhavioristes avait d'ailleurs déjà été stigmatisé du temps du Déluge – les corbeaux en effet sont les seuls à avoir désobéi à la règle qui stipulait qu'il ne pourrait y avoir d'accouplements sur l'Arche de Noé. Méfiants, imprévisibles, remettant en cause l'intelligence même de leurs chercheurs, la pertinence de leurs modèles et la solidité de leurs dispositifs, ils ne sont de toute évidence pas fiables ; en tout cas, ils ne l'ont pas été assez pour réussir à recruter, comme purent le faire les primates, une armée de biographes.

Cependant, après quelques années passées à côtoyer le monde paisible des protozoaires, et oubliant sans doute les sages conseils de ses aînés, Bernd Heinrich décidera de reposer sa candidature auprès des corbeaux. Une année sabbatique offerte par l'université du Vermont où il enseigne et la possession d'une maison de campagne dans les forêts du Maine où vivent les grands corbeaux *corvus corax* en constitueront l'occasion. Cette année sera suivie d'une autre, d'une autre encore, et finira par s'étendre au-delà de la décennie. Les corbeaux vont littéralement recruter leur chercheur dans ce qui va devenir une passionnante enquête ; ils vont lui imposer la résolution d'une énigme dont la difficulté et l'intérêt seront à la mesure de ce qui les rendait impossibles à étudier. Cette enquête s'avérera, au fur et à mesure de son déroulement, de plus en plus semblable à celles auxquelles nous invitent les maîtres du suspense. Et cette enquête pleine de suspense et de rebondissements, de saison en saison, d'énigme en trouvailles, d'hypothèses en mises à l'épreuve, va transformer tout ce que nous savons du corbeau.

Cependant, si l'on peut à juste titre comparer cette aventure qui liera Heinrich et ses corbeaux à une enquête policière, il faut également remarquer qu'à l'inverse de nombre d'entre elles, les « coupables » de l'histoire sont dès le départ donnés : ce sont les corbeaux. Ce que nous pourrions considérer comme le « crime », l'acte qui transgresse les règles et les attentes, est lui aussi connu : les corbeaux présentent un comportement qui n'a aucun sens du point de vue de l'évolution. Ce « crime » qui initiera toute cette affaire apparut à Heinrich au hasard d'une observation, avant que l'enquête ne commence : une quinzaine de corbeaux se nourrissaient autour d'une carcasse. Rien de plus banal, pourriez-vous penser. À moins qu'il ne s'agisse d'une assemblée de malfaiteurs, et que ces malfaiteurs ne se soient rendus coupables de la transformation d'un animal en carcasse – ce qui n'est pas le cas, les corbeaux généralement ne s'attaquent pas aux vivants à moins qu'ils ne soient de très petite taille –, il n'y a vraiment pas de quoi ouvrir une procédure. Or, aux yeux de quelqu'un qui connaît un peu les corbeaux du Maine, ce comportement est justement suspect. Ces corbeaux n'avaient, en principe, rien à faire là tous ensemble. Dans le Maine, ils sont non seulement rares, mais le plus souvent solitaires, à l'exception de quelques couples et de la période d'élevage des jeunes. Si certains peuvent se réunir la nuit pour partager un nid communautaire, durant la journée généralement ils s'évitent et vaquent à leurs affaires à des lieues de distance les uns des autres. La présence de plusieurs corbeaux sur un même site ne peut donc tenir ni d'une habitude ni de la simple coïncidence. Bien sûr, la carcasse est un motif suffisant de réunion ; mais comment auraient-ils pu en être avertis, à des kilomètres de distance ? La réponse est simple, explique Heinrich : ils n'ont pu venir que parce que le corbeau qui a trouvé cette carcasse les y a appelés, explicitement. S'il avait voulu en garder le privilège, les autres n'en auraient rien su : les corbeaux sont capables d'être silencieux quand ils ne tiennent pas à être repérés. Ce comportement de « recrutement » des autres autour d'une carcasse, conclut Heinrich, va contre toute logique. Vu la rareté des ressources, un corbeau qui trouve de la nourriture n'a aucun intérêt à se faire rejoindre par les autres ; et il a tous les moyens de l'éviter en restant discret. Pourquoi donc un corbeau avait-il appelé les autres, pourquoi les avait-il convoqués à partager le festin ? Si la nourriture est si difficile à trouver, pourquoi prendre le risque de devoir la partager, alors que les corbeaux sont de véritables experts pour cacher les aliments ?

Heinrich avait donc le « crime » : un comportement absurde du point de vue des modèles traditionnels de l'évolution ; il tenait également les coupables. En revanche, ce qui fait tout le nœud de l'énigme et qui ne pourra s'élucider qu'au bout d'une longue et patiente enquête, l'élément le plus important aux yeux d'un éthologiste, ce sera le mobile. Pourquoi les corbeaux font-ils ce que la logique de l'évolution devrait leur interdire ? C'est ce mobile qu'il s'agira non seulement de découvrir, mais aussi d'inscrire dans le régime de la preuve.

Car des suppositions, on peut en faire. On pourrait parier sur la générosité des corbeaux, dans une version anthropomorphe, ce que les éthologistes préfèrent éviter, l'hypothèse étant difficile à tester. On pourrait, de manière plus plausible et vérifiable, faire l'hypothèse d'un moment d'égarement ou de stupidité : le comportement ne se répéterait pas dans d'autres circonstances. On peut aussi reprendre, pour la mettre au crédit des corbeaux, l'hypothèse que Zahavi envisageait pour comprendre ses cratéropes : le fait de partager la nourriture affirme le prestige de celui qui l'offre aux autres et lui permet de gravir, avec une grande économie de conflits, les échelons de la hiérarchie. Les corbeaux, quoique généralement craintifs, ne sont pas avares en actes de bravoure. Certains de ceux-ci peuvent être interprétés comme un désir d'épater la galerie. De multiples observations décrivent des acrobaties aériennes des plus audacieuses – vols en tonneaux avec piqué vers le sol et redressement de dernière minute –, généralement suivies d'une surenchère de la part de l'un ou l'autre congénère ; simulacres d'attaque de loups, d'aigles ou de chiens, voire vol de leur nourriture à leur nez et à leur barbe. Certaines observations ont même montré que lors de ces simulacres d'attaque, le corbeau empêchait ses compagnons de venir à sa rescousse, comme s'il voulait conserver le privilège de manifester sa bravoure. Les corbeaux accomplissent ainsi toute une série d'actes en apparence inutiles, qui tiennent à la fois du jeu et de l'affirmation de l'adresse : transporter des objets dans les pattes, emballer ces objets, surtout en présence d'une femelle, semblerait-il, se rouler sur le dos, faire de superbes glissades dans la neige ou la lancer sur les compagnons. Cette hypothèse de l'« exhibition » mériterait donc d'être testée.

On pourrait tout aussi bien penser que les corbeaux pratiquent un système de réciprocité ou d'échanges de bons procédés, comme on a pu en constater chez certaines chauves-souris vampires de Costa Rica. Un corbeau qui partage une trouvaille peut miser sur le fait que ses compagnons lui rendront la pareille, quand l'occasion se présentera.

Une autre version peut être encore évoquée, avec la théorie sociobiologique. Les corbeaux viendraient alors constituer une énième illustration du modèle « tout terrain » et dominant dans ce domaine, de la théorie du « gène égoïste ». Selon cette théorie, tout animal présentant des comportements dits « altruistes », que ce soit une abeille se « sacrifiant » pour ses sœurs de ruche, un oiseau renonçant à se reproduire pour nourrir la nichée d'un autre, ou un primate aidant un congénère en difficulté, est guidé par un unique motif; il s'agit de transmettre le plus grand nombre possible de ses gènes dans la population. Appliquée aux corbeaux, cette théorie stipulerait que, certes, les recruteurs « altruistes » diminuent leur chance de survivre en partageant une ressource rare, mais que le « sacrifice », coûteux du point de vue individuel, peut être payant au regard de l'évolution. En effet, toujours selon cette théorie, si le corbeau qui partage le fait avec un individu porteur d'un bagage génétique similaire au sien, un parent proche, en l'occurrence, il augmente les probabilités de transmettre ses gènes à la génération suivante, en favorisant la survie de ceux qu'il a aidés. Selon les sociobiologistes, ce modèle permet de résoudre, une fois pour toutes, les mystères des comportements apparemment paradoxaux que sont les comportements « altruistes », qu'ils soient le fait des fourmis, des geais bleus de Floride ou des babouins hamadryas. L'animal obéit simplement à une règle relativement inflexible : aide tes apparentés, ignore les autres et tu multiplieras les copies de toi-même.

Les corbeaux, cependant, ne semblent pas vouloir se plier à cette règle : leur sens de la famille ne va pas au-delà de la migration des jeunes. On peut d'ailleurs penser que s'ils l'avaient fait, l'enquêteur aurait vite rendu ses conclusions : quand les animaux sont semblables et font tous la même chose, commente-t-il, ils deviennent très vite ennuyeux comme sujets d'étude. Si les principes sous-jacents s'avèrent assez simples, ils perdent tout intérêt une fois que vous les avez saisis. En d'autres termes, aucun enquêteur digne de ce nom ne peut se passionner pour un crime commis par un idiot sans imagination.

Or tout porte Heinrich à croire qu'il n'a justement pas affaire à ce type de personnage, et que celui auquel il s'intéresse exige au contraire des trésors d'imagination, de curiosité et de patience pour en comprendre l'énigme. Car de tous les modèles disponibles pour rendre compte des raisons de coopérer chez les oiseaux, aucun ne semble pouvoir s'accommoder des observations. Quand une règle semble enfin connecter tous les éléments pour leur donner un sens, une nouvelle version du recrutement apparaît, qui remet tout le modèle en question.

En quoi le mobile fait-il du « crime » une réussite pour le corbeau ? Comment concilier cette réussite avec ce que traduit, pour un corbeau, le fait de réussir dans sa survie quotidienne ? Tout dépend évidemment des critères que vous utilisez pour qualifier cette réussite. Si vous optez pour la théorie sociobiologique, vous devrez évaluer le succès reproducteur, et tenter de lier dans un même schéma des carcasses, des recrutements, des apparentés, des descendants, des choix stratégiques à long terme et des ADN. Votre animal sera somme toute semblable aux autres, et toutes les variations ne seront que les détails du même motif. En revanche, si vous vous intéressez aux différences, aux stratégies inédites, si vous prenez en compte le fait que l'animal ne cesse de transgresser les règles et les modèles et qu'il est imprévisible dans ses choix, vous devrez adopter d'autres critères de réussite. C'est ce que semble exiger le corbeau. Le critère de réussite que choisit Heinrich n'a rien d'un programme ambitieux : au contraire, il laisse le programme totalement ouvert quant à sa réalisation. La première réussite du corbeau, explique l'auteur, tient d'abord au fait « de se procurer des ressources de l'environnement et de les convertir en un peu plus de lui-même[1] ». À partir de cette simple exigence, toutes les organisations restent possibles. « Convertir l'environnement en un peu plus de soi-même » offre un large espace pour l'invention – et répond d'ailleurs bien à l'extraordinaire opportunisme du corbeau.

Reste alors à comprendre en quoi le recrutement des autres autour des ressources constitue, paradoxalement, une manière de réaliser cette réussite, d'accomplir cette conversion.

1. *Ravens in Winter, op. cit.*, p. 36.

La recherche du mobile va demander à l'auteur d'explorer toutes les pistes, d'envisager toutes les conditions, d'imaginer toutes les astuces et les stratagèmes. La politesse du « faire connaissance » prend ici une allure étonnante : le rapport ne s'inscrit plus dans le registre sur lequel j'insistais au cours des précédents chapitres, un registre de négociations des intérêts et des enjeux. Certes, la question reste la même : il s'agit bien de « faire connaissance » en posant la question, en termes de réussite, de ce qui intéresse le corbeau. Mais l'observation ne suffit pas. Il ne s'agit pas seulement de comprendre ce que le corbeau fait et comment il le fait ; il s'agit d'élucider pourquoi il le fait. Bien sûr vous pourriez, dans des conditions idéales, observer tous les jours la scène, vérifier si le corbeau recrute bien à chaque fois, dans quelles circonstances il le fait et dans quelles autres il ne le fait pas. Mais ces conditions ne sont justement pas celles des corbeaux. Les carcasses ne pleuvent pas dans les forêts du Maine, malgré l'activité des autoroutes. Si vous voulez démêler dans l'écheveau de toutes les explications possibles, dans la trame des mobiles, celui qui vraiment peut vous permettre de comprendre les enjeux du « crime », vous devrez aider les événements ; vous devrez créer les situations qui permettent aux corbeaux de vous aider à choisir, parmi toutes les fictions rivales, la bonne fiction. Vous devrez d'autant plus le faire que les corbeaux ne vous montreront pas, d'emblée, ce qui compte pour eux. Si vous voyez un corbeau devant une carcasse, qui sautille une « danse de l'hésitation », ne se hasarde pas trop près mais semble attendre qu'un de ses camarades lance l'opération de dépeçage, vous pouvez vous lancer dans de multiples interprétations, qui vont chacune modifier la raison du recrutement. Le corbeau a peut-être quelques craintes, au vu d'expériences passées, que le cadavre soit en fait un prédateur qui fait semblant de dormir et qui n'attend que l'imprudent pour renverser la situation et le convertir en un peu plus de lui-même : on se souviendra de l'astuce imaginée par le singe de Thompson. Vous pouvez imaginer encore qu'il s'agit d'une question de préséance dans la hiérarchie, et que les corbeaux subordonnés attendent le feu vert du dominant ; ou que vous avez affaire à un corbeau inexpérimenté, qui ne sait pas ouvrir une carcasse, et qui n'en connaît pas les endroits vulnérables. Avec la première hypothèse, le mobile du recrutement serait alors celui d'un égoïsme salutaire : il vaut mieux être à plusieurs dans le cas de ce genre d'erreurs. Dans la deuxième hypothèse, vous vous retrouvez avec un modèle d'organisation sociale, avec, par exemple, pour les dominés, l'obligation de partager. Dans la troisième, vous aurez encore un autre type de coopération et d'échanges de bons procédés pour rendre compte du motif du recrutement : « Je trouve, tu ouvres. »

Tout le travail du chercheur consiste alors à mener les corbeaux à prendre position par rapport à ses fictions et hypothèses : résister à celles qui ne les expliquent pas ; préciser, dans celles qui semblent pouvoir le faire, ce qui a compté pour eux. Le scientifique doit, en d'autres termes, créer un dispositif qui confère au corbeau « le pouvoir de ne pas se soumettre à son interprétation[1] ». C'est de cette manière que se traduit, dans ce type de recherche, la politesse du « faire connaissance ». Elle s'y traduit d'autant mieux, et c'est là que je peux nouer cette histoire comme celle d'une enquête autour d'un crime, qu'elle se proposera tout au long comme un défi à l'intelligence, à la ruse de chacun des partenaires. La recherche de Heinrich s'adresse à la réussite des corbeaux ; elle s'intéresse à ce qui les rend énigmatiques et passionnants ; elle les interroge là où ils sont compétents et où nous avons à le devenir, théoriquement dans la mesure où nous ne comprenons rien à ce qu'ils font, et pratiquement dans la mesure où il faut apprendre toutes les ruses pour les approcher. Et elle s'adresse surtout à eux là où ils résistent activement aux modèles qui peuvent leur être soumis. Il ne s'agit pas seulement d'expliquer ou de comprendre, il s'agit aussi de trouver des procédures qui témoignent de la pertinence de ces explications.

1. Je reprends cette définition « du travail d'un scientifique digne de ce nom » à Isabelle Stengers, Introduction à T. Nathan (2001), *Nous ne sommes pas seuls au monde,* Paris, Les Empêcheurs de penser en rond.

L'énigme, comme les bonnes histoires policières, inscrit les protagonistes dans un rapport de rivalité : si je veux les comprendre, dit en quelque sorte Heinrich, je dois essayer d'être aussi, sinon plus, malin ou rusé qu'eux. Ne pas s'en laisser conter, ne pas se laisser piéger par les apparences, ne rien accorder trop vite ; exiger la mise à l'épreuve ; appâter le corbeau ; bricoler des situations qui l'obligent à prendre position. La politesse du « faire connaissance » ne se décline pas, dès lors, sur le mode d'une bienveillance attentive, mais dans l'art de trouver les forces, et de les échanger, dans l'exercice de la rivalité – faite d'un savant mélange de connivence et d'opposition – et de la mise à l'épreuve. Cette politesse peut parfois même prendre la forme de la suspicion : « respecter », l'étymologie nous le rappelle, nous demande de regarder deux fois (*re-spectare*). Une confiance sans mise à l'épreuve offre peu de garantie quant à sa robustesse. Une compétence trop vite accordée ne témoigne de rien, si ce n'est de la grande flexibilité de nos interprétations. Si nous voulons témoigner de manière fiable, si ce que nous apprenons du corbeau doit être digne de confiance, si nous voulons nous définir comme autorisés par lui à bien parler en son nom, nous sommes en devoir de lui offrir l'occasion de faire ses preuves. S'il peut prendre position par rapport aux différentes versions qui pourraient rendre compte de ce qu'il fait, la version qui réussit l'épreuve en sortira plus robuste.

Ainsi, si de nombreuses anecdotes au sujet des corbeaux font état de leur intelligence, ce n'est pas leur faire honneur que d'accepter trop vite cette interprétation. Chaque anecdote, explique Heinrich, pourrait être susceptible d'une explication alternative, tout aussi plausible : tantôt la seule mémoire suffirait, tantôt la simple vigilance à des choses que nous ne percevons pas, tantôt encore le hasard ou la chance. Par exemple, quand on observe un corbeau lancer des objets et des détritus sur ceux qui s'approchent du nid, on envisage d'emblée qu'il s'agit là d'une stratégie dissuasive et intentionnelle. Mais, dit Heinrich, le comportement ressemble tout autant à celui d'un caractériel maniaque qui passe sa rage sur les objets. En revanche, quand on voit un corbeau réussir à enfiler sur son bec plusieurs morceaux de viande avant d'aller les cacher, on peut penser qu'il anticipe le fait que les autres vont venir lui voler ceux qu'il laisse sur le sol pendant les trajets. On pourrait toujours rétorquer que la simple volonté de ne pas se fatiguer et d'économiser les allers et retours justifie amplement ce comportement, et qu'il n'apporte aucune preuve de la capacité des corbeaux à anticiper les intentions des autres.

Heinrich proposera alors aux corbeaux qu'il a recueillis dans une volière de témoigner de leurs compétences : ils doivent prouver qu'ils sont capables non seulement d'anticiper les intentions des autres, mais d'agir en conséquence. Nous avons déjà évoqué cette expérience, rappelons-la brièvement. Heinrich remet à Orange de nombreux morceaux de viande, devant deux de ses congénères, White et Red. Orange, anticipant ce qui allait advenir de ce don inespéré, se met dès lors en devoir de cacher les morceaux. Chacun de ces mouvements est évidemment épié par les deux autres, qui ne tardent d'ailleurs pas à déloger les morceaux de viande de leurs cachettes. Orange essaye de les poursuivre mais doit bientôt y renoncer. Il change alors de stratégie : il simule le fait de cacher la nourriture, et quand les autres sont tout occupés à creuser pour la trouver, il la cache ailleurs, à l'abri de leur regard. Le corbeau est devenu un témoin fiable de la proposition de son chercheur ; il est non seulement devenu digne de cette proposition, mais il est devenu, par la forme même de celle-ci, autonome par rapport aux interprétations de son auteur. Il a aidé le chercheur à construire un « fait ». Et le scientifique, en accordant au corbeau la chance de prendre position par rapport à sa proposition, est devenu digne de témoigner en son nom.

Retour à notre énigme, au mobile de ce comportement en apparence inexplicable : comment demander aux corbeaux, avec la même politesse, de prendre position par rapport à toutes les suspicions de l'enquête ? Comment leur demander de nous apprendre la bonne explication, le bon mobile ? Comment, en d'autres termes, démasquer un criminel ? Le chercheur devra apprendre l'art du piège et du filet ; l'art du leurre et de l'astuce ; l'art d'apprendre, de celui dont vous essayez de percer l'énigme – et qui n'a aucune intention de vous y aider –, comment ce qui compte peut compter. C'est l'art de la *mètis*[1] en somme, cette forme d'intelligence particulière que cultivaient les Grecs, et qu'ils avaient apprise des chasseurs et des pêcheurs, cette intelligence qui combine le flair, la ruse, la sagacité, la feinte, la débrouillardise, l'attention vigilante et le sens de l'opportunité. C'est la seule manière de faire connaissance qui puisse espérer s'adresser à des êtres, comme les corbeaux, « hautement flexibles et intelligents[2] », qui exigent de celui qui veut les connaître la même flexibilité et la même intelligence. Et ce n'est pas un hasard que ce soit ce type de « faire connaissance », éclipsé depuis longtemps par les choix de la philosophie, qui revienne à présent dans les recherches en éthologie. Car cette manière de « faire connaissance » s'est justement constituée dans « un domaine où l'intelligence de l'homme interfère constamment avec celle des animaux, terrestres et aquatiques[3] », dans un domaine dans lequel les hommes ont vu leur intelligence et leurs techniques se transformer en apprenant des animaux. Heinrich, nous le verrons, témoignera de la possibilité de prolonger cette transformation.

Étrange politesse, me dira-t-on, que celle qui en passe par l'art de la ruse, des leurres et de la manipulation : appâter les corbeaux ; voir sans être vu ; traquer les moindres indices qui trahiraient leurs mobiles ; les obliger à choisir ; les leurrer pour actualiser ces choix ; créer des situations comme si elles étaient naturelles afin de faire parler les oiseaux. Mais il ne s'agit pas, dans cette recherche, d'explorer les failles pour affaiblir le corbeau, pour le soumettre aux interprétations du chercheur, bien

1. Marcel Detienne et Jean-Pierre Vernant (1974), *Les Ruses de l'intelligence. La Mètis des Grecs*, Paris, Flammarion (Champs), p. 10.
2. B. Heinrich, *Ravens in Winter, op. cit.*, p. 259.
3. *Les Ruses de l'intelligence, op. cit.*, p. 305.

au contraire : il s'agit de le rendre plus robuste face à ces dernières, de lui donner l'occasion de résister, de lui donner le pouvoir de renvoyer le chercheur au travail. Alors que le laboratoire de Harlow misait sur la passivité, la « réactivité » de son sujet, le dispositif de Heinrich se constituera comme une proposition d'activités à celui auquel les questions sont adressées. Par ces stratagèmes et dispositifs, le chercheur s'engage à plus d'activités afin d'en susciter en retour chez celui qu'il observe[1]. En d'autres termes, et plus concrètement, l'enquêteur va proposer au coupable de passer à l'acte.

La première activité de Heinrich sera donc d'abord de créer une occasion pour ses corbeaux de s'activer autour de son problème. Pour rendre le crime possible, il faut d'abord trouver un appât qui les intéresse, une carcasse si possible. Pour commencer, il vaut mieux se fier aux corbeaux et agir comme eux. Heinrich va se laisser recruter par eux : il se rendra au rendez-vous annoncé par les appels annonçant la découverte d'un repas. Le cadavre d'un élan, laissé là par un braconnier, fait en effet l'objet d'un bruyant festin. Les oiseaux s'envolent à l'approche du chercheur. Sans vergogne, ce dernier emporte la carcasse et va la déposer près de son poste d'observation.

Le lendemain à l'aube, deux corbeaux arrivent, suivis par un troisième. Tous trois restent silencieux. Dix minutes plus tard, ils sont rejoints par deux autres. Quelques « quorks » s'échangent, très bas. Il s'agit sans doute de salutations, pas de publicité. Les corbeaux mangent silencieusement. Quand l'un d'eux est repu, il monte sur une branche et lance des appels bruyants. D'autres arrivent. Un faucon se joint à eux, rapidement chassé par deux corbeaux. Ont-ils attendu d'être repus pour recruter des congénères ? Peut-être, commente Heinrich. Mais s'agit-il vraiment de recrutement ? Rien ne permet d'affirmer que les derniers arrivés sont venus parce qu'ils ont entendu l'appel. Ils étaient peut-être simplement de passage. Il faut donc vérifier le pouvoir d'attraction

1. Voir Latour (2001), *L'Espoir de Pandore*, *op. cit.*, p. 153.

de ces cris. Heinrich se procure un magnétophone pour les enregistrer et des haut-parleurs afin de les diffuser ultérieurement. Il lui faut aussi un nouveau cadavre. Un de ses amis vient de tuer le cochon, et lui offre les entrailles. Quatre-vingts kilos devraient être suffisants pour motiver la générosité de celui qui les découvre. Heinrich installe la viande près de sa cabane d'observation et attend. Deux corbeaux arrivent, suivis d'un troisième. Ils se nourrissent silencieusement, puis s'en vont discrètement. Après des heures d'attente, l'auteur, découragé, s'en retourne à son logement. C'est à ce moment qu'il entend les cris. Il revient au pas de course et réussit à enregistrer quelques appels. Le lendemain, des corbeaux vont et viennent, mais aucun ne fait mine de toucher à la viande. Le plus proche de celle-ci exécute une petite danse d'hésitation et finalement se décide. Il arrache de petits morceaux et se met en devoir d'aller les cacher. Aucun des oiseaux ne fait le moindre bruit. D'autres viendront dans l'après-midi mais se contenteront de survoler la viande, comme s'ils voulaient simplement vérifier sa présence. Ils restent silencieux. Pourquoi à présent ne recrutent-ils pas ? Le lendemain, la scène de l'après-midi se répète. Aucun ne mange ni n'appelle.

Une nouvelle hypothèse doit alors être envisagée : la raison de leur abstention est peut-être liée au type de nourriture qui leur a été proposée. Et si ce n'était pas leurs congénères qu'ils interpellent, mais tout simplement d'autres charognards, coyotes ou ours, dotés d'une force suffisante pour leur ouvrir les carcasses ? Les entrailles de cochon étant directement accessibles pour eux, ils n'ont peut-être pas eu besoin d'appeler à l'aide. Il faut donc recommencer l'expérience, cette fois avec un cadavre impossible à ouvrir. Une chèvre achetée lors d'un retour dans le Vermont fera l'affaire. Le lendemain, Heinrich attend, le cadavre de la chèvre bien mis en évidence. Un corbeau arrive, s'approche et repart. D'autres viennent, pas plus intéressés. Ils n'appellent pas plus qu'ils ne mangent. Se pourrait-il que cette chèvre soit à leurs yeux une trop pauvre imitation de ce qu'ils ont l'habitude de manger ? Heinrich ira tester son leurre sur d'autres corbeaux, à des kilomètres de là. Ceux-ci accepteront son cadeau avec beaucoup de bonne volonté.

Rien ne dit cependant que, si le recrutement ne semble pas s'adresser à d'autres espèces, il soit un signal d'invitation adressé aux congénères. Le leurre peut être utilisé pour répondre à cette question : les corbeaux s'y laissent prendre. L'appel semble bien les recruter. Ils seront, dans les quinze minutes, une trentaine autour du nouveau festin organisé par Heinrich… mais aucun ne mange !

De cadavres d'écureuils en restes de lapins trouvés le long de l'autoroute, de rognons de vache en portions d'abats, les corbeaux manifestent les comportements les plus erratiques : manger sans appel, appeler sans manger, manger et appeler, manger le matin et pas l'après-midi, ou le contraire. Il n'y a qu'une logique : celle de la plus totale imprévisibilité.

Les choses décidément se compliquent singulièrement : non seulement les corbeaux ne répondent pas aux questions, mais ils en posent de nouvelles. Il ne s'agit plus de comprendre pourquoi ils appellent, mais d'une part de savoir pourquoi ils le font en certaines occasions et à d'autres pas ; de l'autre pourquoi ils se nourrissent à certains moments et semblent ne pas vouloir le faire à d'autres. Pour la première question, Heinrich envisage que la réponse puisse être liée à la quantité de nourriture disponible : ces derniers temps, il s'était contenté de petits gibiers trouvés çà et là. S'il n'y en a pas assez, les corbeaux ont peut-être avantage à rester discrets. L'hypothèse est simple à tester, le garde-chasse y contribuera en apportant tout ce qu'il a pu trouver comme cadavre massif dans la forêt. Heinrich organise un énorme banquet. Contre toute attente, les corbeaux semblent répondre à la première hypothèse : ils recrutent, sans doute parce que la nourriture est abondante. Mais ils obligent l'auteur à poser la seconde question : ils ne touchent cependant pas à la nourriture. Ils exécutent la danse de l'hésitation.

Ces deux hypothèses combinées – ils recrutent mais semblent avoir peur de s'approcher – peuvent faire l'objet d'une nouvelle formulation : peut-être ont-ils peur d'avoir affaire à un simulacre de cadavre et attendent-ils d'être suffisamment nombreux pour diminuer le risque ? Mais la logique des observations antérieures ne permet pas de soutenir cette hypothèse : les corbeaux, si c'était le cas, devraient cesser de convoquer leurs congénères une fois qu'ils ont commencé à manger et qu'ils ont vérifié de ce fait qu'il ne s'agissait pas d'un traquenard. Peut-être le danger ne vient-il pas de la proie, et leur hésitation est-elle simplement due au fait qu'ils ont peur d'un prédateur qui rôderait ? Cette hypothèse peut être testée, il suffit de proposer un choix aux corbeaux. Heinrich dispose de la viande au sol et dans un arbre. Les corbeaux, si les prédictions sont correctes, iront sans hésiter dans l'arbre, là où ils n'ont rien à craindre. Ils ne seront cependant, dit l'auteur, pas si obligeants : contre toute attente, ils se nourrissent au sol, après une danse de l'hésitation. En outre, comment comprendre le fait que les corbeaux peuvent sembler si peureux alors qu'ils sont par ailleurs capables de tant de bravoure ? N'est-ce pas là le nœud du problème ? N'y aurait-il pas des corbeaux plus braves que d'autres, ce qui justifierait le fait que certains puissent manger, et que d'autres hésitent longtemps à le faire ? Ne serait-ce pas dépendant de l'âge ou de l'expérience : la bravoure, dans les sociétés de corbeaux, ne serait-ce pas justement « ce qui sépare les "hommes" des "gamins"[1] » ? Mais comment peut-on leur demander de vérifier cette hypothèse ?

L'auteur remarque alors une étonnante coïncidence issue de la comparaison de toutes ses observations : parfois le recrutement se fait, parfois il ne se fait pas ; mais, dans ce dernier cas, il arrive souvent que seuls deux oiseaux se nourrissent. Heinrich décide de vérifier cette coïncidence : il place deux tas de nourriture à des endroits proches et observe. Deux oiseaux vont se nourrir à l'un d'entre eux ; un recrutement de plusieurs corbeaux s'opère à l'autre. S'agirait-il alors d'un couple et d'un groupe ? Les observations antérieures laissent penser que les corbeaux forment des

1. *Ravens in Winter, op. cit.*, p. 272.

couples très stables, qui peuvent durer toute une vie. On pense par ailleurs que quand les jeunes quittent le nid, ils s'associent en bandes jusqu'à l'âge de trois ou quatre ans. Cependant, si la première affirmation concernant les couples semble correcte, commente Heinrich, rien n'est moins sûr pour la seconde : ce n'est pas parce qu'on voit souvent des groupes de corbeaux autour des immondices qu'ils vivent en bande. On peut juste affirmer qu'ils partagent souvent des nids communautaires pour la nuit. Les observations montrent aussi que les couples défendent leur territoire contre toute intrusion. Cette défense peut prendre des formes très variables : ils peuvent tantôt attaquer tout congénère qui s'approche, tantôt se contenter de l'escorter jusqu'à la frontière du territoire. Les premiers arrivés formeraient-ils un couple, et les seconds un groupe de juvéniles ? Appartiendraient-ils à un même groupe ? Rien ne permet de l'affirmer puisqu'on ne peut savoir si, d'une part, les oiseaux venus à deux forment effectivement un couple, et si, d'autre part, ce sont les mêmes qui se recrutent mutuellement, condition pour pouvoir affirmer qu'il s'agit d'un véritable groupe.

Après tous ces mois de recherches, Heinrich confesse qu'il n'a aucune réponse. Bien au contraire : il a maintenant neuf hypothèses et pas assez d'une vie pour les tester toutes. Il a fallu transporter des tonnes de viandes, chèvres achetées, cochons reçus, cadeaux de garde-chasse, cerfs abandonnés par les braconniers ; il a fallu fouiller à la recherche de cadavres le long des autoroutes ; il a encore fallu des centaines d'heures à rester immobile dans le poste d'observation, des courses dans les bois et la neige, des montées aux arbres, des attentes, des faux espoirs, des leurres sous forme d'enregistrements... et le mystère est encore plus épais qu'au départ. Les histoires de détective biologique, commente-t-il, sont visiblement plus compliquées que les enquêtes classiques : plus vous trouvez et plus vous savez qu'il y a des choses que vous ne savez pas[1]. Il va falloir plus de ruse, plus

1. *Ibid.*, p. 301.

d'imagination, plus d'activités encore pour obliger les corbeaux à choisir entre les hypothèses.

Il faudra organiser plus de festins, simuler plus d'invitations, appeler encore et encore au moyen d'enregistrements, de propositions, de situations susceptibles d'intéresser les corbeaux. Il va falloir trouver le bon moyen pour recruter les corbeaux pour la résolution de son problème.

Or, si Heinrich apprend avec difficulté les moyens de recruter les corbeaux, c'est en fait l'inverse qui est en train de s'annoncer. Ce sont les corbeaux qui vont recruter l'auteur. Les indices de cette transformation se dessinent au fur et à mesure de la recherche. « Il fait encore noir, et je suis déjà éveillé par les appels des corbeaux. Plusieurs oiseaux sont en train de voler vers Kaflunk, en émettant des cris haut perchés, différents des "quorks" habituels. Ils traduisent l'excitation. Les oiseaux volent pour une proie ! *Je le sens.* Même, je peux le comprendre ; moi aussi je suis recruté[1]. »

On ne peut nous-mêmes le comprendre autrement : si ce recrutement par des non-humains a pu acquérir une telle efficacité, c'est parce que l'humain a été transformé par ceux dont il essayait de comprendre l'énigme. L'histoire ne traduit rien d'autre que celle d'un devenir. La longue enquête de Heinrich l'a articulé d'une manière inattendue à ses corbeaux. En apprenant à les recruter, il a appris à être recruté par eux. Ce qui fait réussite pour un corbeau fait à présent, sur un autre mode, réussite pour lui-même ; se nourrir de leurs émotions, se laisser traverser par leur joie, se laisser capturer par leur énigme : *convertir l'environnement en un peu plus de lui-même.* Il a appris à devenir sensible à ce qui rend sensibles les corbeaux. « La plupart des sons d'oiseaux n'ont pour nous pas de contenu émotionnel. Mais je suis surpris par le fait que beaucoup d'appels de corbeaux traduisent une émotion pour moi, un mammifère, à qui ces cris n'étaient pourtant pas destinés. Je peux les sentir [...]. Je sens

1. *Ibid.*, p. 81.

que je peux aussi détecter la surprise d'un corbeau, sa joie, sa bravoure, par sa voix et le langage de son corps. Je ne pourrais le faire pour une hirondelle ou un faucon[1]. » La joie d'un festin autour d'une carcasse acquiert pour l'auteur la même force de recrutement qu'elle peut avoir pour un corbeau. Quand le corbeau danse la danse de l'hésitation, le chercheur retient son souffle : le voilà aussi à hésiter sur ce qu'il faut comprendre.

Ce devenir « avec le corbeau » qui s'amorce et qui transforme ce à quoi l'humain est sensible va alors le soumettre à de nouvelles exigences. Celles-ci réorienteront radicalement le cours de sa recherche. Comment prendre en compte ce qui compte pour un corbeau sans en passer par les manières dont les corbeaux eux-mêmes le négocient ensemble ? La position de contrôle et d'extériorité a atteint ses limites. Les corbeaux ne peuvent pas répondre aux questions telles qu'elles leur sont posées. Si certains sont braves et d'autres pas ; si certains ont de bonnes raisons d'avoir peur et d'autres aucune ; si les modèles ne tiennent pas la route parce qu'ils ne peuvent tenir compte des « excentriques » ; si ce sont des petites différences que nous ne pouvons pas percevoir qui guident les conduites ; si se reconnaître les uns les autres est important, alors il faut en passer par ce que les corbeaux exigent. Il faut accepter de « suivre la situation plutôt que de la contrôler – surtout, conclut laconiquement le chercheur, quand le contrôle s'avère impossible ». Il faut apprendre à les reconnaître. Il faut apprendre aussi à leur demander de témoigner autrement et essayer de comprendre comment la question se pose, pour un corbeau.

Le premier témoin arrivera sous la forme d'un corbeau affaibli qu'il s'agit de sauver. L'auteur le ramène chez lui et le nourrit. La surprise est totale : alors qu'il faut parfois trois jours à un corbeau pour s'approcher d'une carcasse, alors que la moindre perturbation provoque sa fuite, le corbeau recueilli semble trouver la situation « tout à fait normale », et vient, après deux heures

1. *Ibid.*, p. 250.

d'apprivoisement, manger dans sa main. « Maintenant que tout est soudainement nouveau, l'oiseau agit comme si rien n'était en dehors de l'ordinaire. Je ne sais pas comment il perçoit le monde. Je peux seulement deviner que ce qu'il voit n'est pas comme un absolu, mais comme des écarts par rapport à ce qui est accepté. Quand *tout* est différent, alors les comparaisons cessent, et presque tout peut être accepté. En y pensant, n'est-ce pas la façon dont les humains perçoivent le monde[1] ? » Heinrich le baguera et le relâchera, après son rétablissement. Le nouveau programme est lancé : il faut reconnaître les corbeaux. Il faudra même en apprivoiser quelques-uns qui pourront répondre aux questions que les autres ne permettent pas de poser. Apprivoiser et se faire apprivoiser pour connaître mieux ce qui compte du point de vue du corbeau ; gagner la confiance pour répondre à l'exigence de politesse du faire connaissance. Faire de cet apprivoisement une occasion privilégiée de raconter d'autres choses, et de répondre à d'autres questions. Cette occasion, explique Heinrich, « se produit quand la personne proche de l'oiseau lui donne confiance, *a gagné* une confiance qui n'est pas accordée à la légère. Étant donné cette confiance, beaucoup peut être découvert qui n'aurait jamais été vu sans elle[2] ».

Une immense volière sera construite dans le jardin, et de jeunes corbeaux y seront lâchés. Théo, Thor, Ralph, Ro et Rave apprendront à l'auteur que les corbeaux développent leur personnalité au cours des premiers mois : Ralph sera le plus aventureux et le plus curieux ; il sera aussi celui qui s'attachera le plus à son chercheur. Il deviendra bientôt le dominant et montrera que la hiérarchie s'organise en fonction de la bravoure. Ceux qui les premiers vont se nourrir alors que les autres hésitent gagnent en quelque sorte un droit tacite de préséance, sans qu'il y ait conflit autour de ce droit. L'expérience sera une réussite. « Mes

1. *Ibid.*, p. 133.

2. *Mind of the Raven*, *op. cit.*, p. 32, pour chacun de ces passages, c'est l'auteur qui souligne.

observations n'ont été possibles que parce que j'étais aussi proche d'eux dans leur milieu. Le fait de les avoir élevés depuis le nid, l'association quotidienne avec eux depuis dix mois m'a gagné leur confiance, ce qui a rendu possible, en ma présence, l'expression de comportements les plus fins, les moins filtrés, les plus complexes. La volière a aussi compensé mon incapacité à voler. Ici je pouvais les suivre, et en même temps offrir une situation expérimentale de rassemblement, qui suscitait à la fois des comportements flexibles et novateurs, qui, autrement, n'adviennent que très rarement sur le terrain où les oiseaux peuvent facilement s'éviter les uns les autres quand ils en ont le choix[1]. » Le dispositif d'apprivoisement s'avère alors un accès privilégié du « faire connaissance » : il actualise des compétences qui ont moins de chance d'advenir dans les conditions habituelles : celles de l'oiseau et celles du chercheur. Il transforme des habitudes : une fois encore, celles de l'oiseau et celles de celui qui l'interroge.

Parallèlement, Heinrich baguera chacun des corbeaux qu'il pourra attraper. Il leur constitue une fiche d'identité, leur met une bague à la patte et une petite pièce à l'aile gauche, de couleurs différentes pour chacun. Les couleurs déterminent l'âge et le nom de chacun des corbeaux. Les histoires changent à partir de ce moment : l'enquêteur est devenu biographe. W20 et Ro essayent de courtiser R26, mais se faisant rejeter à chaque fois, ils finissent par se résigner. Le juvénile Ro est étonnant : en l'absence des adultes, il se comporte comme un dominant. Mais dès que ceux-ci arrivent, il reprend toutes les attitudes de la soumission. Certains oiseaux sont très réguliers, d'autres sont souvent absents. Ils ont des habitudes qui les singularisent. Ro et R26 sont aujourd'hui arrivés en même temps, mais chacun d'un côté différent : ils n'ont sans doute pas de réelle relation ; ou bien ils ont rompu. Le marquage contamine, dans les histoires, même ceux qui ne sont pas bagués : celui qui n'a qu'une patte n'est pas venu hier ; celui qui a une tache blanche sur le dos semble plus

1. *Ibid.*, p. 259.

peureux, celui qui n'a pas de queue était là aujourd'hui. *Ne pas être là aujourd'hui* se traduit aussi d'une autre manière : alors qu'il s'efforce d'établir une statistique de leur dispersion en accrochant une balise émettrice à certains des plus jeunes corbeaux, Heinrich découvre que nombre d'entre eux ont été tués : « Les statistiques que je connaissais si bien avaient pris une autre signification. C'étaient "mes" corbeaux, amis ou voisins, qui avaient été tués[1]. »

Si les termes qui guident le « faire connaissance » sont transformés, l'enquête n'est cependant pas abandonnée, au contraire : elle va enfin, et grâce à ces transformations, connaître son dénouement. Les questions adressées à chacun, Ro, R26, W20, dos blanc, n'a qu'une patte, Thor, Théo et tous les autres, porteront leurs fruits. Il fallait simplement les écouter raconter, à certains moments, et leur faire des propositions à d'autres. D'abord, le fait que les oiseaux peuvent se mélanger à plusieurs endroits de ressources semble indiquer que le recrutement n'est pas orienté, pour le protéger, vers un groupe stable. Certes, l'information peut être transmise dans le groupe qui se retrouve la nuit : si on garde quelques oiseaux en captivité et qu'on les relâche le soir après quelques jours, mais en ne permettant qu'à une partie de rejoindre un nid communautaire, ceux-ci seront le lendemain avec les compagnons de nuit autour de la carcasse que ces derniers avaient découverte quelque temps auparavant. Ceux qui n'ont pu rejoindre le nid n'y seront pas.

Ensuite, seuls les juvéniles dominants recrutent en présence des adultes, les autres ne le font qu'en leur absence ou à distance. Si on compare ce comportement avec ceux qui se produisent dans la volière, on peut alors envisager que le fait de recruter doit être lié à des manifestations de bravoure. La meilleure preuve de la valeur d'un oiseau est sa capacité à se procurer de la nourriture. Comme chez les corbeaux, le fait de manger dépend souvent de la bravoure, et que celle-ci se gagne grâce à l'expérience, le fait d'appeler les autres autour d'une trouvaille ne constitue-t-il pas

1. *Ibid.*, p. 81.

un gage fiable de la qualité du recruteur ? Le corbeau en témoigne amplement : la bravoure compte pour lui, elle est une bonne mesure de la valeur des partenaires, et une occasion de montrer la sienne. D'une nature très craintive, il ne prendrait pas autant de risques dans de nombreuses situations, si ce n'était pas pour quelque chose qui compte vraiment. C'est bien elle qui, chez les corbeaux, sépare les hommes et les gamins.

Le premier mobile du crime est dès lors élucidé. Mais il fallait aussi comprendre que ce mobile n'était pas le seul : il agence quantité d'événements, mais pas tous. Il ne peut expliquer, d'une part, le fait que dans certains cas le recrutement semble avoir lieu ailleurs ; et, d'autre part, que parfois, les corbeaux qui viennent par deux se nourrissent et les autres pas. C'est en s'attachant à ce détail que le second mobile pourra être percé à jour. Pour l'élucider, il fallait lier deux informations. La première de ces informations demandera la mise à l'épreuve par une expérience. Celle-ci est construite pour déterminer le lien entre la position dans la hiérarchie et la manière de recruter. Si le recrutement tapageur peut être, à certains moments et dans certaines circonstances, une occasion de montrer sa bravoure, quelle serait la raison d'un recrutement plus discret, ou à distance ? Serait-il le fait de corbeaux moins braves ou subordonnés ? Heinrich a gardé pendant un mois une vingtaine d'oiseaux et a observé comment s'organisait la hiérarchie. Lorsque celle-ci s'avère claire et stabilisée, les oiseaux sont relâchés. Le chercheur dépose une carcasse à un endroit, et y mène une femelle subordonnée. Elle ne mange pas, et reste près de la viande, en dansant la petite danse de l'hésitation. Le soir, elle rejoint un nid. Le lendemain, ils sont tous là… et elle mange avec eux. Une première explication peut être confirmée : la carcasse, comme tout objet nouveau pourrait être dangereuse ; le fait de se nourrir, parce que la vigilance par rapport aux prédateurs diminue, ajoute au danger. La présence de congénères peut constituer une excellente protection.

Mais le danger d'une carcasse qui ressusciterait par miracle n'est pas seul en cause ; sinon comment expliquer que parfois un recrutement plus tapageur continue quand la carcasse s'avère bien morte ? Les prédateurs possibles ne constituent pas non plus une raison suffisante : il y a des circonstances qui montrent que là n'est pas le seul motif possible. La différence des comportements entre les corbeaux qui se déplacent par paire et ceux qui sont en bande vient ajouter une autre version du mobile. Car une fois qu'ils ont été identifiés, ces corbeaux qui mangent à deux et qui gardent les autres à distance s'avèrent non seulement former un couple, *mais le couple propriétaire du territoire* où se trouve la nourriture. La raison du recrutement devient claire, dans ce dernier cas, et permet de comprendre pourquoi les corbeaux présentaient des comportements aussi velléitaires autour de la nourriture : quand un territoire est occupé par un couple, celui-ci va chasser tout qui s'approche. *Sauf s'ils sont trop nombreux.* Si des vagabonds juvéniles trouvent une carcasse et que le couple territorial est loin, ils mangeront silencieusement pour ne pas attirer l'attention. Si au contraire celui-ci est proche, ils appelleront, et attendront d'être en nombre suffisant pour manger en sécurité. Et s'ils n'y parviennent pas, ils ne mangent pas.

La réussite que constitue le recrutement pour le corbeau se traduit à présent par la réussite de Heinrich : il a réussi à son tour à recruter ses corbeaux autour de son problème, qu'il ne pouvait élucider sans leur aide ; il a réussi à être suffisamment recruté lui-même pour inventer les modes pertinents de s'adresser à eux. Les corbeaux lui ont appris le goût pour les différences : les modèles sont maintenant à la mesure de leur imprévisibilité. Il a appris des corbeaux les habitudes flexibles qui lui permettent de célébrer et de rendre compte de la flexibilité et de la réussite de leurs habitudes. Heinrich est devenu leur expert et leur porte-parole fiable : il a gagné le fait d'être autorisé par eux à bien parler en leur nom. Il est devenu l'expert compétent par qui les corbeaux ont acquis des compétences. Il pourra maintenant convaincre et intéresser ses collègues, dans des termes qui comptent pour eux : il a pu tester chacune de ses hypothèses. Il peut parler au nom des corbeaux, enrôler d'autres chercheurs pour leur poser d'autres questions, leur offrir de nouvelles occasions. Il pourra aussi témoigner pour eux.

Lorsqu'en Allemagne, au milieu des années 90, une cinquantaine de corbeaux ont envahi la région idyllique de Schwäbische Alb, près de la ville de Balinger, les pires accusations seront proférées. Les fermiers les suspectent de s'attaquer au bétail. Un berger les décrit comme une troupe de soldats disciplinés qui se jetteraient, au signal du chef, sur les victimes pour les tuer. Les journaux s'emparent immédiatement de l'affaire. « La nature tourne à l'horreur », titre la presse. Les comptes rendus semblent sortir tout droit d'un film de Hitchcock. Les chasseurs s'en mêlent pour soutenir à la fois les pauvres fermiers et les animaux menacés. Toutes les observations concordent : les corbeaux étaient très souvent près ou dans les champs où vaches et brebis donnaient naissance à leurs petits. Et ces agneaux et veaux nouveau-nés étaient retrouvés avec les yeux ou la langue mutilés.

Tous les groupes en présence plaident contre les corbeaux : leur mise à mort s'impose. Heinrich viendra défendre leur cause. Une nouvelle enquête commence, avec un vrai crime et de vrais coupables cette fois. Les mobiles sont, en revanche, beaucoup plus hétérogènes, la plupart n'étant d'ailleurs pas ceux des corbeaux : les fermiers réclamaient des compensations du gouvernement ; les chasseurs exigeaient que soit levée la loi qui protège les corbeaux depuis leur quasi-extinction afin de préserver les autres espèces d'oiseaux ; les politiciens, anticipant de lourds déboursements n'ont pas tardé à leur emboîter le pas, et la presse voyait, à chaque crime, ses tirages substantiellement augmentés.

D'abord, argumente Heinrich, jamais je n'ai entendu dire que les corbeaux s'attaquaient au bétail : ils n'approchent pas des cadavres qui bougent encore. À la rigueur, les corbeaux peuvent manger des agneaux morts juste après la naissance. Mais en Nouvelle-Angleterre, les vaches et les brebis donnent naissance à leurs petits dans des étables, de telle sorte que les corbeaux ne peuvent être blâmés pour tous les animaux qui meurent pendant la mise bas. Or, dans cette région d'Allemagne, le bétail est laissé dehors toute l'année, y compris pendant les périodes des naissances. Heinrich obtiendra le soutien des écologistes, qui feront pression sur le gouvernement afin d'exiger des autopsies avant d'accorder les compensations. Les résultats de celles-ci seront formels : tous les animaux attaqués par les corbeaux étaient déjà morts, pour des causes repérables, avant qu'ils n'interviennent. Ces morts étaient, en outre, particulièrement plus nombreuses chez les propriétaires négligents. Avec l'exigence de la preuve, le nombre de crimes chuta soudain de manière dramatique ; les compensations, devenues inutiles, furent supprimées et les vaches furent mieux gardées. Les corbeaux avaient été disculpés ; la trêve pouvait à nouveau être respectée. Les corbeaux d'Allemagne avaient à leur tour réussi à recruter le représentant des corbeaux américains ; celui-ci avait pu enrôler des écologistes, qui ont mobilisé à leur tour des experts, des politiques, qui ont eux-mêmes modifié les habitudes des propriétaires de vaches et de moutons.

Le recrutement ne s'arrête pas là. Heinrich va continuer à enrôler d'autres humains autour de ses corbeaux, en profitant cette fois du talent particulier de ces derniers : dans certaines circonstances et dans certaines régions, ils peuvent réussir d'étonnants recrutements interspécifiques. Et puisque c'est une prophétie qui guide en filigrane mon histoire, c'est au loup que je demanderai de témoigner d'une dernière version de cette réussite. Le pari d'Isaïe aurait d'ailleurs été certainement moins risqué si au lieu de le proposer à l'agneau, il s'était plutôt adressé au corbeau pour mettre le loup à l'épreuve de la cohabitation paisible.

Les observateurs du loup, remarque Heinrich, tiennent à ce point la présence des corbeaux pour acquise qu'aucun ne se pose la question de comprendre la nature du lien qui les unit aux loups. Heinrich va s'adresser à ceux de ses collègues qui étudient ces derniers dans le parc de Yellowstone. Quel est le mobile de cette étonnante association entre corbeaux et loups ? Comment la cohabitation que l'on dit paisible entre eux participe-t-elle de leur réussite ? Les corbeaux de Yellowstone sont-ils différents de ceux du Maine du fait qu'ils vivent avec des loups ? Des chercheurs accepteront le recrutement et des programmes de recherches seront lancés. Les informations récoltées sont étonnantes : les corbeaux de Yellowstone s'accordent à des hypothèses qui avaient dû être abandonnées pour les corbeaux du Maine ! Les règles qui guidaient tant les comportements que les mobiles du recrutement dans le Maine ne valent pas à Yellowstone. La présence des loups a transformé les corbeaux. Alors que dans le Maine, sauf circonstances particulières ou bravoure exceptionnelle, les corbeaux sont toujours hésitants autour d'une carcasse et prennent quantité de précautions, ceux de Yellowstone, quand ils sont en présence des loups, ne manifestent aucune crainte et n'hésitent pas une seconde pour se nourrir. Non seulement ils ne craignent pas les loups – ceux-ci sont d'une patience exemplaire avec les corbeaux les plus espiègles qui viennent, bravoure oblige, leur mordre la queue –, mais quand les loups sont là, ils n'ont plus peur de rien ! Les loups permettent aux corbeaux de vaincre leur peur en présence des nourritures massives, comme les carcasses de gros animaux ; ils ont changé les contraintes qui régissent les habitudes des corbeaux.

Mieux encore, il semble que les corbeaux se fient aux loups et recherchent leur compagnie pour manger. Dan Stahler, le collègue de Yellowstone recruté pour ces observations, a mis cette hypothèse à l'épreuve : il a laissé des carcasses de cerfs bien ouvertes à des endroits où il avait vu, quelque temps auparavant, les corbeaux rejoindre les loups juste à la fin de leur chasse. Lorsque les loups n'ont pas trouvé la carcasse, soit les corbeaux ne viennent pas, soit ils viennent, mais n'y touchent pas et la quittent aussitôt. En outre, quand un corbeau trouve une carcasse non ouverte, et donc inaccessible pour lui, il appelle : on voit généralement apparaître dans les quelques minutes celui qui est recruté – le loup – et qui lui ouvre sa proie, dont il tire aussitôt sa part de bénéfice. Là n'est pas d'ailleurs le seul bénéfice de cet échange de bons procédés pour le loup. Il semble que les corbeaux soient beaucoup plus alertes et vigilants que ce dernier. On peut assez facilement s'approcher d'un loup sans qu'il le remarque, ce qui n'est jamais le cas du corbeau : au moindre bruit suspect, il donne l'alerte. Les corbeaux retrouvent auprès du loup le rôle que les dieux vikings leur avaient accordé, ils épient et surveillent jusqu'aux confins de la terre et rapportent tout à ceux qui les ont mandatés. On ne peut rien leur cacher. « Les loups gagnent autant de paires d'yeux et d'oreilles avec les corbeaux[1]. »

La prophétie, traduite dans les termes des recrutements, prend alors un tour étonnant : certes le loup habite avec le corbeau et même mange avec lui. Certes encore, les scientifiques spécialistes du loup travaillent maintenant avec ceux du corbeau : le recrutement des loups par les corbeaux se prolonge dans le recrutement de leurs porte-parole. Mais qui aurait pu penser, sinon sans doute un héritier de La Fontaine, que ce sont les corbeaux qui protègent les loups et leur permettent de manger les yeux fermés ?

1. *Mind of the Raven, op. cit.*, p. 238.

9
De quoi parlent les perroquets

Pourquoi, pendant si longtemps, les perroquets, pourtant si prompts à communiquer, n'ont-ils pas réussi à faire parler les chercheurs ? Les singes, qui n'avaient pourtant jamais prononcé le moindre mot, sont entrés, à grand renfort de recherches, dans l'espace du langage, alors que les perroquets, si volubiles, sont longtemps restés cantonnés dans les chaumières et dans les cirques.

La raison en est simple, si l'on en croit Rémy Chauvin : Skinner avait décrété que le conditionnement vocal ne marche pas chez les perroquets. Et selon cette admirable logique des béhavioristes, si le comportement est réfractaire au conditionnement, c'est donc qu'il est instinctif : il ne peut s'apprendre et n'a donc rien à voir avec l'intelligence. Un comportement qui ne peut se soumettre au dispositif du conditionnement, en quelque sorte, n'existe pas. Ou s'il existe, il ne doit pas être très intéressant.

Le corbeau n'avait pas réussi à faire comprendre aux chercheurs que leurs dispositifs expérimentaux, leurs leviers et leurs petites lampes étaient à périr d'ennui – seules quelques espèces dotées d'une infinie patience avec les humains, comme les rats et les pigeons, sont capables de manifester un peu de collaboration –, le perroquet échoua dans la même épreuve. Il fut exclu du laboratoire et n'eut plus droit à la parole.

Comment comprendre cette singulière résistance du perroquet à l'apprentissage du langage, alors que tout le monde, justement, sait qu'ils peuvent parler ? Les recherches ultérieures nous l'apprendront : les perroquets ne sont pas tellement différents des humains sur ce point ; pour parler, il faut d'abord avoir quelque chose à dire et surtout quelqu'un à qui le dire. Or, c'est justement ce dernier élément qui manquait dans les dispositifs des béhavioristes. Car l'ambition majeure, et paradoxale, de ces dispositifs, c'est d'arriver à exclure les humains. L'expérience est entièrement construite pour éradiquer ce qu'elle considère comme le parasite par excellence : l'influence. L'ambition du « faire science » se traduit ici dans les termes du contrôle : rien dans la situation expérimentale ne doit y échapper. Ainsi, pour l'épreuve du conditionnement du rat à l'apprentissage du parcours du labyrinthe, on prendra de multiples précautions pour purifier la situation expérimentale. Le nombre de « variables » qui entrent en jeu est fixé à l'avance : la forme du labyrinthe, la taille de la boîte, la lignée dont le rat est originaire et qui fait l'objet d'une sélection attentive, la quantité de nourriture disponible à l'issue du parcours, le temps passé entre chaque essai. Une expérience de ce type doit pouvoir se reproduire partout, produire les mêmes résultats dans des dispositifs similaires, avec des rats blancs soigneusement sélectionnés et définis comme identiques, interrogés par des scientifiques parfaitement interchangeables. Pour garantir cette interchangeabilité parfaite, le scientifique devra rester le plus neutre possible. Sa présence ne doit en aucune manière influencer le cours de l'expérience.

Cette exigence de neutralité sera d'ailleurs poussée à son extrême par un scientifique américain des années 60, Robert Rosenthal. Ce psychologue fit une expérience au cours de laquelle il montra que les humains, dans les dispositifs, et malgré toutes leurs précautions, ne sont pas toujours très fiables. Ses conclusions sont sans appel : il faut, pour garantir le contrôle et l'objectivité, éliminer tout contact entre les humains et ceux qu'ils interrogent, et remplacer les premiers par des automates[1].

Le dispositif de l'expérience imaginée par Rosenthal est amusant : il demande à ses étudiants de tester, dans une épreuve de

1. (1966), *Experimenter Effects in Behavioral Research*, New York, Appelton.

labyrinthe, des rats dont les ancêtres ont été sélectionnés selon leur intelligence, quelques années auparavant, par un autre chercheur, illustre psychologue à l'université de Berkeley. Certains étudiants recevront ainsi un rat descendant de rats sélectionnés comme très compétents à l'apprentissage, d'autres recevront un animal issu d'une lignée aux résultats médiocres. On demande à chaque étudiant de vérifier si son rat est en accord avec ce qu'on peut prédire en fonction de la lignée dont il est issu[1]. La prédiction s'avéra correcte : les rats descendants de rats intelligents l'étaient encore, les autres présentèrent toutes les difficultés d'apprentissage que l'on pouvait attendre d'eux.

C'était justement là le problème. Ces rats ont fait tout ce qu'on pouvait attendre d'eux, c'est-à-dire ce que Rosenthal attendait en fait d'eux. Car ils n'étaient ni les uns ni les autres les descendants de lignées soigneusement sélectionnées pour leurs compétences ; ils n'avaient pas d'ancêtres prestigieux à Berkeley. C'étaient, selon les termes de Rosenthal, des rats « naïfs », achetés pour l'occasion à l'animalerie la plus proche. Qu'a donc montré l'expérience de Rosenthal, dès lors que chacun des rats a fait ce que l'on pouvait attendre de lui ? Toute cette expérience n'était finalement montée que dans un seul dessein : montrer que la relation à l'humain, les attentes et l'influence du chercheur peuvent avoir un effet parasite sur les expériences et biaiser les résultats en transformant la réalité. Il faut encore mieux séparer les deux mondes : l'objectivité de la réalité doit être préservée de la subjectivité des chercheurs.

Or, ce qui s'est passé dans cette expérience s'avère, si on adopte une autre perspective que celle de la purification, prodigieusement passionnant. Elle exhibe la caractéristique la plus problématique et la plus intéressante des dispositifs de sciences : ce sont des lieux de propositions de transformation ; ce sont des sites d'intensification des transformations. Ce sont des lieux, comme

1. Pour une analyse plus complète, voir Despret (1996), *Naissance d'une théorie éthologique, op. cit.*, p. 22 et suivantes.

on a déjà pu l'envisager, construits pour actualiser des compétences souvent inédites. Si nous reprenons les termes qui avaient accompagné le travail de Thelma Rowell avec ses moutons, les rats intelligents ont reçu une chance de leurs étudiants, les rats incompétents en ont reçu un peu moins. C'est là où Rosenthal manque complètement ce que son expérience peut lui apprendre : selon lui, en effet, le dispositif devrait se limiter à *révéler* ce qu'étaient les rats avant leur entrée dans l'expérience. Il voudrait que le dispositif, paradoxalement, soit sans effet sur les objets qu'il est en train de transformer. Bien sûr, Rosenthal sait que le dispositif est un lieu de transformation, ne fût-ce que parce qu'il est un lieu d'apprentissage (autre manière de nommer le conditionnement). Mais il demande à la fois trop et trop peu à ce dispositif, parce qu'il veut en subordonner le succès à une opération de tri des transformations : il y aurait les transformations souhaitables, c'est-à-dire totalement contrôlées, l'effet des « variables », et celles qu'il faut éradiquer car elles échappent au contrôle de l'expérimentateur. Bien sûr il y a des rats et des humains dans le dispositif : mais les humains ne devraient pas compter. Ce ne sont pas eux qui doivent témoigner des « différences pertinentes » mises en scène par la procédure.

Pour le dire simplement, Rosenthal veut, avec les rats, comme Harlow le voulait avec ses rhésus, constituer *un bon réservoir d'universalité*. Le problème n'est pas ailleurs. Pourquoi refuse-t-il l'épreuve de transformation inhérente à tout dispositif, l'épreuve qui transforme un petit albinos naïf en un rat compétent ou intelligent dans les meilleurs cas, ou en un rat un peu stupide dans les moins bons ? Pourquoi refuse-t-il l'incontrôlable irruption des humains dans le monde des non-humains ? Parce qu'il pense que c'est le meilleur moyen pour accorder une indépendance totale au monde empirique ; parce qu'il croit fermement que l'autonomie de son objet ne peut se gagner qu'à mieux le détacher : le rat doit être tout à fait indépendant de celui qui le fait témoigner ; il doit être indifférent à l'humain qui s'adresse à lui. Le rat ne doit relever que de l'objectivité : n'importe quel rat, interrogé par n'importe quel humain, doit témoigner de la même chose.

Si le rat commence à se laisser traverser par les rêves, les espoirs, les attentes de celui qui l'interroge, et qu'il se met à accepter les propositions de transformation dont ces rêves et ces attentes sont les vecteurs, vous pouvez dire adieu à la réserve d'universalité. Vous aurez à renoncer à vos modèles. Et vous devrez vous soumettre à une exigence nouvelle : celle de traduire la prise en compte, par l'animal, de la présence de l'expérimentateur et de sa manière de poser des questions. C'est là justement ce que le laboratoire ne veut pas envisager ou veut se donner les moyens de pouvoir ignorer : de quoi accuse-t-on ces étudiants si peu rigoureux si ce n'est d'avoir montré que les rats n'ont pas été indifférents à la manière dont on leur posait la question ? Comment comprendre autrement le fait que ces petits rats se soient si bien articulés aux propositions qui leur étaient faites d'apprendre vite ou laborieusement ?

D'autre part, un point dans la logique de l'accusation de Rosenthal me paraît assez problématique. Certes, du point de vue d'une origine prestigieuse dans les laboratoires de Berkeley, ces rats étaient bel et bien « naïfs ». Mais sont-ils tout aussi naïfs par rapport aux expériences de psychologie ? J'en doute. Il ne faut pas oublier que ces rats blancs de laboratoire sont les héritiers d'un très long processus de domestication. Ils ont été sélectionnés par des générations de chercheurs, médecins, scientifiques de laboratoire, depuis des décennies et des décennies ; ils ont été transformés par cette sélection pour produire de bons petits rats de laboratoire, réputés pour leur *docilité*. Mais, de la même manière que nous ne pouvons savoir la multiplicité hétérogène d'événements que recouvre le vocable commode d'« attentes[1] », nous devrions avoir de sérieux doutes quant à la signification de

1. Voir, pour une analyse critique très éclairante par rapport à ce problème, celle que Philippe Pignarre propose pour le « placebo » (2001), *Comment la dépression est devenue une épidémie*, Paris, La Découverte.

ce que nous traduisons par « docilité ». Celle-ci traduit, certes, que les rats ne mordent pas ou pas trop souvent les doigts des chercheurs, qu'ils ne semblent pas trop perturbés par les étranges machines, qu'ils supportent sans trop de difficulté la vie en cage, qu'ils se plient à quantité d'exigences. Pas à toutes cependant, il faut le signaler. Quand on a demandé aux rats de tester l'effet de la cigarette sur leur organisme, en envoyant une fumée bien chargée en nicotine par de petits trous prévus dans les parois en Plexiglas de leur cage, ils ont clairement manifesté leur volonté de ne pas participer à cette expérience... en bouchant soigneusement chacun de ces petits trous avec leurs excréments. Ce qui restait peut-être néanmoins une façon détournée de répondre à la question de la nocivité du tabac.

De toute manière, plus généralement, les rats manifestent des habitudes très coopératives. Si on compare l'incivisme des corbeaux dans les laboratoires avec la patience des rats à l'égard de toutes les propositions que leur font les chercheurs – courir dans des labyrinthes, appuyer sur des leviers et même pousser la bonne volonté jusqu'à le faire sans être intéressés par la nourriture –, on devrait alors imaginer que ce que nous appelons « docilité » ou « bonne adaptation aux dispositifs » met peut-être en œuvre tout autre chose que ce que nous envisageons. Cette « docilité » que nous résumons d'ailleurs un peu vite par « l'adaptation aux conditions de la recherche » ne traduirait-elle pas, sous une forme ou sous une autre, quelque chose de plus intéressant ? Ne devrait-elle pas être envisagée comme la capacité des rats de se soumettre avec une remarquable complaisance à ce qui nous intéresse et à nos propositions ? Elle nous rappelle le fait que les rats, fabriqués *pour* la recherche, sont aussi fabriqués *par* la recherche. Ce que nous appelons « docilité » traduit alors, sans doute, le fait que les rats blancs de nos laboratoires peuvent, d'une manière ou d'une autre, accepter de répondre et de s'adapter à ce qui enthousiasme leurs chercheurs. Qui sait pourquoi le rat qui n'a plus faim continue de pousser sur le levier ? Qui sait comment ce qui compte pour le chercheur peut commencer à compter pour lui ? Qui sait comment ces petits rats intelligents ont pu partager un peu de l'enthousiasme de ces étudiants étonnés de leurs succès, et comment les autres ont pu participer au découragement de ceux qui se voyaient contraints de recommencer, encore et toujours, un laborieux apprentissage ?

Rosenthal n'est poli ni avec les étudiants ni avec les rats. Certes, il n'avait pas tort de suspecter que les rats puissent répondre aux attentes de l'expérimentateur. Mais pour donner une chance aux chercheurs de prolonger la réussite des étudiants, il aurait fallu qu'il puisse définir l'autonomie du rat comme résultant non pas de ruptures et de séparations radicales, mais d'attachements plus flexibles. Il aurait dû aussi traduire les « attentes » non pas comme des biais ou des parasites, mais en termes d'accès à des modes d'existence nouveaux pour les rats. Il lui aurait fallu d'abord remonter le problème en amont et penser que cela faisait partie de leurs propriétés et de leurs habitudes, parce que leur existence même n'est définissable que dans un rapport avec les humains. Il aurait pu, de ce fait, penser le dispositif comme un site de domestication, c'est-à-dire de transformation des contraintes, des propriétés, des habitudes et des êtres. Ce qui l'aurait alors mené, dans cette perspective de domestication, à comprendre les « attentes » comme des malentendus qui peuvent s'actualiser, et non pas à les traduire dans le registre de l'accusation, mais dans celui des propositions.

Que les perroquets n'aient pas daigné parler dans les dispositifs béhavioristes n'a alors plus rien d'étonnant. On se souviendra que l'expérience avec le chimpanzé Sarah, mise à l'épreuve de ce genre d'accusations – Sarah parle-t-elle vraiment, ou est-elle sous influence ? –, avait débouché sur une réponse catégorique de Sarah : parler seule ne l'intéressait pas. Le perroquet du chercheur Todt, Lora Eston, suivit la même stratégie – certains animaux apprennent très vite à mettre des limites à leurs scientifiques : si Lora ne voit pas celui qui lui demande de parler, elle ne répond pas. Et elle ne répond pas non plus s'il est là mais que sa voix est enregistrée et qu'il garde le silence.

Rosenthal voulait supprimer les humains, éradiquer l'influence, faire l'économie de la question de la prise de position de l'animal par rapport à la proposition qui lui est adressée, construire un réservoir d'universalité au sein duquel un rat pourrait témoigner pour tous les rats ou plutôt pour tous les modèles d'apprentissage ; la psychologue Irène Pepperberg fera, dans son laboratoire de l'université de Tucson, en Arizona, exactement l'inverse. Et le perroquet gris Alex parlera[1].

Certes, parler, les perroquets avaient montré qu'ils pouvaient le faire. Mais les chercheurs avaient considéré que cette parole était plutôt le fait d'un imitateur sans esprit. Il n'était pas question de leur demander de s'engager dans une communication signifiante et complexe. Les perroquets n'avaient pas été beaucoup étudiés dans la nature ; on tenait pour acquis le fait qu'ils ne devaient pas être différents de ceux que nous élevons en captivité. Ils présentent un remarquable don pour l'imitation, ils reproduisent avec une grande fidélité les sons du langage humain mais avec peu, voire pas du tout, de possibilité d'utiliser ces vocalisations d'une manière qui montre qu'ils en ont compris la signification. Les recherches de Mower vinrent confirmer, par leur échec, tout ce qu'on pensait des perroquets : dans le dispositif d'apprentissage emprunté aux béhavioristes, il n'obtient que des comportements mimétiques, dont aucun ne semble traduire la capacité de communication significative. Les perroquets parlent vraiment comme des perroquets.

Quelques recherches de terrain, au début des années 70, commencent à mettre en doute la validité de cette affirmation : il semblerait que les vocalisations naturelles soient les médiateurs d'interactions sociales entre les membres d'un groupe et au sein des couples.

La question se pose : les échecs des expériences ne sont-ils pas dus au manque d'intelligence des chercheurs plutôt que des perroquets ? Si les perroquets n'étaient pas des bavards sans cervelle

1. (1995), « Grey Parrot Intelligence », *art. cit.*

mais simplement des êtres qui n'ont jusque-là pas eu la chance d'être mis à l'épreuve de questions qui les intéressent ? De la même manière que Thelma Rowell soumit ses moutons à des épreuves élaborées à l'origine pour actualiser des compétences chez les chimpanzés, Pepperberg va proposer à Alex de témoigner de son intelligence, cette fois dans un dispositif créé pour étudier les bases de l'apprentissage social du langage chez les humains.

Si elle peut interroger son perroquet comme elle interrogerait un humain, Pepperberg doit cependant tenir compte de certaines caractéristiques d'Alex. Il est beaucoup moins complaisant qu'un humain ; ce qui *nous* intéresse ne sera pas d'emblée accepté comme pertinent, ou en tout cas comme digne d'être considéré. L'autorité du scientifique, qui peut avoir une telle efficacité sur les humains et qui rend ces derniers très disponibles pour toutes les expériences, n'a pas beaucoup de prise sur les perroquets. Vous pouvez, si vous êtes scientifique – ils l'ont prouvé à de multiples reprises –, demander à l'humain des choses totalement inintéressantes pour lui[1] : il mettra beaucoup de bonne volonté, pour le salut de la science, à confirmer vos hypothèses, sans remettre en question la pertinence de ce que vous lui demandez. Vous pouvez, au nom du « faire science », lui demander de répondre à des questionnaires sans intérêt ; de reconnaître et de trier des images ; de retenir des syllabes sans signification ; d'accepter des situations absurdes ; de pousser sur de petits boutons au son d'un signal. Vous pouvez même, si vous êtes scientifique, exiger de votre « sujet » qu'il électrocute un de vos complices quand celui-ci répond mal à ses questions pour montrer, comme le voulait Milgram, qu'un bourreau sommeille en chacun de nous ; vous pouvez aussi lui demander de passer des heures à faire courir des rats dans des labyrinthes pour démontrer que les humains ne sont pas fiables.

1. Voir I. Stengers (1993), *L'Invention des sciences modernes, op. cit.*, et V. Despret (2001), *Ces émotions qui nous fabriquent,* Paris, Les Empêcheurs de penser en rond.

Si les animaux présentent eux-mêmes une certaine vulnérabilité quant à leur possibilité de résister aux propositions qui leur sont soumises, cette vulnérabilité ne peut être utilisée que lorsque ces propositions s'adressent à leurs « réactions », lorsqu'elles misent sur leur passivité – on l'a vu avec les rhésus de Harlow. Mais il n'en est pas tout à fait de même lorsqu'il s'agit de s'adresser à eux pour accroître leur activité. Leur capacité de résister s'avère bien plus grande – ce qui explique le nombre d'exclusions du laboratoire sous les motifs d'incivisme, d'idiotie ou d'incapacité. Vous ne pourrez pas argumenter que le salut de la science dépend de sa coopération : si le perroquet n'a pas envie de parler, il ne parlera pas. L'intéresser à nos problèmes exige dès lors de subtiles négociations. C'est à celles-ci que Pepperberg va subordonner sa recherche. Il ne s'agit pas, cependant, de vaincre la « récalcitrance » de celui qu'elle interroge, mais d'en tenir compte d'une manière active : il s'agit de faire de cette « récalcitrance » l'occasion de comprendre et d'imaginer les bonnes manières de s'adresser à lui. Ce qui va totalement inverser la question du contrôle.

On se souviendra de cette vieille plaisanterie qui circulait, sous forme de vignette dessinée, dans les laboratoires des behavioristes. On y voit un rat dire avec beaucoup de sagacité à son compagnon de travail : « As-tu vu comme nos humains en tablier blanc sont bien conditionnés ? Chaque fois que je pousse sur le levier, ils me donnent de la nourriture. » C'est ainsi que le problème fut proposé à Alex.

Dans l'expérience de Pepperberg, une bonne part du contrôle lui sera laissée. Il faut d'abord négocier avec lui les bonnes manières de l'intéresser au problème des chercheurs. Il doit témoigner de son intelligence ; la meilleure manière, c'est de lui en faire parler.

Mais comment le convaincre que parler est intéressant ? Le perroquet ne semble avoir aucune patience pour les méthodologies traditionnelles d'apprentissage, il s'ennuie vite. Si les perroquets n'ont trouvé aucun intérêt dans les dispositifs traditionnels d'apprentissage et n'ont pas voulu parler, la raison en est évidente : parler y était ennuyeux. De la manière dont ils définissent le « faire connaissance », les béhavioristes ne peuvent pas prendre en compte cette dimension essentielle du langage : ce n'est pas un acte d'encodage et de décodage, c'est avant tout un acte social qui n'a de sens que dans une situation. Il faut trouver ce qu'est une bonne situation sociale pour un perroquet. La chercheuse va miser sur une des caractéristiques dont témoignent les propriétaires de perroquet, caractéristique qui avait d'ailleurs déjà été utilisée, dans ses propres travaux, par le chercheur Todt : certains perroquets ont un sens très aigu de la rivalité. Visiblement, si la question du prestige intéresse les cratéropes et les corbeaux, elle semble tout autant motiver les perroquets. La situation duelle, dans cette perspective, ne les intéresse que modérément. Il faut la trianguler. Le dispositif se construira en fonction de cette exigence. Ce n'est pas au perroquet que l'expérimentatrice apprend à parler, mais à un autre humain, en présence d'Alex. L'« enseignant » montre à son « élève » humain un des objets pour lesquels Alex a manifesté de l'intérêt, et pose une question : quelle est sa couleur, sa forme, est-il le même que tel autre objet ? L'élève humain répond ; quand la réponse est correcte, il reçoit l'objet. Piqué au jeu, Alex essaye rapidement de devancer celui qu'il définit comme son rival, et de répondre à sa place, avant que celui-ci n'en ait eu le temps. Parler devient intéressant.

En outre, les expérimentateurs se fient à la manière dont les parents apprennent à leurs enfants à parler, en utilisant toutes les ressources des malentendus. Si Alex produit par inadvertance un son significatif nouveau, les chercheurs font comme si ce son était intentionnel et répondent au nouvel acte de langage, comme si Alex avait voulu demander ou commenter intentionnellement. « Le fait que le perroquet ait eu ou non l'intention de produire la nouvelle combinaison n'est pas important, commente Pepperberg, nous voulons simplement lui montrer que les phrases peuvent avoir du sens et qu'elles peuvent être utilisées pour contrôler, ou au moins influencer son environnement, et les actions de ceux qui prennent soin de lui. » Nous savons par ailleurs que l'apprentissage du langage, chez les oiseaux, ne se résume pas à apprendre comment il faut chanter mais aussi comment le chant doit être utilisé. Le langage doit être appris dans sa fonction pragmatique : il est un moyen efficace d'agir et de faire agir autrui.

Dans cette perspective, et pour maintenir l'intérêt du perroquet, les chercheurs lui laissent le contrôle de la récompense. L'objet bien nommé ou bien décrit est offert, mais parfois Alex n'en veut pas et préférerait autre chose : une friandise, faire une promenade. Les chercheurs s'exécutent de bonne grâce. La récompense se traduit alors, pour Alex, dans le droit à « vouloir » et à prendre position par rapport à ce qui lui est proposé. Pour les chercheurs, cette redistribution du contrôle et cette répartition plus équitable du « vouloir » traduisent la réussite de leur dispositif : Alex témoigne de sa capacité à accomplir des tâches qui étaient jusque-là considérées comme dépassant les capacités des non-humains. Non seulement il parle, décrit, compte, classe des objets dans des catégories abstraites, utilise des concepts comme « même » et « différent », mais il peut utiliser la parole pour influencer le comportement des autres : « Viens ici », « Je veux aller à tel endroit », « Non », « Je veux ceci ». Le laboratoire, en reposant et en inversant la question du contrôle – il n'est plus une solution de purification mais un problème à négocier – a autorisé un superbe échange de propriétés entre les chercheurs et leur sujet. Les chercheurs font parler le perroquet de manière compétente, ce qui était *notre* compétence ; ils le font vouloir, ce qui était aussi de notre ressort ; le perroquet fait parler ses chercheurs de façon pertinente, et leur fait faire pas mal de choses. La capacité de « faire-faire » des choses n'a jamais été du seul ressort des chercheurs, contrairement à ce qu'ambitionne Rosenthal ; mais elle se traduit dans ce dispositif de manière explicite : chercheurs et perroquet s'engagent à « faire-faire » des choses à l'autre, qui les rendent les uns et les autres plus compétents et plus intéressants.

La question de l'influence qui hantait Rosenthal ne peut cependant pas être éliminée comme triviale. Le perroquet ne doit pas seulement convaincre Pepperberg et son équipe, il doit leur donner les moyens de convaincre leurs collègues, et de les convaincre dans les termes qui comptent pour des scientifiques. Certes, Alex est rendu compétent par le dispositif de l'équipe de Pepperberg, mais sa compétence doit être robuste. Et cette robustesse du témoin fiable ne peut être acquise que dans les mises à l'épreuve qui montrent qu'Alex a pu acquérir un certain degré d'autonomie par rapport au dispositif. Sa compétence est certes un effet de ce dernier, mais elle ne sera fiable et convaincante que dans la mesure où celui-ci peut être flexible, peut s'ouvrir, ou peut se transformer. La question se pose souvent dans ce genre de domaine. Si en fait le perroquet ne « parlait » pas vraiment, si sa compétence était simplement dépendante du « guidage » par son chercheur ? Le perroquet a pu par exemple repérer les habitudes privilégiées par celui qui l'interroge dans le choix de ses questions : il ne sait pas alors « vraiment » parler, il témoigne du fait qu'il répond à certains indices plutôt qu'à de véritables questions. La performance sera certes parfois meilleure, mais beaucoup moins fiable, puisqu'elle est entièrement tributaire d'une certaine situation. « La confiance dans nos résultats, écrit Pepperberg, exige la confiance dans le fait que nous contrôlions les effets d'indices (le guidage par le chercheur) et nos modes d'évaluation. »

Le cas de Clever Hans, le cheval qui savait compter, fait partie de la mémoire collective de tous les chercheurs. Pour mémoire, le cheval nommé Clever Hans démontrait en public d'extraordinaires capacités cognitives et dénombrait des chiffres et des additions qui lui étaient soumis, avec une exactitude stupéfiante. Le cheval, convié à toutes sortes d'épreuves arithmétiques, martelait le sol de son sabot et donnait la solution. L'on envisagea que cette exactitude n'était peut-être que le résultat d'un accord complice avec son maître ; des témoins neutres mirent Hans à l'épreuve, en l'absence de son dresseur. Le cheval continuait à compter, quoique avec une certaine perte de l'exactitude. L'on finit par comprendre comment il y parvenait. Si on laissait le cheval seul dans une pièce, il ne pouvait plus compter. La communication que l'on croyait symbolique était, en fait, intensément affective, puisque le cheval ne mesurait rien d'autre que l'émotion de celui qui posait la question, émotion croissant au fur et à mesure qu'il s'approchait de la réponse, et dont il pouvait percevoir l'intensité par des signes imperceptibles pour nous. C'est ce que les chercheurs appellent l'effet de « cueing » ou guidage comportemental de la réponse.

La question de l'influence ne sera cependant pas traduite par Pepperberg comme un parasite à éliminer, mais plutôt comme un problème à négocier. Ici encore, elle va inverser la stratégie proposée par Rosenthal : il ne faut pas exclure les humains du laboratoire ; au contraire, il faut les multiplier. Il ne faut pas plus de fermeture ou de purification, il faut au contraire plus d'ouverture et de flexibilité. Pepperberg invite des humains, toujours plus d'humains dans son laboratoire. Alex ne doit pas témoigner au nom d'un universel abstrait, comme dans les recherches behavioristes – *quiconque* doit pouvoir reproduire les résultats –, mais fonde sa réussite sur une pratique concrète : chaque visiteur, personne concrète, chercheur ou curieux intéressé est invité au laboratoire, et peut interroger Alex. Plus nombreuses sont les personnes à qui il peut répondre, plus ses compétences pourront être définies comme fiables. L'objectivité ne se fonde pas sur un universel abstrait – *quiconque* –, ni exactement sur la multiplicité des témoins – « on a tous pu vérifier » –, mais sur la possibilité pour chacun de mettre Alex à l'épreuve et de construire la flexibilité de cette épreuve.

Les garanties de l'évaluation sont elles-mêmes soumises à ces visiteurs : les indices qui peuvent guider le perroquet pourraient tout aussi bien guider les chercheurs. On sait que, dans la situation expérimentale, si le perroquet répond approximativement à une question, le chercheur qui aura posé celle-ci aura tendance à comprendre d'emblée la réponse. Le malentendu qui joue un rôle essentiel dans la construction des compétences se définit tout autrement lorsqu'il s'agit de les évaluer. On demande donc à ceux qui ne connaissent pas bien Alex de jouer le rôle du témoin « naïf ». Ils n'ont pas accès à la question posée au perroquet, on leur demande simplement de répéter ce qu'ils ont entendu de sa réponse. Ils exercent dès lors un contrôle expérimental supplémentaire, cette fois sur la compétence et la fiabilité des chercheurs. Les « intrus » constitueront la garantie de l'objectivité, et l'ouverture du dispositif expérimental vers l'extérieur[1].

À la série d'inversions par rapport au laboratoire rêvé de Rosenthal – le contrôle ne préexiste pas au dispositif, mais se négocie dans l'expérience ; l'éradication des humains se retourne en une multiplication de ceux-ci – s'en ajoute une autre. Pepperberg a certes multiplié les humains dans une pratique de convivialité du « faire connaissance », mais elle va singulariser son témoin. Aux rats interchangeables, garantissant un modèle universel, se substitue un et un seul animal, qui n'autorise rien de généralisable. Ce qui vaut pour Alex vaut pour Alex. On ne peut pas dire grand-chose de plus. En somme, Irène Pepperberg fait exactement le contraire de ce que font les béhavioristes : elle ouvre le dispositif et en restreint la portée. « Nos données, quoiqu'elles mettent en évidence le fait qu'Alex peut accomplir des tâches cognitives complexes, ne signifient pas que tous les perroquets – ni même que les perroquets gris – soient capables d'un tel comportement. Nos données nous apparaissent plutôt comme un moyen d'esquisser le niveau des compétences, qui peuvent, avec un support environnemental pertinent, figurer dans le registre des capacités de l'espèce. » Voilà non pas ce qu'ils sont, mais ce dont ils pourraient être rendus capables.

1. J'emprunte la notion de l'« intrus » pour la délocaliser dans le laboratoire aux expériences toutes récentes des pratiques cliniques appelées par leur initiateur, le psychiatre Jean-Marie Lemaire, « Cliniques de concertation ». L'intrus, personne intéressée mais non directement concernée par la situation clinique qui réunit plusieurs intervenants, permet, entre autres, de mettre sous tension la question de l'ouverture du dispositif clinique vers le collectif.

Est-ce à dire qu'il faille renoncer à toute généralisation ? Le « faire connaissance » va-t-il alors devenir un long répertoire de biographies ? Certes, il le pourrait ; ce sera la manière dont les humains pourront faire entrer, selon des modes bien humains, les animaux dans ce que nous appelons l'histoire, avec ses héros, ses précurseurs, ses personnages illustres. Mais la généralisation du « faire science » n'est pas abandonnée pour autant. Elle se construit de proche en proche. En 1990, Kyaro, un jeune mâle âgé de trois mois et demi, et Alo, une femelle de sept mois, sont venus se joindre à l'équipe. Interrogés dans les mêmes conditions, ils pourront témoigner de la possibilité que les compétences d'Alex sont présentes chez d'autres perroquets gris. Cette généralisation de proche en proche, de réussite en réussite, ne s'exprime plus dès lors dans les termes de ce que les perroquets sont, mais dans les possibles que le dispositif pourrait actualiser. La généralisation a changé de camp : elle n'est plus du côté du perroquet qui devrait révéler son essence ; elle n'est plus du côté du chercheur qui devrait représenter un *quiconque*, elle qualifie à présent les dispositifs pertinents. Certes, Alex ne témoigne pas de la présence des compétences chez tous les perroquets, mais il peut témoigner d'autre chose, qui peut supporter une certaine généralisation : sa réussite nous apprend ce qu'est un bon dispositif d'actualisation, ce qui peut constituer, selon les mots de Pepperberg, « un support expérimental pertinent ». Sa conclusion ne nous invite pas à autre chose. La question du « faire connaissance » doit se subordonner à celle des pratiques de transformations, et à l'exploration et l'évaluation de ce qu'elles autorisent. « Un oiseau qui aurait passé sa vie confiné dans une cage avec des interactions limitées avec les humains n'aurait aucune chance de démontrer de telles compétences, quelles que soient ses capacités inhérentes. Un des buts de ma recherche était de déterminer quelles sont les formes qu'exige ce support environnemental pertinent. » Un lieu de convivialité qui alterne les moments de recherche et les moments de socialité, dans lesquels les perroquets vont et viennent librement et échangent selon leur bon vouloir avec les chercheurs. Des méthodes de travail rigoureuses qui ne définissent le contrôle que comme un problème à négocier avec tact. Un dispositif qui distribue les activités d'une manière inventive. Un dispositif surtout, où l'on prend activement en compte non seulement la manière dont le perroquet peut prendre position par rapport à ce qui lui est demandé, (« qu'est ce qu'il me veut, ce chercheur ? ») ; mais dans lequel ses compétences se définissent également en termes de « vouloir » : qu'est-ce que ce chercheur peut me « faire vouloir » ?

Je le sais, les plus puristes des scientifiques sont très réticents à attribuer à l'animal, quel qu'il soit, des compétences liées à la volonté ou à l'intention. Ce qu'un simple conditionnement suffit à expliquer ne doit pas requérir d'autres explications ; la motivation qui engage le rat à pousser sur son levier n'a rien à voir avec la volonté : il est simplement, comme l'étymologie le rappelle, « mis en mouvement », par la faim en l'occurrence. Le terme « réaction » n'est d'ailleurs qu'une des multiples manières d'éviter d'en référer à ce que les scientifiques ont tant de mal à attribuer. Je peux le comprendre : je suis moi aussi héritière d'une tradition qui a séparé le monde des hommes et le monde des animaux.

Poser la question du vouloir des animaux nous engage dans des problèmes inédits qui vont nous obliger à revoir quantité de définitions : celles qui associent le vouloir à la responsabilité, sous la forme de l'intention ; celles qui définissent notre singularité – cette vieille histoire selon laquelle par le vouloir nous nous arrachons à la nature et aux déterminations. Poser la question du « vouloir » à l'animal, et surtout sous la forme du « faire-vouloir », nous oblige en somme à rompre tout un réseau de significations qui s'est forgé autour de la volonté : il faudra redéfinir l'autonomie, repenser la distinction entre objet et sujet, se débarrasser de la maîtrise, faire éclater la responsabilité, penser l'influence, abandonner les auteurs pour qualifier les actes, introduire des médiateurs d'action, rehiérarchiser les êtres[1]. Vous

1. On retrouvera une superbe version de la réalisation de ce programme

voyez le désordre. Poser la question du « faire-vouloir » risque de nous transformer. Elle nous engage dans de nouvelles négociations sur les manières d'entrer en relation avec les non-humains. Mais si je suis héritière d'une tradition faite de multiples habitudes qu'il nous sera difficile d'abandonner, je suis aussi héritière d'une prophétie. Et celle-ci me paraît promettre et même actualiser, bien avant la paix, une possibilité de transformation intéressante : celle de nos pratiques.

En posant la question du « vouloir » d'Alex, et en lui en apprenant les mots pour l'exprimer, le dispositif de Pepperberg me semble en effet donner une superbe définition de ce que peuvent faire nos expériences : elles peuvent devenir, comme elles le sont dans la situation proposée au perroquet, des sites de construction, d'agencements et de négociations de « faire-vouloir ». La question de la « récalcitrance » – le fameux « je préférerais pas » du héros de Melville, Bartleby[1] – qui confère à l'animal le pouvoir de ne pas se soumettre à l'interprétation de son chercheur et qui impose à ce dernier la politesse du « faire connaissance » viendrait alors s'agencer à des propositions inédites, à réinventer sans cesse : des propositions vectrices de « faire-vouloir ».

Ces dispositifs existent déjà, même s'ils ne se traduisent pas toujours d'emblée comme tels. Bernd Heinrich, pour ne citer que lui, les a proposés à ses corbeaux. Les dispositifs construits pour poser la question du « bien-être » animal me semblent parfois, certes pas toujours, s'inscrire dans cette perspective. Ils ont par exemple permis à la poule de témoigner contre l'élevage en batterie – même si ce témoignage n'a pas encore eu la force de conviction nécessaire. L'éthologie y devient science des « bonnes habitudes » et de la possibilité de les hiérarchiser : ce qu'on appelait « instinct » traduit des habitudes plus difficilement négociables ;

---

dans le travail de Bruno Latour, et notamment dans « Factures-Fractures », *art. cit.*

1. Herman Melville (1996), *Bartleby le scribe*, trad. de Pierre Leyris, Paris, Gallimard (Folio).

d'autres habitudes peuvent faire l'objet de compromis. Les dispositifs skinnériens, dont j'ai pourtant dit tant de mal, trouvent ici leur pertinence : ils peuvent, par exemple, permettre aux poules, sur la base de ce qu'avaient pu apprendre les techniques de conditionnement du pigeon, de régler elles-mêmes l'intensité de la lumière et même les moments d'éteindre et d'allumer[1]. Toujours selon les mêmes techniques, les cochons peuvent maintenant, dans certains élevages, régler eux-mêmes la température ambiante. Ce qui, contre toute attente, fit faire pas mal d'économies à leurs éleveurs. En effet, la nuit, les cochons réclament une température beaucoup plus basse que celle qu'on leur avait toujours proposée.

Si nos dispositifs subordonnent, pour bien connaître, la question de l'identité à celle du vouloir, cela veut dire que les rapports aux animaux que nous interrogeons sont sans doute sur la voie d'une nouvelle transformation. Cela veut dire aussi, et c'est sans doute là le sens d'un « devenir biographe » de certains des chercheurs, que ceux à qui nous avons affaire, Alex le perroquet, Thor le corbeau, David Greybeard ou Flo les chimpanzés, Ray le babouin et Sarah le singe, deviennent des êtres que nous considérons comme des personnes. Ce sont surtout des êtres qui nous engagent. À nouveau, on pourrait rétorquer que ces « personnes » ne peuvent entrer seules dans le collectif, mais doivent toujours être accompagnées. C'est en effet leur manière de se présenter : ils sont agencés par des pratiques de « faire-vouloir », articulés par des représentants. Ils peuvent être bien ou mal accompagnés ; bien ou très peu articulés. Ce sont des êtres qui, de la manière dont ils nous « arrivent », posent la question du bien-vivre ensemble. En somme, ces êtres issus de nos pratiques scientifiques nous posent aujourd'hui une question politique.

1. C. Savory *et al.* (1983), « Volontary Regulation of Lighting by Domestic Fowls in Skinner Boxes », *Appl. anim. ethol.*, n° 9 (1).

10
Faire entrer les animaux en politique

À Jocelyne Porcher et Dominique Lestel

« Après tout, si l'on étudie les animaux, c'est aussi pour prolonger leur existence [1]. »

« En quelques décennies, l'animal est passé du stade de ressource dont on discute le partage à celui d'acteur avec lequel on négocie la participation au sein de la cité [2]. »

Inscrire les pratiques scientifiques autour de l'animal sous le signe d'une prophétie, tel est sans doute pour nous aujourd'hui l'aspect le plus inattendu de la proposition d'Edward Thompson. Le pari était superbe : mobiliser les pratiques de l'éthologie pour donner toutes ses chances à la prédiction d'Isaïe, leur demander de nous intéresser à leurs objets et de donner à ces derniers l'occasion de « parler » autrement. Il s'agissait en somme de demander à ces pratiques de nous apprendre à transformer les habitudes, celles des hommes et celles des animaux. L'idée de Thompson de miser sur les sciences pour intéresser ses contemporains et explorer, avec et grâce à elles, des possibilités de transformations et de nouvelles manières de vivre ensemble, aussi intéressante soit-elle, devra cependant attendre : l'histoire qui a suivi n'a pas joué en sa faveur. Le fait même que ces propositions puissent nous sembler, encore aujourd'hui, relativement inattendues ou

1. George Schaler, Préface à Shirley Strum, *op. cit.*, p. 24.
2. Dominique Lestel (2000), « Faire la paix avec l'animal », *Études*, n° 1-2.

un peu étonnantes témoigne de ce que nous héritons de cette histoire dans nos manières de penser le rôle des pratiques scientifiques.

En effet, Thompson mêle allégrement dans son projet ce qui, au cours de l'histoire qui a suivi, sera progressivement séparé : Dieu, un savoir scientifique, des prophéties, des propositions de transformations, des anecdotes, des témoignages de propriétaires de chiens ou de gardiens de zoo, des expérimentations rigoureuses et un projet politique de composition d'un monde où règne la paix entre humains et non-humains.

Avec Darwin, Dieu sera exclu de la scène scientifique ; suivront peu à peu, et au fur et à mesure que l'éthologie adhérera au projet de faire science, les anecdotes, les témoignages des non-scientifiques, les possibilités d'échanges de propriétés et les propositions politiques de transformations. Disparaîtront en même temps des pratiques de l'éthologie, et pour une période assez longue, ces hyènes apprivoisables, ces singes espiègles, menteurs ou créateurs d'outils, ces baleines sensibles et ces corbeaux spécialistes des amitiés interspécifiques. Les êtres qui avaient une chance de nous intéresser, de nous proposer des échanges de propriétés, de nous enrôler dans la réalisation d'une prophétie et de transformer les habitudes connaîtront alors une assez longue éclipse. Pour leur donner une chance de revenir, nous l'avons vu, il faudra que les chercheurs en passent par une transformation de leurs habitudes : penser la vérité dans les termes de l'intéressant et l'objectivité dans ceux de l'accroissement de réalité ; rompre avec cet ascétisme qui exige de renoncer aux échanges de propriétés et avec celui qui condamne les transformations ; mais surtout rompre avec l'injonction de penser le savoir et l'engagement comme des sphères d'activités séparées.

C'est en ce sens que la question de « ce qui compte pour eux » me semble historiquement si importante. C'est avec elle que je trouve traduites, de manière inattendue, les conditions qui pourraient nous permettre d'accomplir la prophétie. D'abord, cette question offre un accès privilégié à ce qui constituait un des moyens envisagés par Thompson : faire exister les animaux là où ils sont intéressants et donc nous donner une chance de nous intéresser autrement. Ensuite, elle est devenue progressivement, et en quelque sorte par glissements successifs, le vecteur d'un changement des habitudes de certains des chercheurs qui l'ont adoptée : le « ce qui compte » a commencé à compter autrement.

Avons-nous cherché ce qui compte pour eux ou ce qui compte pour nous ? N'est-ce pas à nos questions et à nos problèmes que nous leur avons avant tout demandé de répondre ? Ces transformations ne se limitent cependant pas à articuler l'animal à un « nous » plus hétérogène et plus controversé, traduisant d'autres préoccupations – par exemple celles des féministes – et donnant dès lors accès à des histoires plus nombreuses. La volonté d'en finir avec une universalité abstraite aboutit à la proposition d'une version concrète de cette universalité : une version qui non seulement multiplie les points de vue ciblés des chercheurs, mais qui les étend jusqu'à prendre en compte les points de vue de ceux à qui ils adressent leurs questions. La définition de ce qui rend l'animal intéressant va alors radicalement modifier les manières dont les chercheurs pourront se définir comme intéressés.

Quel est le point de vue des babouins ? Qu'est-ce qui intéresse les femelles ? Qu'est-ce qui compte pour un corbeau ? Comment intéresser un perroquet à un projet humain ? Qu'est ce qu'ils veulent ? Ce n'est pas fortuit, la pratique des biographies émerge au même moment que ces questions : ce sont des questions que l'on adresse à des « personnes ». Certes, le fait de savoir si les animaux deviennent des personnes parce qu'on commence à poser la question de ce qui compte pour eux, ou si c'est, au contraire, parce qu'ils ont acquis dans la recherche un statut de personne que ces questions ont commencé à devenir incontournables, reste très indéterminé ou très variable. Selon les chercheurs, ou selon les manières de reconstruire les modifications de leur pratique, les histoires se révèlent différentes. Shirley Strum arrive sur le terrain avec la ferme intention de comprendre ce qui compte pour eux, l'activité des babouins l'y encouragera : ce sont des personnes qui lui répondront, à commencer par Ray. Jane Goodall semble avoir fait le choix de s'adresser à des personnes alors que la question de l'origine, qui n'est pas à proprement parler une question favorable à la prise en considération de ce qui compte pour le chimpanzé, restait, au départ de sa recherche, une question cruciale. Au contraire, Bernd Heinrich ne donnera cette occasion à ses corbeaux qu'après de multiples échecs dans la résolution d'une énigme qui leur demandait de prendre position par rapport à ses hypothèses.

Au départ de la diversité de leurs pratiques et des multiples conditions qui font que l'animal puisse devenir une « personne », on trouvera cependant un fil commun. Celui-ci définit, de manière très pragmatique et très intéressante, ce que signifie « être ou devenir une personne[1] » : est une personne celle dont quelqu'un peut prendre en compte ce qui compte pour elle. On est une « personne » pour quelqu'un. Les chercheurs vont non seulement effectuer ou construire leurs pratiques comme autant d'occasions d'accomplissement de personnes, mais ils vont donner une extension inédite à ce qui définit les « quelqu'un pour qui compte ». Souvenez-vous de ce que disait Thelma Rowell : si vous vous intéressez aux femelles, alors vous devrez vous intéresser aux mâles. Car ce qui intéresse les femelles ce sont les mâles. Les mâles devront alors compter pour vous aussi, comme ils comptent pour elles. Ce qui veut dire, dans ce dernier cas, et dans bien d'autres encore, que le devenir personne s'accomplit dans un réseau, plus ou moins vaste, fait de multiples « quelqu'un pour qui compte ». Réseau fait d'animaux, comme en témoigne Thelma Rowell : les babouins comptent pour les babouines, ce qui compte pour les babouines compte pour les babouins et réciproquement ; ou comme l'illustre encore Heinrich, puisque c'est

1. Cette réflexion sur la possibilité pour les animaux de devenir des personnes dans le champ des pratiques contemporaines doit son origine à un travail d'équipe qui a réuni, autour de cette question, Chris Herzfeld, Gilles Le Pape, Dominique Lestel, Isabelle Stengers et Lucienne Strivay.

parce qu'il pose la question de comprendre comment les corbeaux sont des personnes pour les autres corbeaux qu'il se donnera la chance de créer avec eux des rapports de personne à personne. Réseaux faits aussi d'humains intéressés par ces prises en compte, qui rendent babouins, corbeaux et scientifiques plus intéressants.

Bien sûr vous pourriez toujours me demander en quoi peut bien compter, pour un babouin, le fait d'avoir plus d'options sociales dans les histoires de la primatologie. Qu'est-ce que cela change pour un corbeau que Heinrich ait réussi à résoudre leurs énigmes ? Qu'est-ce que les moutons peuvent gagner à devenir des êtres de socialisation ? Quel intérêt ont-ils à être intéressants ? Certes, les voilà maintenant « personnes », acteurs et vecteurs d'histoires, mais en quoi cela les concerne-t-il finalement ? « Ce qui compte » n'est-il pas simplement le signe d'un regain d'efforts, de la part des chercheurs, pour accroître la fiabilité de leurs traductions ? Ne reste-t-on pas, avant tout, dans le régime du « savoir pour savoir » ?

D'abord, s'il est vrai que le fait de poser la question de ce qui compte pour l'animal s'inscrit dans une démarche de « faire connaissance » qui rend l'animal plus intéressant par rapport à nos problèmes et à notre curiosité, cette question ou cette modalité pratique d'approche déborde cependant, à un moment ou à un autre, pour certains de ces chercheurs, le cadre des questions théoriques. « Ce qui compte » va littéralement les engager. Ils vont être enrôlés par leurs animaux et actualiser pleinement leur statut de « personne ». « Ce qui compte » n'est plus seulement ce qui fait mieux témoigner, ce qui rend intéressant : c'est devenu une exigence de prise en compte qui va modifier la manière même dont se définissent la pratique et le rapport des chercheurs à ceux qu'ils interrogent. La question n'est plus « nos propositions sont-elles intéressantes "pour eux" ou "pour nous" ? », mais « comment allons-nous nous transformer "avec eux" » ?

Le dispositif proposé à Alex le perroquet témoigne d'une des modalités de ces transformations. Parce qu'il offre, comme les dispositifs de réussite, des conditions de vie plus paisibles – les conditions de paix naturelle dont rêvait Thompson –, l'animal peut y explorer, avec l'humain, des occasions propices à l'actualisation de certaines compétences, notamment les compétences de la socialisation, comme en témoignaient, dans un autre contexte, les singes approvisionnés par les chercheurs japonais. Mais parce qu'il se définit aussi comme un lieu de recherche des bonnes propositions, le dispositif de Pepperberg ouvre la question des « bonnes habitudes » du faire connaissance : voilà ce qui sera un bon monde capable d'accomplir ce que peut être la réussite pour un perroquet et pour un scientifique. Interroger ce qui compte pour tel ou tel animal ouvre l'accès à d'autres types de propositions, d'autres habitudes, de nouveaux modes de socialisation. « Ce qui compte » peut alors changer de portée : cela devient quelque chose qui, pour nous aussi, doit compter. Cela devient quelque chose qui pourrait, nous aussi, nous transformer.

Cette prise en considération active n'est cependant pas toujours le simple prolongement logique de la question théorique, elle n'est pas la conséquence implicite de la politesse du « faire connaissance », bien au contraire. C'est même le plus souvent une surprise, voire une épreuve difficile pour les chercheurs que d'opérer le basculement d'une position de savoir, d'une position théorique – chercher ce qui compte vraiment parce que c'est là où l'animal devient intéressant – à son accomplissement pratique – être engagé par la réponse de l'animal, être obligé par ce qui l'intéresse. Elle constitue à chaque fois un événement, un type singulier de réussite. Elle s'accomplit, pour chacun de ceux qui en ont accepté l'épreuve, selon des trajectoires diverses. « Est-on responsable de ceux que l'on apprivoise ? » demande Shirley Strum au moment de prendre la décision de déménager, à grands risques, ses babouins de Pumphouse. Parler d'apprivoisement, alors qu'elle s'était jusqu'alors efforcée de les perturber le moins possible, qu'elle s'était engagée à n'être ni leur amie ni leur ennemie et à ne pas intervenir dans leurs affaires, traduit le basculement de sa position : il s'agit de savoir « avec eux ». Savoir et être engagée par ce savoir se donnent alors comme indissociablement liés. Ils m'ont accordé leur confiance, conclut comme en écho Bernd Heinrich, témoignant de ce que ses corbeaux l'avaient recruté sur un mode nouveau. Ils ont réussi à imposer à leur chercheur ce qui peut compter dans la vie d'un corbeau : les amitiés interspécifiques ; à engager le chercheur dans l'actualisation de cette compétence et à en inventer les responsabilités.

Mais si le fait d'être une personne peut s'actualiser lorsque quelqu'un prend en compte ce qui importe pour celui qui devient « personne », cette actualisation n'aura que peu de conséquences si elle se résume à cela. Devenir une personne est un processus de socialisation : c'est un accomplissement par extension progressive du réseau de « quelqu'un pour qui compte le fait que quelque chose importe ». Si Jane Goodall était restée à Gombe finir paisiblement ses jours avec les chimpanzés ; si elle avait renoncé à la publication de ses résultats, à la diffusion de ses livres, à la promotion de ses recherches proposée par les films de National Geographic, à la rencontre avec des collègues, au financement de recherches ultérieures, à la formation d'autres primatologues et à la mobilisation de l'opinion publique, aucun des chimpanzés de Gombe n'aurait pu exiger que son existence soit prise en considération. Ce qui compte pour les chimpanzés doit compter pour un réseau d'alliés qui pourront à leur tour « faire compter ».

L'animal n'entre pas seul en politique, il ne pourra faire valoir ce qui compte pour lui que s'il est bien « articulé » : d'une part, ses propositions doivent être fiables – les procédures d'actualisation de volonté doivent être avalisées et reconnues. Ce qui justement ne va pas sans difficultés, lorsque le « ce qui compte » devient exigence d'engagement et de transformations : on s'en souviendra, lorsque la décision de déménager ses babouins sera prise, Strum envisage, au nombre des conséquences désastreuses de son choix, celle de perdre toute crédibilité. « On va me reprocher de dénaturer encore plus mes babouins, et mes recherches risquent de tomber aux oubliettes. » Sauver ses babouins risque de compromettre leur mode de socialisation parmi nous. Si

Strum n'arrive pas à convaincre ses collègues que ses babouins restent intéressants, qu'ils ont encore des choses à nous apprendre, elle devra renoncer à les observer et à les protéger, faute de financement, de soutiens, de possibilités de publication. Ce qui compte pour un babouin ne pourra compter que si le chercheur est capable d'agencer cette prise en considération avec ce qui compte pour ses alliés potentiels. Par ailleurs, le corbeau de Heinrich n'est devenu « fort », comme en témoigne l'issue de son procès en Allemagne, il n'a pu peser sur les décisions que parce que son porte-parole est devenu un expert compétent. Heinrich les aurait observés dans sa maison de campagne dans le Maine pendant son année sabbatique sans rien publier, sans rien tester, ce corbeau serait resté ce qu'il était : un corbeau d'anecdotes, de chasseurs, de trappeurs ou d'amoureux de la nature

Mais d'autre part, ces propositions doivent en même temps susciter une mobilisation suffisante pour compter dans les compromis. Heinrich lui-même n'a pu peser sur la décision que parce qu'il a pu trouver des alliés qui avaient eux-mêmes des intérêts disparates : certes des collègues qui l'habilitent comme spécialiste des habitudes des corbeaux, mais aussi des écologistes soucieux de protéger des animaux en voie d'extinction, des amoureux des oiseaux, des experts légistes pour les vaches et les moutons, des politiques peu enthousiastes à l'idée de verser des dédommagements…

Rendre intéressant, c'est toujours rendre intéressant pour les autres et avec eux. Faute de quoi, l'animal ne pourra pas être socialisé, faute de quoi ce qu'il pourrait nous faire comme propositions n'aura aucune chance de peser sur nos décisions. « Je voudrais que mes babouins soient importants pour vous, et que nous n'ayons jamais à pleurer leur disparition » ; « je voudrais que nous vivions en paix avec les corbeaux, ils ont quantité de choses à nous apprendre et à nous proposer ». Ce qui compte pour chacun de ces animaux doit s'agencer à ce qui compte pour un « nous » qui doit être rendu prêt à l'accueillir. Si je peux inscrire certaines de nos pratiques scientifiques sous le signe d'une prophétie, je sais aussi que celle-ci ne peut connaître sa réalisation que si ces pratiques se révèlent capables de nous engager dans ces transformations. Le fait que la socialisation compte pour les moutons de Thelma Rowell, le fait aussi que cette prise en compte exige que nous révisions nos manières de hiérarchiser les animaux, pourrait aboutir à proposer ou à demander d'autres choses aux moutons, à faire attention à ce qui est important pour eux, à les socialiser d'une autre manière – voire à nous socialiser avec eux d'une façon inédite. Thelma Rowell, en digne héritière de Thompson, l'a compris : si nous donnons aux moutons la chance de nouvelles habitudes, celles-ci pourront peut-être peser différemment sur les nôtres. À condition que nous soyons capables d'accueillir cette proposition. Quand les cochons entrent dans les dispositifs cognitivistes, que font-ils si ce n'est ouvrir la possibilité de leur trouver d'autres rôles, de prendre en considération d'autres types de propositions qu'ils pourraient nous faire : « Regardez, nous avons peut-être autre chose à vous offrir que nos jambons. » À condition que nous soyons intéressés par cette transformation.

Les animaux ont changé. Ils nous ont aussi donné l'occasion de transformer nos pratiques. Ils nous offrent de ce fait la chance de nous transformer, de redéfinir l'extension de notre collectif et des manières de s'y présenter. En entrant dans les dispositifs qui actualisent le fait que des choses puissent compter, des dispositifs qui accomplissent des processus d'extension de socialisation, de « faire-vouloir » ou de travail sur les habitudes, les animaux nous proposent, sur des modes relativement inédits, de composer *avec* eux, ce que Bruno Latour appelle un « monde commun ». Ils nous invitent, avec et par le travail de leurs scientifiques, à expérimenter de nouveaux modes de composition. Les expériences, les terrains, les dispositifs ont pris la forme de propositions d'expérimentations de plus en plus collectives : voilà des manières de faire science que nous ne pouvons plus tolérer, car ce à quoi nous sommes sensibles a changé ; ce que nous autorisons à nous faire « sentir » s'est modifié. Voilà de nouvelles exigences qui définissent la réussite du « faire connaissance » quand il s'agit d'êtres que rien ne peut rendre indifférents à ce que nous leur soumettons. Mais voilà aussi, disent les scientifiques, de nouvelles habitudes dont nous vous demandons de tenir compte pour agencer le monde commun, voilà ceux de nos animaux pour lesquels nous exigeons une révision de leur statut, voilà ceux que nous proposons comme « personnes » et pour qui nous revendiquons un surcroît d'égards. « Nous voilà candidats à d'autres rôles et d'autres relations », font dire à leurs porte-parole ces animaux.

Les animaux ont toujours fait partie de notre histoire et de nos histoires, il s'agit maintenant de chercher passionnément comment faire histoire *avec* eux. Ils ont toujours d'une manière ou d'une autre compté dans nos histoires, il s'agit à présent d'explorer, avec eux, comment nous pouvons compter dans les leurs. Il s'agit d'apprendre, avec eux, des modes inédits d'entrer en politique. Il s'agit de l'apprendre, pour eux – comment les transformer pour bien les présenter ? C'est là le travail des scientifiques –, mais il s'agissait de l'apprendre pour nous – comment nous transformer pour bien représenter ? Et comment apprendre à mobiliser et étendre le « nous » que concerne cette transformation ? C'est là le travail entrepris, ces dernières années, par les activistes.

Certains militants du bien-être animal se sont en effet rendu compte que les stratégies usuelles de mobilisation contre les tortures infligées dans les laboratoires tournaient en rond. Des images horribles sont envoyées, accompagnées d'une demande d'argent. Cet argent est le plus souvent utilisé, commente Henry Spira[1], pour publier encore plus de descriptions d'atrocités, de manière à obtenir encore plus d'argent… pour envoyer encore plus d'histoires d'horreur. Rien ne change vraiment. Cette méthode aboutit en outre à focaliser tout l'intérêt du public sur les quelques animaux capables d'éveiller des sentiments : les chiens, les chevaux, les chats et les primates. Quatre-vingt-dix-neuf pour cent des animaux, beaucoup moins charismatiques,

1. (1985), « Fighting to Win », *in* Singer P. (éd.), *In Defence of Animals*, Oxford, Blackwell, p. 194-209.

constate Spira, sont tout simplement ignorés. Une tout autre stratégie de lutte va alors être envisagée. Une première étape modifie les procédures d'action : pour influencer vraiment le cours des événements, propose Spira, il nous faut non seulement nous focaliser sur des buts réalisables et concrets, il nous faut surtout une victoire. Le laboratoire expérimental du musée d'Histoire naturelle de New York sera la cible choisie. Des chats y sont quotidiennement mutilés pour évaluer l'effet de ces mutilations sur le comportement sexuel. Bien sûr, on reste à nouveau mobilisé par le petit pourcentage des « favorisés » par les activistes et l'opinion publique ; l'urgente nécessité d'une victoire est au prix de cette concession. Une campagne est lancée : « Voulez-vous que l'argent de vos impôts soit dépensé pour mutiler des chats afin de connaître les performances sexuelles de chats estropiés ? » La stratégie est exemplaire : ceux que le sort des chats n'émeut pas profondément peuvent néanmoins être interpellés sur la question de l'utilisation des deniers publics. Ce qui ne manque pas son effet : le Congrès s'inquiète et envoie un sénateur sur les lieux. Le responsable de l'expérience lui décrit tout l'intérêt de la recherche. Si on crée des lésions cérébrales chez le chat, et qu'on le met en présence d'une femelle en chaleur et d'un lapin, et si la lésion est correctement pratiquée, le chat tentera de s'accoupler avec le lapin.

« Qu'est ce qu'on a après ? » demande, avec une candeur désarmante, le représentant du Congrès. Le scientifique se révèle incapable de répondre. La recherche avait coûté 435 000 dollars et je ne sais combien de vies de chats. Le Congrès vota l'interruption des fonds, et le laboratoire fut démantelé. Après cette première victoire, Spira propose encore un changement de stratégie. Si la victoire importait pour elle-même dans cette situation, puisqu'il s'agissait de construire la confiance dans les possibilités d'action, ce qui importe à présent, c'est de vraiment changer les choses, pas à pas. C'est à un véritable apprentissage politique que Spira va alors convier ses compagnons de lutte. Il s'agit de modifier les habitudes, certes ; il s'agit surtout de trouver la bonne manière de transformer les intérêts ou de trouver un mode de traduction qui permette de composer les intérêts disparates, en tenant compte de leur hétérogénéité. Le directeur de Revlon, entreprise de cosmétiques célèbre pour l'utilisation des animaux dans le test des produits, sera contacté. Veut-il investir dans des méthodes alternatives ? Le directeur refusera, une campagne de presse sera alors lancée : « Combien de lapins Revlon rend-il aveugles pour la beauté ? » La réponse de l'entreprise ne se fera pas attendre : 250 000 dollars seront offerts à l'université pour la recherche de méthodes qui n'utilisent pas les animaux.

Au fur et à mesure de ses combats et de ses victoires, l'équipe de Spira apprend des bonnes manières d'entrer en politique. Certes, leur combat s'inscrit dans les grandes traditions de luttes et de défenses des minorités, traditions dont ils peuvent s'inspirer. Mais leur cause présente aussi des différences inédites : il s'agit de défendre des non-parlants, et de parler de manière fiable en leur nom. Or, qui peut leur offrir des garanties de bonne traduction ? Ce sont justement les scientifiques. Mais ceux-ci ne partagent pas nécessairement les mêmes intérêts ; parfois même, au contraire, la divergence de ces intérêts pourrait en faire des ennemis. En outre, ce sont ces mêmes scientifiques qui leur ont appris l'exigence de crédibilité : celle-ci, traduite au niveau politique, est la plus précieuse ressource dans les campagnes contre l'injustice. Un fait erroné ou mal documenté, une accusation mal préparée peuvent totalement disqualifier une cause. Seuls les scientifiques pourront leur offrir l'expertise dont ils ont besoin, et c'est avec la communauté des chercheurs qu'ils pourront espérer changer les choses de manière durable. En outre, continue Spira, ce serait une erreur de penser pouvoir convaincre le public que la recherche scientifique ne gagne son crédit qu'en torturant les animaux : nous serions aussitôt relégués au rayon des mouvements antiscience, ce qui nous aliénerait une bonne part de ce public et la totalité de la communauté scientifique. Comment convertir un ennemi potentiel, dont on a besoin, en allié fiable ? C'est tout le travail de la traduction et de la transformation de ce qui compte qu'il s'agit alors d'apprendre. Comme Peter Singer l'avait appris lorsqu'il dénonçait les recherches de Harlow, seul l'argument d'une meilleure pratique des sciences peut avoir une chance de mobiliser les chercheurs : il faut les enrôler dans la recherche de nouvelles méthodes qui rendent la science plus intéressante, moins coûteuse, plus précise et plus fiable.

De la nécessité de collaborer avec ceux qui auraient pu devenir les ennemis, les activistes guidés par Spira ont appris l'art de la diplomatie : un adversaire est toujours un allié potentiel, si on peut agencer des compromis qui rendent des intérêts disparates conciliables : une science plus humaine *et* plus intéressante. Avant toute manifestation d'hostilité ou toute prise de position publique, expliquent-ils, nous nous présentons avec des propositions de paix. « Nous cherchons toujours à parler avec nos adversaires et nous évitons de leur être personnellement hostiles : s'ils refusent le dialogue, c'est nous qui avons l'air raisonnables et normaux. » Nous ne nous préoccupons pas des motifs de l'amélioration obtenue : peu importe s'ils se rallient à nos propositions pour des motifs financiers ou parce qu'ils sont devenus sensibles aux animaux. De même, continue Spira, nous n'interrogeons jamais les raisons que peuvent avoir certains groupes de nous soutenir. Si un mouvement nous soutient parce qu'il veut montrer à ses membres qu'il participe à nos victoires, nous lui laissons autant de crédit qu'il veut. Pour nous, la chose importante est de gagner du soutien, et de montrer que notre sphère d'influence est de plus en plus large.

Avec la proposition de compromis, et le refus de toute forme d'hostilité tant que les négociations de paix restent possibles, nous préservons la chance que nos adversaires deviennent nos alliés. « C'est de la bonne politique de vous mettre à la place de ceux que vous essayez de changer : si nous étions à leur place, qu'est-ce qui nous ferait changer ? »

Si les chats amputés, les lapins rendus aveugles, les singes soumis aux radiations ou les chiens abandonnés et récupérés pour la recherche sont bien entrés en politique, on le voit, ils ont tout autant soumis leur porte-parole à l'apprentissage de l'art difficile de bien « composer » : apprendre les points de vue, négocier les « ce qui compte » et utiliser leur force de stabilisation, convertir ce qui est important pour les uns en un devenir important pour les autres, procéder à l'extension des « quelqu'un pour qui compte » en agençant des intérêts hétérogènes, savoir s'adresser aux autres là où ils sont intéressants et là où ils peuvent être intéressés. Les hommes non plus n'entrent pas seuls en politique.

Mais si nous reprenons la diversité des modes par lesquels les animaux se présentent au collectif, on pourrait s'étonner du contraste qui semble se dessiner : d'une part, avec les babouins, les chimpanzés, les perroquets, les moutons ou les corbeaux, nous avions des animaux très actifs et très intéressants qui enrôlent des chercheurs dans ce qui « compte pour eux », même si la prise en compte reste toujours difficile et aléatoire – ce que les moutons proposent à Thelma Rowell ou les cochons aux cognitivistes n'a pas encore fait l'objet d'une véritable mobilisation. D'autre part, avec Spira, on a des activistes, très actifs et très intéressants, qui comptent les victoires, mais dont les animaux restent finalement des victimes : ils peuvent certes nous rendre sensibles, mais ils n'ont pas vraiment la chance de nous intéresser. Ce contraste n'est en fait dû qu'à ma manière de le construire et de choisir mes témoins. L'accepter comme une description fidèle des différences serait, d'une part, oublier que de très nombreux activistes sont des scientifiques qui misent aussi sur la stratégie de Thompson : rendre l'animal intéressant pour nous obliger à le prendre en compte autrement ; ce serait, d'autre part, effacer tout ce que les scientifiques nous ont déjà proposé comme transformations réussies qui ont modifié nos habitudes.

Si ce contraste n'est pas pertinent, il en est un autre, beaucoup plus marqué, qui ne peut nous échapper. Ces transformations, comme le dénonçaient tant Thelma Rowell que Henri Spira, ont surtout concerné une toute petite partie des animaux : pour le dire vite, et pour reprendre leurs critiques, les animaux charismatiques du côté des chercheurs, les animaux de compagnie du côté des activistes. Quelle chance avons-nous laissée aux autres, et plus particulièrement à ceux dont nous ne rencontrons la tragique transformation que dans notre assiette ? Le pari de les engager aux mêmes transformations que celles que nous avons proposées aux autres apparaît comme une véritable gageure. C'est pourtant à celle-ci que s'est courageusement attelée, au cours de ces dernières années, une zootechnicienne française, Jocelyne Porcher.

Lorsqu'elle entreprend sa recherche sur la souffrance des animaux d'élevage, Jocelyne Porcher sait que son projet trouvera peu d'alliés. Les éleveurs la verront arriver avec méfiance – surtout, dit-elle, en ces périodes de vaches devenues folles – ; elle sait aussi qu'il est difficile de mobiliser le collectif sur cette question. Beaucoup d'intérêts sont en jeu, beaucoup de « méconnaissance intéressée » aussi. « Sorti de la nature pour les uns, sorti du *domus* pour les autres, l'animal d'élevage n'est plus le souci de personne[1]. » Comme les moutons avant l'intervention de Thelma Rowell, les vaches n'ont pas connu d'autres questions que celles qui concernent leur productivité, la vitesse ou la qualité de leur croissance. Certes, certains éleveurs, lorsque Jocelyne Porcher les interroge, lui parlent de l'intelligence de leurs animaux, de leurs personnalités, et traduisent l'attachement qui les unit. Mais ce savoir, constate la chercheuse, n'a droit de cité nulle part. Nous ne savons pas grand-chose des compétences relationnelles des vaches.

Jocelyne Porcher imaginera alors, parallèlement aux interviews qu'elle conduit auprès des éleveurs, un questionnaire demandant aux vaches elles-mêmes de répondre à ses questions, et de témoigner de leurs compétences. Mais elle le proposera de manière inhabituelle : elle ne procède pas, comme le faisait Thelma Rowell, à une évaluation des capacités de s'organiser qui rendent compte de ces compétences, mais à une exploration de la façon dont les vaches participent activement à l'élaboration des relations

1. (2002), *L'Élevage, un partage de sens entre hommes et animaux : intersubjectivité des relations entre éleveurs et animaux dans le travail*, thèse présentée à l'INRA Paris-Grignon, p. 305.

avec leur éleveur. Ce questionnaire prend la forme d'observations et d'enregistrements des rencontres entre les animaux et ceux qui s'en occupent. Chacune de ces séquences est minutieusement analysée : comment les vaches s'approchent, proposent, manifestent la confiance, répondent aux propositions de l'humain, régulent la distance et la proximité, revendiquent l'autonomie, et comment ces habitudes reflètent la qualité des relations qui les unissent.

Cet accès privilégié par la chercheuse n'est pas un choix innocent : il traduit d'abord une critique, il construit surtout un accès. La critique tient en quelques mots : les recherches sur le bien-être animal ont focalisé toute leur attention sur l'*adaptation* de l'animal aux conditions d'élevage, en évaluant ces conditions à partir d'expérimentations dans des dispositifs techniques. Ces expériences, continue-t-elle, parce qu'elles sont héritières des techniques béhavioristes, présentent toutes la même singulière absence : l'humain en a été éradiqué, on n'y parle jamais d'attachement. De ce fait, ces dispositifs n'ont pas pu prendre en compte une dimension essentielle du bien-être, et ce qui peut en même temps permettre de l'évaluer : la qualité de relations qu'autorisent – ou que n'autorisent pas – les conditions de l'élevage. Bien sûr, les vaches y seront sensibles à l'espace, à la lumière, à la qualité de la nourriture, au stress, aux conditions de transport ; ce qui importe n'y est cependant jamais évoqué : les relations qui rendent les vaches sensibles.

Au-delà de la critique, la procédure imaginée par Jocelyne Porcher se construit pour résoudre un autre problème : comment nous donner la chance de nous rendre sensibles à la sensibilité des vaches, afin de modifier nos habitudes ? Comment enrôler un collectif qui n'a pas l'air de vouloir s'en soucier, dans la question de la souffrance des animaux d'élevage ? Jocelyne Porcher va construire la voie qui se dessinait, par contraste, dans sa critique : pour parler de la souffrance des vaches, elle va nous parler de la souffrance des éleveurs. Les vaches, à l'inverse des loups ou des corbeaux qui ont réussi à enrôler pas mal de monde, n'ont jusqu'à présent pas trouvé de porte-parole qui puissent faire peser ce qui compte pour elles dans les décisions du collectif. Elles n'ont pas réussi à nous mobiliser. Comment d'ailleurs auraient-elles pu le faire, demande la chercheuse : « Comment les animaux pourraient-ils être mandants si nous n'avons pas d'engagement envers eux[1] ? » Les vaches ne pourront entrer en politique que si elles sont accompagnées de ceux qui pourront se définir comme engagés par elles, et qui pourront demander au collectif de tenir compte de cet engagement. Seuls les éleveurs pourraient à la fois être mobilisés par cet engagement et offrir une chance d'enrôler à son tour le collectif. Car, continue Jocelyne Porcher, « savoir ce qu'est un éleveur, ce qu'est l'élevage, ce qu'est un animal d'élevage, au juste, ce n'est pas seulement *mon* problème, c'est le problème de tout le monde[2] ».

Parler de la souffrance des éleveurs, c'est aussi et surtout parler de la souffrance des éleveurs face aux conditions dans lesquelles ils sont obligés d'élever leurs animaux. C'est parler des mauvaises contraintes qui pèsent sur les uns et sur les autres, et c'est se donner une chance d'intéresser à la question de ces contraintes.

C'est pourquoi la chercheuse va, pendant des années, de ferme en ferme, sillonner les régions de France pour interroger les éleveurs et leurs vaches sur ce qui les rend heureux, sur la manière dont ils peuvent ou non se construire mutuellement dans la relation quotidienne de travail. Elle apprend des mauvaises contraintes qui rendent humains et non-humains malheureux ensemble, elle apprend aussi des bonnes conditions du « travailler ensemble ». La comparaison des réponses des éleveurs et celles de leurs vaches ainsi que la patiente analyse des corrélations lui montrent ce que les dispositifs techniques ne pouvaient traduire ou mesurer : il y a « un lien entre relation affective aux animaux, bien-être des animaux, autonomie et plaisir au travail[3] ». La souffrance des animaux est corollaire de celle des éleveurs ; il y a,

1. *Ibid.*, p. 306.
2. *Ibid.*, p. 14.
3. *Ibid.*, p. 115.

dit-elle, contagion de la souffrance quand l'éleveur ne peut tenir ses engagements. Quand, au contraire, l'engagement est permis, reconnu et valorisé, quand peuvent se construire les conditions d'une certaine forme de réciprocité, la souffrance des éleveurs, comme celle des vaches, fait place au plaisir des premiers et au bien-être des secondes.

La question du « bien vivre ensemble » pourra recevoir une chance d'être entendue, parce qu'elle a fait l'objet d'une bonne articulation. Pour rendre les vaches sensibles, la chercheuse s'est adressée à ce qui rendait les éleveurs sensibles ; en sachant que cette sensibilité à son tour pourra circuler, être propagée, enrôler d'autres sensibilités. En s'intéressant à la souffrance des éleveurs, plutôt qu'à les traiter comme des ennemis, Jocelyne Porcher a pu s'adresser à eux en choisissant un accès qui lui permet d'agencer de multiples « ce qui compte », de multiples motifs de mobilisation. Elle a agencé les intérêts des vaches à ce qui intéresse des éleveurs, des syndicats d'éleveurs, des politiques préoccupés des qualités de l'élevage, des sociologues évaluant les effets des conditions de travail, des vétérinaires, des éthologues, des anthropologues du monde rural, des zootechniciens, des consommateurs sensibles à la fois à la qualité de leur alimentation et aux conditions dans lesquelles celle-ci est produite, des protectionnistes et des philosophes intéressés aux nouvelles propositions faites par les animaux : tous ceux dont la vie pourrait être modifiée par ces propositions. La présence de toutes ces personnes lors de la présentation publique des résultats de ses recherches et l'intérêt manifesté par chacun en témoignaient amplement. Jocelyne Porcher a appris à faire entrer les vaches en politique sur un mode bien articulé : un mode par lequel les vaches peuvent enfin témoigner de ce qui les intéresse et recevoir la chance d'intéresser d'autres personnes. Elle a appris à créer des assemblages, à tisser et à collecter des intérêts pour proposer une nouvelle manière d'étendre et d'organiser le « monde commun » : un monde *avec* les vaches et tous ceux dont la vie est touchée par ce qu'elles pourraient devenir.

Bien sûr, cet assemblage est on ne peut plus fragile. Il est, comme toutes les transformations évoquées, sur la voie de l'« expérimentation[1] ». Risquent toujours de venir le mettre en cause, comme Carabosse au baptême de Cendrillon, ceux qui n'ont pas été comptés dans la procédure : les calculateurs de rendement, les techniciens conseillers du ministère de l'Agriculture et leurs taux de productivité, les décisionnaires de « Bruxelles » – comme les éleveurs les appellent. Pourraient même venir le mettre en cause ceux dont on pourrait penser qu'ils sont des alliés : les chercheurs de l'INRA qui favorisent des transformations moins coûteuses, comme celles de la sélection de lignées moins « stressables », moins sensibles et donc moins exigeantes, ce que Romanes désignait sous le nom de « domestication négative », une domestication qui rend « bête ». L'épreuve est loin d'être gagnée. Comme toutes les épreuves d'agencement de collectifs et de collectifs en passe d'être modifiés par de nouvelles propositions, en voie d'accueillir de nouveaux êtres ou de nouvelles habitudes, elle reste fragile, aléatoire, soumise à l'apprentissage et à de multiples renégociations.

L'aventure qui a lié Shirley Strum et ses babouins témoigne de ces difficultés d'apprentissage et de la précarité des solutions, aussi inventives soient-elles. J'avais évoqué le début et la fin de cette histoire : en 1979, la cohabitation jusque-là paisible entre les babouins et les fermiers locaux prit un tour dramatique, qui aboutit d'ailleurs à la décision de déménager les babouins de Pumphouse. Cette décision ne fut pas prise à la légère : elle n'est intervenue que parce que toutes les autres solutions avaient échoué. Celles-ci, pourtant, étaient prometteuses. Pour reprendre le fil qui relie ces deux événements, les problèmes ont commencé

1. Je renvoie pour l'analyse de la composition du monde commun comme expérimentation collective au travail de Bruno Latour, dans ses *Politiques de la nature*. J'y renvoie avec d'autant plus de conviction que ce travail peut nous rendre capables d'entendre les prophéties et de les penser possibles (*op. cit.*, et plus particulièrement p. 262-263 pour ce passage).

lorsque les parcelles du terrain sur lequel vit la troupe de Pumphouse ont été distribuées à des agriculteurs venant d'autres régions. Au fur et à mesure que ceux-ci deviennent de plus nombreux, les terrains consacrés à l'agriculture connaissent une extension croissante. Le territoire des babouins se rétrécit de plus en plus. Ces derniers, conduits par quelques babouins plus audacieux, entreprennent de véritables expéditions dans les champs et les habitations. Les cultures subissent des dégradations importantes, les fermiers déclarent la guerre aux babouins. Cinq d'entre eux sont tués lors d'une de leurs expéditions, six autres quelque temps plus tard. L'hostilité envers les babouins se retourne contre les chercheurs : s'ils sont toujours derrière les troupes, c'est qu'ils en sont les bergers.

Au contraire de Kummer, confronté il est vrai à un problème beaucoup plus local, Strum n'accepte pas la définition : les babouins appartiennent à la collectivité, et seule celle-ci doit en être responsable. Un dialogue de sourds s'engage : Strum veut à tout prix protéger ses babouins, les cultivateurs veulent préserver leurs récoltes. David Western, le mari de Strum, intervient à ce moment pour l'aider. Expert en gestion des parcs naturels, des années de pratique lui ont appris que les solutions, dans ce genre de problèmes, se subordonnent à l'invention et la recherche d'agencements compliqués, bricolés, risqués et instables. Certes, Strum a raison de soutenir que le problème est un problème collectif. Mais ce qu'elle nomme « collectif » traduit, en dernier ressort, une répartition assez inéquitable des problèmes : elle n'envisage, dans cette histoire, que le point de vue des babouins. Il faut, argumente Western, réussir à composer les intérêts, trouver un dispositif dans lequel « humains et animaux y trouvent leur compte[1] » et inventer des modes qui rendent compatible ce qui compte pour chacun d'eux.

Si on ne cherche à protéger que les babouins, ils seront, de toute façon et en dernier ressort, tués par les fermiers, puisque

1. *Voyage chez les babouins, op. cit.*, p. 239.

aucun moyen ne semble à même de les convaincre de cesser les pillages. Si on ne tient compte que des fermiers, le résultat sera le même. Il faut construire un dispositif qui n'oblige pas à choisir entre les babouins et les humains, mais qui cherche les modes de réalisation d'une économie conjointe des humains et de leurs commensaux[1]. Une solution sera adoptée, dans cette perspective. Le projet d'étude des babouins peut prendre en charge le financement des projets qui intéressent directement les fermiers. Un plan de développement rural est négocié avec eux, des formations dans les domaines de la conservation des sols, des techniques agricoles et de l'économie d'énergie sont élaborées. Pendant un certain temps, le projet donnera tous les signes de la réussite. En témoigne le fait qu'un de ses plus farouches opposants concédera aux primatologues : « Nous aimons mieux avoir des babouins pilleurs et des gens qui les étudient – et qui nous aident – que pas de babouins et personne pour nous aider. »

« J'aurais gagné beaucoup de temps et me serais épargné bien de la peine, conclut Strum à ce moment, si j'avais mis en pratique dès le début ce que les babouins m'ont appris : une relation de qualité, une relation fructueuse et durable est fondée sur la réciprocité. »

Si ce système fondé sur la réciprocité entre intérêts hétérogènes s'avère réussir un moment, il ne pourra cependant pas être stabilisé. Les choses continuent à évoluer, qui remettent en question les compromis. Une garnison militaire s'installe, amenant avec elle une quantité bien plus grande encore d'humains, et autant d'occasions supplémentaires pour les incorrigibles babouins de s'adonner au pillage. Une solution qui convient à un moment donné, dans un monde sans cesse changeant, doit être sans cesse renégociée. Devant l'ampleur du désastre et ce qu'il promet pour

1. Voir à ce sujet l'article de Bruno Latour (1997), « Politique locale et écologie pratique », in *La Recherche*, n° 297, et le livre de David Western, Michael Wright et Shirley Strum (1994), *Natural Connections. Perspectives in Community-based Conservation*, Washington D. C., Island Press.

l'avenir, Strum prendra alors cette décision difficile : trouver un lieu où les babouins ne dérangent personne, et où ils peuvent vivre en paix. Nous nous retrouvons au moment où nous avions laissé son histoire : elle les déménagera.

Ce qu'elle a appris, d'autres ont dû en faire l'expérience : les solutions ne peuvent tenir, et toujours de manière provisoire, qu'à être négociées avec tous ceux qui comptent et tous ceux pour qui compte le problème. Tant qu'il y avait des chercheurs diplomates, des babouins pilleurs, des fermiers intéressés par les chercheurs, des programmes de revalorisation des terres, l'expérimentation pouvait agencer les propositions que chacun pouvait faire aux autres. Ajouter des militaires, leurs femmes, leurs enfants, leurs armes et leurs dépôts de vivre, tout est à recommencer ; il faut faire de nouvelles propositions, les hiérarchiser, veiller à leur compatibilité et les mettre à l'épreuve.

Certes, la dernière solution de Strum nous montre que cette expérimentation collective peut atteindre ses limites. Elle témoigne des difficultés et des exigences de toute expérimentation de cette sorte. Plus les intérêts sont nombreux, plus nombreuses sont les habitudes à prendre en compte, et plus le travail d'agencement de ces habitudes est difficile. Certaines habitudes peuvent être transformées ; d'autres sont moins disponibles aux compromis, il faut *composer* avec elles. Les habitudes devenues les plus inflexibles dans cette histoire, ne l'oublions pas, furent celles des babouins. C'est visiblement avec eux qu'il était le plus difficile de négocier.

Ce seront là aussi, sans doute, les limites de la prophétie. Si le prophète a eu raison de nous faire confiance, le « nous » que désigne cette confiance reste encore à construire. Ce « nous » qui enrôle de plus en plus d'humains et de non-humains dans une histoire et dans un monde communs reste encore à négocier, progressivement. Avec confiance et vigilance ; avec de bonnes et de mauvaises habitudes. Hériter de la prophétie, c'est aussi hériter de ce qu'ont appris ceux qui ont commencé à la mettre en œuvre : ce qui compte pour nous compte autrement pour ceux que nous invitons à construire ce « nous ». Le fait que nous soyons capables de l'apprendre signe sans doute une réussite de nos transformations : nous ne savons pas, sans l'avoir proposé comme épreuve, comment les animaux eux-mêmes peuvent faire confiance en nos prophéties. Nous ne savons pas encore très bien comment ils pourraient être intéressés par nos propositions, quelles habitudes seront négociables pour eux, et comment nous pourrons composer avec celles qui le sont moins.

Alors ? Alors, le loup habitera peut-être un jour avec l'agneau… mais l'agneau ne dormira sans doute que d'un œil[1]. Si Isaïe nous proposait la confiance, il nous rappelait en même temps, avec cette sage précaution, la vigilance : n'oublions pas de demander à l'enfant de les conduire par la main.

1. On se rappellera cette boutade de Woody Allen selon laquelle si le loup doit dormir avec l'agneau, on peut penser que l'agneau ne dormira pas très bien.

BIBLIOGRAPHIE

Arluke A. et Sanders C. (1996), *Regarding Animals*, Philadelphie, Temple University Press.

Asquith P. (1994), « The Intellectual History of Field Studies in Primatology : East and West », *in* Ann Herring et Leslie Chan (*Strength in Diversity*), Toronto, Canadian Scholar's Press Inc, p. 49-76.

— (2000), « Negotiating Science : Internationalization and Japanese Primatology », *in* S. Strum et L. Fedigan, *Primate Encounters : Models of Science, Gender and Society*, Chicago, University of Chicago Press, p. 165-183.

Bagemihl B. (1999), *Biological Exuberance. Animal Homosexuality and Natural Diversity*, Londres, Profile Books.

Barnes D. (1985), « A Matter of Change », *in* P. Singer, *In Defence of Animals*, Oxford, Blackwell, p. 157-167.

Bentham J. (1789) (1970), *An Introduction to the Principles of Morals and Legislation,* Londres, The Athlone Press.

Byrne R. (2000), « Changing Views on Imitation in Primates », *in* S. Strum et L. Fedigan, *Primate Encounters : Models of Science, Gender and Society*, Chicago, University of Chicago Press, p. 296-310.

Chauvenet A., Despret V. et Lemaire J.-M. (1996), *Clinique de la reconstruction. Une expérience avec des réfugiés en ex-Yougoslavie*, Paris, L'Harmatttan.

Chauvin R. (1982), *Le Modèle animal*, Paris, Hachette.

Darwin C. (1981), *La Descendance de l'homme et la Sélection sexuelle,* trad. E. Barbier, Bruxelles, Complexe (2 vol.). D'après la seconde édition revue et augmentée par l'auteur (1874).

Darwin C. et Chauvin R. (1990), *L'Instinct animal*, Bordeaux, L'Air du Temps.

Degrée J. (2001), *La Transylvanie, entre hommes et loups*, mémoire de fin d'étude pour le grade de licenciée en information et communication, Université de Liège.

Delors R. (2000), « Les Abeilles », *in* B. Cyrulnick, *Si les lions pouvaient parler*, Paris, Gallimard (Quarto), p. 436-471.

De Rivera J. (1992), « Biological Necessity, Emotional Transformation and Personal Value », *in* S. Koch et D. Leaky (éd.), *A Century of Psychology as a Science*, Washington, The American Psychological Association, p. 364-389.

Derrida J. (2001), *De quoi demain…*, Paris, Fayard.

Desmond M. (1995), *La Politique du chimpanzé* (Préface à De Waal), trad. d'U. Ammicht, Paris, Odile Jacob.

Despret V. (1996), *Naissance d'une théorie éthologique. La danse du cratérope écaillé*, Paris, Les Empêcheurs de penser en rond.

— (2001), *Ces émotions qui nous fabriquent. Ethnopsychologie des émotions*, Paris, Les Empêcheurs de penser en rond.

Detienne M. et Vernant J.-P. (1974), *Les Ruses de l'intelligence. La Mètis des Grecs*, Paris, Flammarion (Champs).

De Waal F. (1992), *De la réconciliation chez les primates*, trad. de M. Robert, Paris, Flammarion.

— (1995), *La Politique du chimpanzé*, trad. d'U. Ammicht, Paris, Odile Jacob.

De Waal F. et Lanting F. (1999), *Bonobos, le bonheur d'être singe*, Paris, Fayard.

Diamond J. et Bond A. (1999), *Kea. Bird of Paradox*, Berkeley et Los Angeles, University of California Press.

Fedigan (2000), « Gender Encounters », *in* S. Strum et L. Fedigan, *Primate Encounters : Models of Science, Gender and Society*, Chicago, University of Chicago Press, p. 498-520.

Fontenay É. (de) (1981), *Diderot ou le Matérialisme enchanté*, Paris, Grasset.

Freud S. (1912), *Totem et Tabou*, trad. de S. Jankélévitch, Paris, Payot (Petite Bibliothèque Payot).

Ghiselin M. (1973), « Darwin and Evolutionnary Psychology », *Science's*, n° 179, p. 964-968.
Glickman S. E. (2000), « Culture, Disciplinary Tradition, and the Study of Behavior : Sex, Rats, and Spotted Hyenas », *in* S. Strum et L. Fedigan, *Primate Encounters : Models of Science, Gender and Society*, Chicago, University of Chicago Press, p. 275-295.
Goodall J. (1979), « Intercommunity Interactions in the Chimpanzee Population of the Gombe National Park », *in* Hamburg et Mc Cown (éd.), *The Great Apes*, New York, B. Cummings publ., p. 13-53.
Haraway D. (1992), *Primate Visions*, Londres, Verso.
Harlow H. et Suomi S. (1974), « Induced Depression in Monkey », *Behavioral Biology*, n° 12, p. 273-296.
Heinrich B. (1991), *Ravens in Winter*, New York, Vintage Books.
— (2000), *Mind of the Raven*. New York, Harper Collins.
Held S., Mendi M., Devereux C. et Byrne R. (2000), « Social Tactics of Pigs in a Competitive Foraging Task : The « Informed Forager Paradigm », *Animal Behaviour*, n° 59 (3), p. 569-576.
Jahme C. (2000), *Beauty and the Beasts*, Londres, Virago.
James W. (1913), *L'Idée de vérité*, trad. de L. Veil et M. David, Paris, Félix Alcan.
— (1927), *Précis de psychologie*, trad. d'E. Baudin et G. Bertin, Paris, Marcel Rivière.
— (1948), *Some Problems of Philosophy*, New York, Longmans Green, p. 263 (1re éd. 1911).
— (1958), *A Pluralistic Universe*, New York, Longmans Green (1re éd. 1912).
— (1958), *Essays in Radical Empiricism*, New York, Longmans Green (1re éd. 1912).
Jay Gould S. (1993), « Kropotkine n'était pas un cinoque », in *La Foire aux dinosaures*, trad. de M. Blanc, Paris, éd. du Seuil.
Jolly A. (2000), « The Bad Old Days of Primatology ? » *in* S. Strum et L. Fedigan, *Primate Encounters : Models of Science,*

Gender and Society, Chicago, University of Chicago Press, p. 71-84.

Jouventin P. (2001), *Les Confessions d'un primate*, Paris, Belin (coll. Pour la science).

Kropotkine P.-A. (1979), *L'Entraide : un facteur de l'évolution*, Paris, Les Éditions de l'Entraide.

Kummer H. (1993), *Vie de singes. Mœurs et structures sociales des babouins hamadryas*, Paris, Odile Jacob.

Lapoujade D. (1997), *William James. Empirisme et pragmatisme*, Paris, PUF.

Latour B. et Strum S. (1986), « Human Social Origins : Please Tell us Another Story », *Journal of Social and Biological Structures*, n° 9, p. 169-187.

Latour B. (1997), « Politique locale et écologie pratique », *La Recherche*, n° 297.

— (1999), *Politiques de la nature*, Paris, La Découverte.

— (2001), « A Well Articulated Primatology : Reflections of a Fellow Traveler » *in* S. Strum et L. Fedigan, *Primate Encounters : Models of Science, Gender and Society*, Chicago, University of Chicago Press, p. 358-382.

— (2001), « Factures-Fractures », *Ethnopsy*, n° 2, p. 43-66.

— (2001), *L'Espoir de Pandore*, trad. de D. Gille, Paris, La Découverte.

Le Pape G. et Chevalet P. (1990), « La transmission mère-fille de caractéristiques comportementales peut-elle être une voie de changements durables ? » *Bull. soc. fr. et. comp. an.*, n° 5 (1), p. 41-46.

Le Pape G. (1993), « L'ontogenèse des comportements d'un pays à l'autre », *in* L. Bodson (éd.), *L'Histoire de la connaissance du comportement animal*, Liège, Presses universitaires de Liège, p. 431-444.

Lestel D. (1996), *L'Animalité. Essai sur le statut de l'humain*, Paris, Hatier (coll. Optiques).

— (1998), « Des animaux-machines aux machines animales », *in* B. Cyrulnick, *Si les lions pouvaient parler*, Paris, Gallimard (Quarto), p. 681-699.

— (1998), « How Chimpanzees Have Domesticated Humans », *Anthropology Today*, n° 14 (3), p. 12-15.
— (2000), « Faire la paix avec l'animal », *Études*, n° 1/2.
— (2001), *Les Origines animales de la culture*, Paris, Flammarion.
Marx K. (1973), *Lettres sur les sciences de la nature*, Paris, Éditions sociales.
Melville M. (1996), *Bartleby le scribe*, trad. de Pierre Leyris, Paris, Gallimard (Folio).
Mery A. (2000), « Sur la prédation. Réponse à Philippe Laporte », *Cahiers antispécistes*, octobre, n° 19, p. 35-44.
Morin E. et Piattelli-Palmarini M. (1974), *L'Unité de l'homme : le primate et l'homme*, Paris, éd. du Seuil.
Nathan T., Stengers I. et Hounkpatin L. (1997), *La Damnation de Freud*, Paris, Les Empêcheurs de penser en rond.
Noble B. (2000), « Politics, Gender, and Worldly Primatology : The Goodall-Fossey Nexus », *in* S. Strum et L. Fedigan, *Primate Encounters : Models of Science, Gender and Society*, Chicago, University of Chicago Press, p. 436-463.
Pepperberg I. (1995), « Grey Parrots Intelligence », *Proceedings of the International Aviculturists Society*, janvier, p. 11-15.
Pignarre P. (2001), *Comment la dépression est devenue une épidémie*, Paris, La Découverte.
Porcher J. (2002), *L'Élevage, un partage de sens entre hommes et animaux : intersubjectivité des relations entre éleveurs et animaux dans le travail*, thèse présentée à l'INRA Paris-Grignon, à paraître sous le titre *Éleveurs et Animaux : ré-inventer le lien*, Paris, PUF, 2002.
Romanes G. (1884), *L'Évolution mentale chez les animaux*, trad. de H. de Varigny, Paris, Reinwald.
Rosenthal R. (1966), *Experimenter Effects in Behavioral Research*, New York, Appelton.
Rowell T. (2001), « A Few Peculiar Primates », *in* S. Strum et L. Fedigan, *Primate Encounters : Models of Science, Gender and Society*, Chicago, University of Chicago Press, p. 57-71.

Russell B. (1961), *Histoire de mes idées philosophiques*, trad. d'Auclair, Paris, Gallimard.

Ruwet J. C. (1988), « Définition de quelques termes d'usage courant en éthologie et dans les disciplines associées », *Cahiers d'éthologie appliquée*, n° 8 (4), p. 583-615.

Savory C. et *al.* (1983), « Volontary Regulation of Lighting by Domestic Fowls in Skinner Boxes », *Appl. anim. ethol.*, n° 9 (1).

Schaler G. (1990), *Voyage chez les babouins*, trad. de F. Simon-Duneau, Préface à S. Strum, Paris, Eschel.

Schiebinger L. (1999), *Has Feminism Changed Science ?*, Cambridge, Mass., Harvard.

Servais V. (1999), « Enquête sur le "pouvoir thérapeutique" des dauphins, ethnographie d'une recherche », *Gradhiva*, n° 25 (« Observer l'animal », dossier établi par F. Joulian), p. 93-105.

Singer P. (1993), *La Libération animale*, trad. de L. Rousselle, Paris, Grasset.

Spira H. (1985), « Fighting to Win », *in* P. Singer (éd.), *In Defence of Animals*, Oxford, Blackwell, p. 194-209.

Stengers I. (1991), « Une science au féminin ? », *in* I. Stengers et J. Schlanger, *Les Concepts scientifiques*, Paris, Gallimard.

— (1993), *L'Invention des sciences modernes*, Paris, La Découverte.

— (2001), *Nous ne sommes pas seuls au monde*, Introduction à T. Nathan, Paris, Les Empêcheurs de penser en rond.

Stern D. (1989), *Le Monde interpersonnel du nourrisson*, trad. d'A. Lazartigues et D. Pérard, Paris, PUF (Le Fil rouge).

Strum S. (1990), *Voyage chez les babouins*, trad. de F. Simon-Duneau, Paris, Eschel.

Strum S. et Latour B. (1987), « Redifining the Social Link : from Baboons to Humans », *Social Sciences Informations*, n° 26 (4), p. 783-802.

Strum S. et Fedigan L. (2000), « Changing Views of Primate Society : A Situated North American View », in S. Strum et L. Fedigan, *Primate Encounters : Models of Science, Gender and Society*, Chicago, University of Chicago Press, p. 3-49.

Takasaki H. (2000), « Traditions of the Kyoto School of Field Primatology in Japan », *in* S. Strum et L. Fedigan, *Primate Encounters : Models of Science, Gender and Society*, Chicago, University of Chicago Press, p. 151-164.

Tarde G. (1903), « L'interpsychologie », *Bulletin de l'Institut général psychologique*, numéro de juin.

Thompson E. P. (1851), *The Passions of Animals*, Londres, Chapman et Hall.

Todes D. (1988), « Darwin's Malthusian Metaphor and Russian Evolutionnary Thought, 1859-1917 », *Isis*, n° 78, p. 537-551.

Varikas E. (2000), « Naturalisation de la domination et pouvoir légitime dans la théorie politique classique », *in* D. Gardey et I. Löwy (éd.), *L'Invention du naturel*, Paris, éd. des Archives contemporaines, p. 89-108.

Western D., Wright M. et Strum S. (1994), *Natural Connections. Perspectives in Community-Based Conservation*, Washington D. C., Island Press.

Yamamoto M. E. et Alencar A. I. (2000), « Some Characteristics of Scientific Litterature in Brazilian Primatology », *in* S. Strum et L. Fedigan, *Primate Encounters : Models of Science, Gender and Society*, Chicago, University of Chicago Press, p. 184-193.

Zahavi A. et Zahavi A. (1997), *The Handicap Principle : a Missing Piece of Darwin's Puzzle*, Oxford, Oxford University Press.

Table

RÉALISATION : PAO ÉDITIONS DU SEUIL
IMPRESSION SUR ROTO-PAGE PAR L'IMPRIMERIE FLOCH À MAYENNE
DÉPÔT LÉGAL : SEPTEMBRE 2002. N° 040 (54984)